MIANDUI

ZHONGGUOZHUANXING LVSEXINZHENG

董志龙◎编著

面对中国转型

——绿色新政

U0340812

当代世界出版社

图书在版编目（CIP）数据

面对中国转型：绿色·新政／董志龙编著．—北京：当代世界出版社，
2011.8

ISBN 978 - 7 - 5090 - 0766 - 2

Ⅰ．①面…　Ⅱ．①董…　Ⅲ．①绿色经济-研究-中国　Ⅳ．①X196

中国版本图书馆 CIP 数据核字（2011）第 146971 号

书　　名：**面对中国转型：绿色·新政**
出版发行：当代世界出版社
地　　址：北京市复兴路 4 号（100860）
网　　址：http://www.worldpress.com.cn
编务电话：(010) 83907332
发行电话：(010) 83908410（传真）
　　　　　(010) 83908408
　　　　　(010) 83908409
经　　销：新华书店
印　　刷：北京中创彩色印刷有限公司
开　　本：710 毫米×1000 毫米　1/16
印　　张：19
字　　数：280 千字
版　　次：2011 年 10 月第 1 版
印　　次：2011 年 10 月第 1 次
印　　数：1～6000 册
书　　号：ISBN 978 - 7 - 5090 - 0766 - 2
定　　价：37.00 元

前言

　　经济社会发展模式的转变是关乎国计民生的重大选择，也是从科学发展观出发的重要决策。单纯的以经济增长指标为导向的传统工业发展模式已被证明是一种不可持续发展的模式，亦是产生诸多全球性问题的根源。发达国家工业化过程造成对地球生态环境的破坏使世界陷入前所未有的环境危机，人类必须找到正确的应对之道。解决这一问题的根本对策则在于大力发展绿色经济，实施绿色新政。目前，绿色新政也是国际社会取得的一个重要共识，许多工业发达国家都在致力于以绿色新政为契机改变经济社会的运行模式。

　　回顾以工业经济为主导向绿色增长转变这个重要历程，早在中共十七大报告中，我国即将建设"资源节约型、环境友好型"社会做为构建社会主义和谐社会的主要内容。此后，联合国秘书长潘基文在2008年12月11日的联合国气候变化大会上正式提出了绿色新政的概念。并强调绿色新政是对环境友好型政策的统称，主要内容包括环境保护、污染防治、节能减排、气候变化等与人和自然的可持续发展密切相关的重大问题，意在修复支撑全球经济运行的自然生态系统。

　　总体来说，绿色新政不仅是经济社会发展模式上的转变，也是人类生存与发展方式上的重要转变，更重要的是，这种转变也是一种人类文明发展方式的重要转变。可以预见，这种转变的一个重要结果就是促使工业文明时代向生态文明时代过

1

渡，并推动世界建立起人与自然并重共为发展核心的新型经济发展观与自然价值观。

而要实现这一宏伟目标，不但需要人类社会整体在思想观念上的转变，也需要实现经济社会发展中的制度创新。此外，这个目标的实现也有赖于新兴科技产业与全球"碳公平"交易规则的确立。而从目前国际社会的发展态势角度来说，绿色新政必然会为整个世界带来安全高效的经济社会发展理念，并开启人类生存与发展模式科学创新的宏伟乐章。

❧ 目录 ❧

第一编　低碳经济解读

导读：低碳经济是应对气候与环境危机的必然选择，由此带来的经济社会发展模式的转变即是所谓的社会转型，这种转变的一个明确方向就是建设生态文明，打造经济社会运行的安全边界。

第二编　"节能减排"与"两型"社会

导读："节能减排"是中国政府对国际社会的庄重承诺，也是实施绿色增长实现经济社会全面转型发展的根本措施与长远战略。以转变经济增长方式来引领"资源节约型、环境友好型"社会建设是一个决定性的举措,高度体现着党和国家领导集体的政治智慧与科学发展观的核心理念。

第三编 "碳公平"与"碳交易"

导读:"碳公平"是人类社会科学发展必然要关注的根本性问题,作为自然的物质世界与生物界实现能量交换的"碳"元素不但承担着能量交换的重要角色,也承担着生态安全的重要功能。注重"碳公平"与"碳交易"是目前国际社会控制碳排放,维护自然界碳平衡的重要举措,在这方面,中国理念起着至关重要的作用。

第四编　绿色消费与生态文明

导读：绿色消费、低碳生活，建设生态文明是目前应对全球气候变化的根本策略，也是人类文明发展的不二选择。在绿色、低碳理念引导下，经济社会的发展模需要做出重大调整，人类的生活理念需要有一个质的飞跃，并从人类中心主义向人类与自然和谐发展过渡。

第五编　科技创新与新能源产业

导读：毫无疑问，新能源将成为未来世界能源的主要支撑，新能源领域的科技创新必然引领人类能源革命。在可以预见的未来，能源问题将带给世界严峻的考验，科技创新是唯一能够解决能源问题的关键。

第六编　制度建设与产业结构优化

　　导读：制度建设是经济社会的全面转型、产业结构调整、绿色增长与生态文明建设运行机制方面的重要保障，也是经济社会发展模式的一种定位。科学发展理念、科学运行机制、现实可操作的执行方案三位一体，构成了推动传统经济发展模式向现代经济发展模式转变不可或缺的重要元素。

第七编　生态效率与和谐社会

　　导读：人与自然的和谐相处是和谐社会建设的重要内容之一。人与自然的和谐不仅要维护自然生态平衡，更重要的是要提高生态效率，为经济社会的发展服务。这个理念的根本要求就是，人是发展的主体，自然也是发展的主体，人与自然是相互促进共同发展的关系。所以，生态效率也是人与自然和谐相处的十分重要的基础要求。

第一编

低碳经济解读

导读：低碳经济是应对气候与环境危机的必然选择，由此带来的经济社会发展模式的转变即是所谓的社会转型，这种转变的一个明确方向就是建设生态文明，打造经济社会运行的安全边界。

☞ 低碳经济区：中国经济转型的试验地

全国政协副主席、农工党中央常务副主席　陈宗兴

　　"低碳经济"是一个具有广泛社会性的经济前沿理念，最早是在2003年英国政府发布的能源白皮书《我们能源的未来：创建低碳经济》正式提出的。低碳经济包括低碳发展、低碳产业、低碳技术和低碳生活等经济形态，是指在不影响经济发展的前提下，通过技术创新和制度创新，降低能源和资源消耗，尽可能最大限度地减少温室气体和污染物的排放，实现减缓气候变化的目标，促进人类的可持续发展。

　　从长远来看，发展低碳经济是全世界的必然选择，也是中国经济社会又好又快发展的必然要求。首先，发展低碳经济是我们应对气候与环境危机的根本出路。随着全球工业化进程加速，因温室气体（主要是CO_2）过度排放而造成的全球气候变暖现象越来越严重，产生气候异常，造成了严重的环境危机。近20年来，全球灾难性气候变化屡屡出现，不仅使交通瘫痪，生产破坏，而且还威胁着地球脆弱的生态系统，危害到人类的生存环境和健康安全。据挪威一项研究显示，如果不采取措施大力减排温室气体，北冰洋很可能在未来60年内变成一池"死水浑汤"。

　　国内最新研究也表明，如果大气层中CO_2浓度不下降的话，中国2100年的地表年平均气温可能要上升2.2℃－4.2℃。面对全球气候问题，早在1990年，联合国就召开环发大会进行讨论，建立了联合国政府间气候变化专门委员会（IPCC），并在各国间签订国际气候公约。2005年2月，旨在遏制全球气候变暖的《京都议定书》正式生效，这是人类历史上首次以法规的形式限制温室气体排放。2009年底，召开

了哥本哈根气候大会，讨论新的国际减排合作框架。近年来，我国 CO_2 排放总量增长较快，碳排放量占全球的比重也在不断增加，中国在对外谈判中面临的压力不断增大。

2007 年 9 月 8 日，中国国家主席胡锦涛在亚太经合组织（APEC）第十五次领导人会议上，本着对人类、对未来高度负责的态度，对事关中国人民、亚太地区人民乃至全世界人民福祉的大事，郑重提出了四项建议，明确主张"发展低碳经济"，令世人瞩目。

其次，发展低碳经济是我们化解能源危机的有效途径。虽然发展低碳经济的出发点是应对气候变化，但低碳经济的实现效果同节能减排异曲同工。今后几十年，由于煤、石油等化石能源贮量有限，能源短缺问题将成为全世界的头等大事。在此背景下，一方面，我国因经济的快速发展带动能源需求居高不下，目前已跃居为仅次于美国的世界第二大能源消费国；另一方面，我国的石油资源过分依赖进口，受制于国际高油价以及海上运输线的安全问题，而国内有限的煤炭和天然气资源也在快速消耗之中。因此随时可能出现的能源危机将对我国经济的可持续发展造成严峻挑战。为有效化解能源危机，我们应在世界范围内拓展能源供应的渠道。另外，更主要的是我们应致力于降低单位 GDP 能耗，降低单位 GDP 二氧化碳排放强度，提高能源利用效率，同时大力发展可再生能源，降低能源成本并实现减少排放。基于低碳经济高效利用能源、开发清洁能源的实质，大力发展低碳经济正是化解能源危机的有效途径。

再次，发展低碳经济是我们经济转型的不竭动力。国际金融危机使实体经济受到了严重打击，传统产业的衰退给新兴产业的崛起提供了空间。此时，以低碳化能源发展为代表的低碳经济产业，不仅可以为传统产业的振兴提供支撑，其自身也可以在这一过程中找到发展机遇，特别是应对气候变化的低碳技术进步将填补经济增长所需技术进步的供需缺口。另外，低碳化还可以渗透到社会、政治、经济、文化体系乃至日常生活的各个环节，有着相当长的产业链，足以形成一股新的经济力量，影响世界的发展格局和竞争格局。据专家估计，如果措施得当，中国未来很有可能成为世界最大的碳交易市场、最大的环保节能市场、最大的低碳商品生产基地和最大的低碳制品出口国。因此发展低碳经济，不仅是中国"世界公民"的责任担当，也是中国可持续发展，转变经济发展模式的难得机遇，将为我国经济的成功转型提供不竭的动力。低碳经济强调经济发展与生态环境保护相协调，与可持续发展战略是一致的，与发展循环经济是相通的，也是我国实践科学发展观，推动资源节约型、环境友好型社会建设的重要途径。城市或城镇具有区域性和综合性特点，是所在区域的政治、经济、文化中心，对区域具有辐射和带动功能，引领着区域的发展方向。

今后，我国应在推行低碳经济中科学规划试点城市，在统筹城乡一体化发展中逐步建设低碳城市和低碳经济区。我们有理由相信，低碳经济区将成为中国下一次工业革命的示范区、未来中国大规模经济转型的实验地。发展低碳经济，需要政府主导，包括制定指导长远战略，出台鼓励科技创新、节能减排、可再生能源使用的政策，实施减免税收、财政补贴、政府采购、绿色信贷等措施，来引领和助推低碳经济发展；更需要全社会认清方向，自觉跟进，把促进低碳经济发展作为一种"集体行动"，只有如此，中国发展低碳经济才有现实的基础和未来的希望。

☞ 应对气候变化与经济和社会发展

中国气象局国家气候中心 吕学都

2009 年 12 月 7 日 – 18 日在丹麦首都哥本哈根召开的联合国气候变化框架公约（UNFCCC）第 15 次缔约方会议（COP – 15）暨京都议定书第五次缔约方会议（CMP – 5），约 4.5 万人参加会议，其中有 110 多个国家元首或政府首脑出席高级别会议。这两个数字，在气候变化框架公约历史上是空前的。这个会议之所以会受到如此重视，究其深层次原因，主要是气候变化问题尤其是哥本哈根会议做出的重大决定，将涉及到世界各国当前和长远的重大经济和环境利益。

本文首先简要回顾气候变化的发展进程，之后剖析主要国家或利益集团当前在气候变化问题上的主要立场和主张，分析主要国家或利益集团主要矛盾冲突所在；最后简要讨论我国应对气候变化与经济和社会发展的关系。

一、气候变化发展历史沿革和进程

随着对气候变化科学问题认识的逐渐加深，国际社会认识到气候变化将危及人类生存环境和经济社会发展，必须通过合作和对话，共同应对气候变化带来的挑战。

自上世纪 80 年代以来，全球气候变化逐渐引起国际社会的密切关注。1988 年联合国大会通过为当代和后代人类保护气候的决议。1990 年联合国第 44 次联大通过了谈判制定联合国气候变化框架公约的决议。1991 年 2 月，由联合国主导的气候变化框架公约正式拉开序幕，经过一年多时间共 5 轮艰苦谈判，于 1992 年 5 月 9 日达成了《联合国气候变化框架公约》（以下简称《公约》）这一历史性的联合国保护气候的法律文件。1992年联合国环发大会期间，开放签署了《公约》，《公约》的目标是：稳定大气中温室气体浓度，使自然生态系统自然地适应气候变化，确保粮食生产免受威胁，并使经济能够可持续发展。公约同时确立了一条非常著名的原则，即发达国家和发展中国家在保护气候方面具有"共同但有区别的责任"的原则，发达国家在历史上排放了大量的温室气体，对造成气候变化负有主要责任，发达国家也拥有先进的技术和资金实力，应该率先采取减少温室气体排放的行动，并为发展中国家参与应对气候变化的努力提供资金和技术转让以及能力建设帮助。这一原则是指导气候变化国际谈判的根本原则，由这一原则，引伸了发达国家和发展中国家在承担减排温室气体义务等各方面不同的责任和义务。

随后在1995年召开的公约第一次缔约方大会上，决定为发达国家制定具有法律约束力的减少温室气体排放的议定书。经过两年多的努力，于1997年12月在京都召开的公约第三次缔约方会议上，通过了《京都议定书》（以下简称《议定书》），《议定书》规定发达国家作为一个整体，要在2008~2012年承诺期内，其温室气体排放量比1990年水平至少减排5%。至此，联合国制定的两部法律文件《公约》和《议定书》，所提出的应对气候变化的目标、基本原则和义务，为全球应对气候变化确立了法律框架和行动指南。

为实施《议定书》，联合国自1998年开始，谈判制定实施《议定书》的细则，经过4年马拉松式的谈判，于2001年在摩洛哥的马拉喀什召开的公约第七次缔约方会议上，达成了马拉喀什协定，详细规定了执行《议定书》的实施细则。此后经过了国际社会4年不懈的努力，在俄罗斯批准了议定书后，终于使议定书生效。使议定书在没有美国参与的情况下，也能够获得生效实施。

2005年年底召开的联合国公约第11次缔约方会议及议定书第一次缔约方会议，决定启动制定发达国家2012年后的温室气体减排义务。2007年12月，在印尼巴厘岛召开的《公约》缔约方会议上，制定了

"巴厘路线图"，要求 2009 年年底前制定出提升履行联合国气候变化框架公约义务的相关法律文件，主要包括《公约》下发达国家缔约方但不是《议定书》缔约方的发达国家（即美国）未来减排温室气体义务及向发展中国家提供资金、技术转让及能力建设的制度安排、制定发展中国家在发达国家提供资金、技术和能力建设支持下采取具有实质性效果的减排行动安排、适应气候变化制度安排、发达国家向发展中国家提供资金、技术转让和能力建设的制度安排。以上分别在《议定书》和联合国气候变化框架公约下的谈判，被形象地称为"双轨谈判"。

国际社会围绕 2012 年后的国际应对气候变化的制度安排已经进行了长时间艰苦的谈判。2009 年底在丹麦首都哥本哈根召开的公约和议定书缔约方会议，是多年谈判的收宫之作，是书写全球保护气候历史的重大历史性会议。

二、各主要国家或国家集团的立场剖析

围绕 2012 年后国际应对气候变化的制度安排，各方都纷纷提出了各自的立场和主张，以引导谈判的走向。

欧盟凭借自身在环保和可再生能源等技术方面的优势，长期以来一直是推动全球保护气候的主导力量。欧盟提出的保护气候主张通常比较激进。欧盟提出应在全球气候平均升温控制在 2℃ 以内，据此提出稳定大气中的温室气体浓度应该在 450ppm 水平上。为此，欧盟提出自身到 2020 年的温室气体排放水平要比 1990 年减排 20%；同时提出，如果其他国家承担相应的减排义务，如美国也同意承担类似强度的减排义务，欧盟准备减排 30%；与此同时，欧盟也要求发展中国家、尤其是"较先进的和快速发展的发展中国家"，要在"基准排放情景"下减排 15%~30%。在向发展中国家提供资金、技术转让及能力建设方面，虽然欧盟也表示愿意在出资和技术转让及能力建设问题上有所表示，但欧盟的态度与其他发达国家类似，总的来看非常消极，强调技术在私营企业手中、以保护知识产权为等借口，拖延谈判，致使这些议题的谈判几乎毫

无进展；欧盟最近有倾向要放弃京都议定书及联合国气候变化框架公约，重启炉灶，制定新的气候变化条约，以把发展中国家尤其是"先进的、快速发展的发展中国家"纳入类似发达国家减排温室气体的系列。这在 2009 年 10 月的曼谷会议及 11 月的巴塞罗那会议，表现非常明显。在适应气候变化问题上，欧盟认为这是各国自己的事情，不是全球的事情，因此，对这一问题的谈判缺乏诚意和积极性，使这个议题的成果也微乎其微；在长期共同愿景问题上，欧盟和其他发达国家非常积极，要求制定到 2050 年的全球排放上限为在 1990 年基础减少 50% 的排放，并据此分配各国的排放指标，因此要求发展中国家也要尽快落实减排指标。

美国奥巴马政府的气候变化政策较前任有了积极变化，对内以"限额与交易"为主要政策工具，推动相关立法，对外积极参与谈判，改善自身形象，重塑领导地位。2009 年 6 月份美国众议院通过《美国清洁能源安全法案》，规定 2020 年美国温室气体排放量要在 2005 年基础上减少 17%，到 2050 年要减少 83%。美国同时要求中国等发展中国家也要采取量化的实质性减排行动；在向发展中国家提供资金、技术转让和能力建设问题上，与欧盟的立场类似，美国也强调技术掌握在私营企业手中、以及要保护知识产权为借口，表示政府无法强制企业转让技术，还特别强调要依靠市场的作用实现技术转让及筹措发展中国家应对气候变化所需的资金，把政府应该承担的责任统统推给市场，美国目前只同意向最不发达国家提供这方面的帮助。美国一直没有批准京都议定书的想法和打算，同时，美国也希望重新制定新的气候变化条约，主要目的是要把发展中国家一并纳入温室气体减排序列。在适应气候变化问题上，与欧盟类似，美国也认为这是各国自己的事情，因此对这一问题的谈判缺乏诚意和积极性；在长期共同愿景问题上，美国支持欧盟和其他发达国家的立场，同意应该控制温升在 2℃ 以内，支持到 2050 年全球温室气体排放应该在 1990 年基础上减少 50%，要求发展中国家也要尽快落实减排指标。

日本 2005 年温室气体排放量比 1990 年增加了 6.8%，难以完成《议定书》承诺的到 2012 年减排 6% 的目标。日本政府 2009 年 6 月 10 日正式公布其减排建议：2020 年比 2005 年减排 15%（比 1990 年减排 8%）的目标；同时要求发展中国家的有效参与。日本民主党在 2009 年 8 月大选上台后，提出比上届政府更加雄心勃勃的减排计划：到 2020 年，将在 1990 年排放水平基础上减排 25%。但日本这个减排指标是带有条件，最主要的条件就是要求发展中国家也承担相应的减排义务。日本政府代表团在 2009 年 10 月的曼谷会议上，是提出放弃京都议定书、把京都议定书和联合国气候变化框架公约下的"双轨谈判"合并"一轨"谈判的急先锋，最主要的目的，是要把发展中国家套上减排温室气体义务这个"紧箍咒"。在向发展中国家提供资金、技术转让及能力建设方面，则极力回避。"77 国集团 + 中国"在要求发达国家深度减排温室气体方面的立场基本一致，但具体数量有不同的提法。大多数发展中国家要求发达国家在 2020 年，要比 1990 年至少减排 25% ~ 40%，一些提出比 1990 年排放量至少减排 40% 以上，2050 年则至少减排 80% ~ 95%，甚至要求发达国家减排到 − 150% 至 − 200%，以为发展中国家腾挪出足够的发展所需的温室气体排放空间，同时能够体现国家间的公平和社会正义。

在要求发达国家向发展中国家提供技术转让、资金及能力建设方面，发展中国家的立场高度一致，并提出了具体的案文建议，作为谈判的基础文件。

在适应气候变化问题上，发展中国家一直是这个议题谈判的主要推动力量。发展中国家认为，发达国家在历史上的大量累积排放，才导致了今天气候变化的严重后果，拥有强大技术、经济和资金实力的发达国家，理应为作为气候变化受害者的发展中国家采取适应气候变化的行动提供资金、技术转让，为发展中国家的适应气候变化行动全额"买单"。因此，在对发达国家在这个问题的要价上，发展中国家立场非常一致和坚定。不过，在发展中国家内部，也还存在一些不和谐的声音，主要是小岛国联盟、非洲集团和最不发达国家强调其受害者的身份，要求未来筹到的资金，绝大部分用于小岛国联盟、非洲集团和最不发达国家的适应行动。这遭到了亚洲部分国家、中南美洲部分国家的反对；另外，石油输出国组织希望适应行动也包括适应"发达国家应对气候变化的政策和措施带来的影响"，而这又遭到小岛国联盟、最不发达国家及非洲集团的强烈抵制。

在共同愿景问题上，发展中国家比较一致的立场，是要求全面制定未来应对气候变化的共同愿景，反对只提出未来稳定大气温室气体浓度指标作为"共同愿景"，认为共同愿景应该包括减缓排放与适应气候变化，实现应对气候变化目标的手段和近期及中期安排。发展中国家内部不是很一致的立场，主要包括是否应该确定 2050 年的排放指标。小岛国在这个问题上非常积极，希望能够确定具体的激进的减排温室气体指标，而大多数发展中国家认为，应该为发达国家制定到 2050 年的深度减排指标、中期及近期减排指标，以及发达国家向发展中国家提供支持的、长期的具体安排。

在是坚持公约和议定书、坚持巴厘行动计划、坚持双轨谈判，还是放弃京都议定书、把京都议定书和联合国气候变化框架公约下的双轨谈判合并成一轨谈判方面，发展中国家的立场高度一致，强烈要求按照巴厘行动计划的要求，沿着原先确定的"双轨谈判"机制继续下去，反对任何违背巴厘行动计划、违背公约和议定书规定的原则。面对发达国家咄咄逼人的态势，发展中国家甚至主动向发达国家发难。在 2009 年 11 月在巴塞罗那召开的哥本哈根会议之前的最后一轮磋商会议上，非洲集团甚至提出，如果不能够就发达国家减排义务尽早达成协议，非洲集团将抵制所有议题的谈判。这一举动震撼了参加谈判的所有方面，包括非政府组织。非洲集团的这举动，对发达国家形成了巨大的压力。

三、我国应对气候变化与经济和社会发展的关系

我国基本国情和发展阶段的特征，决定了我国应对气候变化面临适

应任务艰巨、减排形势严峻等巨大挑战。同时，应对气候变化也会对促进我国转变经济发展方式、推进技术创新带来新的机遇。

（一）限制温室气体排放将对我国现代化进程构成挑战。

限制温室气体排放对我国的现代化进程将是一个极大的挑战。我国二氧化碳排放总量大，增长快，面临越来越大的压力。据估算，我国2007年能源利用产生的二氧化碳排放量达60多亿吨。由于我国处于工业化、城市化快速发展阶段，在当前和今后一定时期内，能源消费和二氧化碳排放仍会持续增长，已经并将继续成为世界二氧化碳排放增长量的主要来源国。在今后二三十年内，随着经济的较快发展和城市化的进程，即使大力推进节能优先战略，2020年的能源需求量也将接近或超过40亿吨标准煤。随着全球应对气候变化形势的发展，限控二氧化碳排放增长有可能成为我国经济发展和现代化进程的最大制约因素。我国面临非常严峻的挑战。

（二）应对气候变化对我国经济竞争力和技术创新的挑战和机遇。

面对这种巨大的挑战，我国需要全面协调发展与减排之间的关系，探索低碳发展的新型现代化道路。这种低碳发展的现代化道路在世界大国的发展历史上尚无先例。

全球应对气候变化行动将对国际贸易、跨国产业转移产生直接影响。发达国家越来越加强实施促进二氧化碳减排的法律和政策，将有效促进其能源领域的技术创新，也会进一步导致高耗能产业向发展中国家转移。发达国家为保护其国内企业的竞争力，有苗头显示将进一步抬高进口产品的环保标准和能效标准，设立"绿色贸易壁垒"，或采取征收边境调节税等措施，在国际贸易双边谈判中也出现附加能效和环保条款、规定新义务的动向。这将削弱我国能耗较高、增加值较低的制造业产品出口的竞争力，但也可转化为促进我国产业升级、出口产品向价值链高端发展的动力。技术创新在应对气候变化过程中发挥着基础性的作用。控制温室气体排放的关键是发展低碳技术，其技术手段包括：工业、建筑、交通和能源供应等各个经济部门的节能和提高能源效率，发展核能、可再生能源、天然气等低碳替代能源，发展清洁高效煤发电技术和研发二氧化碳捕集和封存技术，以及增加农林业碳汇等措施。低碳能源技术创新将产生新的经济增长点，也将成为重塑世界经济、贸易竞争格局的强大力量。发达国家大多都制定了可再生能源、先进核能、二氧化碳捕集和封存等低碳能源技术的发展目标，制定了相应法律和政策措施，相应研发经费大幅度增长。美国新政府把发展新能源作为应对气候变化的核心手段，也将其作为促进经济复苏的重要措施，计划在 10 年内对新能源技术的研发和示范投入 1500 亿美元，将创造 750 万个就业岗位。日本更是强调能源技术创新和向低碳社会转型，力图以先进的能效技术和管理优势，引领全球低碳经济发展。

我国应进一步加强自主技术创新，在全球低碳技术迅猛发展的形势下，我国在先进能源技术的研发和产业化方面，存在着跨越式发展的机遇。我国经济社会发展的总体趋势、内在需求以及政策导向，也将为我国低碳技术发展带来新的巨大的驱动力，全球共同开创低碳经济的发展模式，也为我国低碳技术创新提供了良好的国际环境。

应对气候变化的要求，将根本上改变传统的经济和社会发展路径，甚至改变人们的生活方式，对我国未来的经济和社会发展将产生深刻的影响。我国社会的方方面面，应充分认识到应对气候变化问题的严重性和紧迫性，积极参与制定国际保护气候规则，维护我国的正当权益；同时，采取积极的应对战略、政策和行动，探索一条低碳排放、高经济增长的新型的实现现代化的发展路径，为保护全球气候做出自己的贡献。

☞ 发展低碳经济促进持续增长

中国技术交易所、北京产权交易所、北京环境
交易所董事长 熊焰

人类社会面临的根本困境，就是人类与日俱增的需求与其生产能力及自然资源之间的矛盾，能否成功协调好人类与需求—生产—资源之间的多边关系，并实现动态平衡，其实是检验一个社会的文明和健康程度的重要标识。

工业革命改变了生产规模，也一举改变了人类与自然之间关系的性质。人类对于煤炭和石油等碳基能源的大规模采用，一方面满足了我们在物质消费、技术开发、生产制造、资源利用、能源消耗等方面的指数级膨胀的需求；另一方面，人类的活动范围已经开始不断逼近地球承载能力的物理边界——无论是地表水、土壤和大气的构成，还是动植物及矿产的种类和数量，甚或太阳能在大气圈、水圈和生物圈中的分布，都已经大大改变，自然界在亿万年演化过程中所形成的精巧平衡也已被打破。很多不可再生的矿产和油气资源正在快速耗竭，地下水的水位在迅速下降，全球森林在快速消失，大量物种在快速灭绝，海洋渔业资源也正走向枯竭。今天的长江、黄河、湘江、珠江、松花江、淮河、太湖和滇池，已经变成有名的污水汇集地；影响人类健康的褐云，长期笼罩在中国东部、印度、北美和欧洲的上空。在辽阔的海洋上，距离海岸300公里的地方形成了一片片巨大的垃圾漂浮带，美国加州和夏威夷之间的太平洋上，更是出现了一个面积有两个德克萨斯州大小的海洋垃圾场！

回顾人类二百多年的工业化历程，占全球总人口不足五分之一的发达国家先后步入了现代化，但为此付出的，却是全世界的资源和生态代

价。过度的资源、能源消耗和不可逆转的环境破坏，导致人类生活环境出现了严重的生态危机——地球发烧了。大气中二氧化碳等温室气体的浓度增加，使全球变暖的趋势不断加速，工业革命前大气中的二氧化碳浓度只有 280ppm（体积浓度：1%），目前已经上升到 380ppm 以上，而一旦浓度超过 450ppm，地球平均温度将比工业革命前增加 2℃。到那时，科学家们相信，人类将陷入无法挽回的全面环境灾难之中。这是我们面临的现实，也是我们无法回避的责任。

1992 年，联合国环境与发展大会通过了《里约宣言》、《21 世纪议程》两个纲领性文件以及关于森林问题的原则声明，签署了《联合国气候变化框架公约》、《生物多样性公约》。从此，绿色文明引起世界各国的高度关注，可持续发展成为国际社会的广泛共识。1997 年通过的《京都议定书》和 2007 年确定的"巴厘路线图"，确立了"共同但有区别的责任"原则，建立了国际排放贸易（IET）、联合履行（JI）、清洁发展机制（CDM）三个市场机制基础上的国际碳交易市场，并据此发展起相应的碳金融市场，确立了市场化手段应对气候变化、解决环境问题的长效机制，明确了不同发展阶段各国应对气候变化的责任，形成了全球范围内应对气候变化的基础制度。为了遏止气候变化不断恶化的势头，让人类的家园变的更美好，我们必须在确保人类共同福祉的前提下，从消费需求源头抓起，从产品生产过程、资源和能源消耗、污染物和温室气体排放等各个环节入手，降低消耗，减轻环境灾害。由于全球人口规模的不断膨胀，对资源和能源消耗的总量削减目前并不可行，唯一能够做到的，就是控制消耗总量的增长幅度，提高能源和资源的利用效率，降低人们的需求预期和消费强度，减少浪费，逐步削减自身的排放总量，向低碳甚至零碳模式方向转变发展，要把我们这一代人对自然资源和环境的消耗，限缩在自然界的物理边界之内，建构起一种人与自然之间和谐持久的新型关系，还要给子孙后代留下足够的生存和发展的空间。

在应对气候变化问题上，几乎没有一个国家像今天的中国一样被尴尬的夹在了历史的三明治中间——我们本身就是别国历史污染的受害者，今天却又被别人看成了新兴的污染加害者。我们一方面要苦苦争取今天的发展权，同时却又要为明天人类的生存权承担起责任。

2009 年 11 月 25 日，中国政府宣布，到 2020 年中国单位国内生产总值二氧化碳排放比 2005 年下降 40~45%，非化石能源占一次能源消费的比重达到 15% 左右，森林面积、森林蓄积量分别比 2005 年增加 4000 万公顷和 13 亿立方米。这是我国根据国情采取的自主行动，也是为应对全球气候变化作出的巨大努力，该承诺全面落实了《中国应对气候变化国家方案》，切实履行其量化减排义务，充分体现了中国对中华民族和全人类高度负责的精神。

截至目前，中国单位 GDP 能耗已在 2005 年基础上累计降低了 13%，有望到 2010 年实现降低 20% 的计划目标，这相当于中国在 5 年内至少减排 15 亿吨二氧化碳。在此基础上，中国政府又公布更进一步的高强度减排目标，充分显示出我国向低碳经济方向转型的决心，也体现出我国在应对气候变化和发展新能源问题上走的一条"科学发展"之路。这一目标的提出，一方面是我们自加压力，改善自身的居住环境，实现人与自然的和谐共处，进而实现中国传统上讲求的"天人合一"；另一方面，这也是在地球生态环境发生了重大变化的前提下作出的一种积极应对——这件事早晚都要做，早做比晚做好，成本也更小。

2009 年底召开的哥本哈根会议，是国际社会合作应对气候变化的又一重要时刻，相应的国际减排机制在后京都时代的基础架构将随之确立。这对中国政府来说也是一次难得的契机，变成自己实现转型的战略机遇期。全社会都应强化应对气候变化和能源结构调整的紧迫感，把极其严峻的困难和压力转化为发展动力，进而实现我国经济的低碳转型。更重要的是转换观念和思路，主动出击，每个人都需要做好向低碳转型的准备，不但要在道德观念方面具有节制精神，还要在技术方法层面具有进取智慧，还需要有与自然和谐共生的观念意识，从而推动绿色经济和可持续发展的历史进程，建设以低投入、高产出，低消耗、少排放，能循环、可持续的低碳经济体系，转变现有发展模式和消费模式，推动全社会走上生产发展、生活富裕、生态良好的发展道路。这不但关乎社会的繁荣与福祉，更关乎人类的生存。

☞ 推行低碳经济促进节能减排

中科院可持续发展战略组组长、首席科学家、国务院参事　牛文元

　　低碳经济是低碳发展、低碳产业、低碳技术、低碳生活等一类经济形态的总称。低碳经济以低能耗、低排放、低污染为基本特征，以应对碳基能源对于气候变暖影响为基本要求，以实现经济社会的可持续发展为基本目的。低碳经济的实质是提升能源的高效利用、促进产品的低碳开发、推行区域的清洁发展、维持全球的生态平衡。这是从高碳能源时代向低碳能源时代演化的一种经济发展模式。

　　低碳经济可以看成是人类的第二次"发展革命"。在人类生产、生活中，为了获取财富而大量消耗化石能源，致使地层中沉积碳库中的煤炭、石油、天然气以较快的速度流向大气碳库，从而引发了温室效应、环境污染、全球变暖等灾难性问题。据世界银行统计，如以 20 世纪整整 100 年作为第一次发展革命的典型代表，那么在这 100 年当中，人类共消耗煤炭 1420 亿吨，消耗石油 2650 亿吨，消耗钢铁 380 亿吨、消耗铝 7.6 亿吨、消耗铜 4.8 亿吨，同时排放出大量的温室气体，使大气中 CO_2 浓度在 20 世纪初不到 300ppm 上升到目前接近 400ppm 的水平，并且明显地威胁到全球的生态平衡。第一次发展革命给世界文明带来的阴暗前景，高碳排放引起的全球碳平衡失调是一个主要的原因。预测指出，在 21 世纪的 100 年内，世界经济规模比 20 世纪要高出 3-4 倍，如仍按第一次发展革命的高碳方式，地球将不堪重负，人类将遭遇巨大的灾难。而目前全球能源消费结构中，碳基能源（煤炭、石油、天然气）在总能源消耗中所占的比重高达 87%，由此，以低碳经济模式为基本内涵的第二次发展革命就必然提到日程之上。

"低碳经济"概念最早正式出现在 2003 年的英国能源白皮书《我们能源的未来：创建低碳经济》中，在其后的巴厘路线图中被进一步肯定，而 2008 年世界环境日的主题定为"转变传统观念，推行低碳经济"，更是希望国际社会能够重视并使低碳经济的共识纳入到决策之中。作为发展中的大国，我国全力贯彻落实科学发展观，努力建设资源节约型与环境友好型社会，大力倡导循环经济，在中央文件和领导人讲话中，多次提出要将节能减排、推行绿色经济、循环经济、低碳经济作为国家发展的重要任务。但是由于中国人口数量众多、经济增长快速、能源消耗巨大、自主创新能力不足，来自于能源、环境的压力十分巨大。依照著名的卡亚公式原理，人均"碳足迹"取决于人口数量，人均 GDP，能源强度和单位能源含碳量等几个变量，由此计算出的中国能源消耗和二氧化碳排放，必然遭遇到越来越大的压力。尤其是一些发达国家将气候变化作为一个政治议题，企图陷中国于不利的境地，我们必须采取有力行动加以应对，其中将低碳经济作为国家发展战略内容就是重要的组成部分。发展低碳经济，不仅是我国转变发展方式、调整产业结构，提高资源能源使用效率，保护生态环境的需要，也是在国际金融危机情况下增强国内产品的国际竞争力、扩大出口的需要，同时还是缓解在全球温室气体排放等问题上面临国际压力的需要。这既符合我国现代化进程的要求，又可以面对来自国际的挑战。

低碳经济与低碳能源是密不可分的。纵观人类能源发展的历史，我们清楚地看到，人类文明的每一次重大进步都伴随着能源的改进和更替，而且人类所使用的能源是在沿着高碳到低碳、低效到高效、不清洁到清洁、从不可持续到可持续的方向发展。工业革命以来经济发展的事实表明：低碳能源是低碳经济的基本保证，清洁生产是低碳经济的关键环节，循环利用是低碳经济的有效方法，持续发展是低碳经济的根本方向。

研究指出，目前我国消费煤炭约 23 亿吨，碳基燃料共排放出二氧化碳达到 54 亿吨，居全球第二。在 2008 年，我国每建成 1 平方米的房屋，约释放出 0.8 吨二氧化碳；每生产 1 度电，要释放 1 公斤二氧化碳；每燃烧 1 升汽油，要释放出 2.2 公斤二氧化碳。这些数字表明，中国的能源消费处于"高碳消耗"状态，加上中国的化石能源占全国总能源数量的 92%，而能源、汽车、钢铁、交通、化工、建材等六大高耗能产业的加速发展，就使得中国必须改变"高碳经济"的状态。在未来的 20 年，中国的工业化、城市化和现代化仍处于加速推进的阶段，也是能源需求快速增长的时期；13 亿人口生活质量的提高，也会带来能源消耗的快速增长；生产领域、消费领域和流通领域对于能源的强力需求，必然导致温室气体的高排放，产生一系列政治、经济、外交、生态等严重后果。这种严峻的挑战，使得我们必须将推行低碳经济模式，提到国家战略层面上加以思考。

统计分析指出，目前我国的二氧化碳排放总量在 54 亿吨左右，平均每万元 GDP 的二氧化碳排放约 1.9 吨，平均每人的二氧化碳排放约 4.1 吨，平均每平方公里的二氧化碳排放约 545 吨。在全国经济 100 强城市中，排放出二氧化碳为 28.9 亿吨，约占全国排放总量的 53.5%。依据中国低碳发展路线图的初步设计，在全面推行低碳经济，大力实施产业升级和结构调整，发展新能源，努力减少碳源和增加碳汇，进一步加大碳中和、碳封存和碳捕捉的技术创新力度，以及全面实施循环经济、清洁发展机制和提倡绿色消费等综合性措施下，20 年之后中国的二氧化碳排放总量将可能出现"拐点"，每万元 GDP 的碳排放下降到 0.8 吨以下，基本实现第一阶段低碳经济的战略目标。

为实现上述目标，谨提出以下建议：

1. 实现观念创新，切实贯彻"低碳经济是落实科学发展观重要途径"的思想，大力宣传低碳经济的概念、内涵、措施和发展低碳经济的重要性、必要性，通过生产方式的转变、产业结构的调整、能源结构的调整、科学技术的创新、消费过程的优化、政策法规的完善等措施，全面推行低碳经济，努力建设资源节约型、环境友好型社会，实现我国经济社会又好又快发展。

2. 实现管理创新，建立推进低碳经济的制度和措施。首先，应将发展低碳经济纳入国家规划，制定低碳经济的"国家方案"和行动路线图，与国家"能源规划"、"循环经济规划"、"清洁生产规划"和"节能减排规划"相衔接，形成一个具有国家意志的低碳经济发展蓝图。其次，应突出主要工业行业和重点企业的发展责任，尤其对于六大高耗能产业和东部发达地区，要进一步制定出分阶段实施目标的重大措施，着力解决影响低碳经济发展的重大行业和重大地区。第三注重发挥政府、行业协会、企业和公众等各类主体的积极性，形成推进低碳经济发展的整体合力。在每个企业、每个部门和每个家庭，可推行简易的碳排放核计流程表。从基层入手，既能衡量对于二氧化碳的排放数值，又能将生态文明和绿色发展的理念贯彻到每个国民的心中。建议在全国选择5个地区、50个城市、500个企业、10000个家庭作为低碳经济试点，取得经验后在全国推广。

3. 实现技术创新，建设发展低碳经济的技术支撑体系。建议共同制定优先方向、优惠政策，推进低碳技术发展。应将资源生产率置于技术发展的中心地位，既要依托现有最佳实用技术，淘汰落后技术、推动产业升级，实现技术进步与效率改善，又要大力推动相关技术创新，包括气候友好技术、碳汇增加技术、能源利用技术、碳中和、碳捕捉和碳封存技术、绿色消费技术、生态恢复技术等，通过理论、方法、评价指标等方面的创新，寻求技术突破。能源科技是解决日益严重的环境和能源问题的根本出路，当前要瞄准低碳能源和低碳能源技术，积极开展研究开发和示范工作。

4. 明确法律责任。建议在审慎分析全球气候变化的背景下，组织专家仔细核算中国的"碳足迹"，建立科学合理的"碳预算"制度，进一步完成具有中国特色的"碳交易"模式，并由全国人大以法律形式固定下来，作为权威性的国内法应对国际气候变化对于中国的挑战。

5. 推进国际合作。要积极参与国际上关于低碳能源技术的交流。

低碳能源和低碳能源技术对于全世界都是一个新的课题，当前正在推动示范和制定标准及规则，我们应采取积极态度，主动参与。同时我国有广阔的市场，应欢迎并引进国外的先进理念、技术和资金到中国来，共同示范，共享成果，为我国能源技术发展创造有利条件。

☞ 走节能降耗发展循环经济之路

亚泰集团哈尔滨水泥有限公司

亚泰集团哈尔滨水泥有限公司成立于 2005 年 12 月，隶属于吉林亚泰集团股份有限公司，是亚泰集团水泥产业的骨干企业，黑龙江省重点保护企业。公司现拥有 2 条新型干法水泥生产线，年产"天鹅"牌高标号系列水泥（普通硅酸盐水泥及 A 级、G 级油井水泥、中低热硅酸盐水泥、低碱水泥等）300 万吨。"天鹅"牌商标是黑龙江省著名商标，"天鹅"牌水泥是"国家免检产品"。按照国家、省市政府关于发展循环经济、推进节能降耗工作的一系列指示精神和部署，公司成立了节能减排工作领导小组，制定实施了《节能管理办法》，将节能降耗工作做作为重中之重常抓不懈。并与市政府签定了《节能目标考核责任书》，把"十一五"节能目标、任务等细化分解到了各部门、车间、班组。

2005 年公司被列为"全国千家节能企业"之一。2006 年，公司完成吨水泥综合能耗 131.86kg/t 标煤，比 2005 年（160.02kg/t 标煤）降低 28.16kg/t 标煤，降低 17.6%；完成万元产值综合能耗 4.88 吨标煤，比 2005 年（5.55 吨标煤）降低 0.67 吨标煤，降低 11.91%；节约能源 3.53 万吨标煤，完成年节能计划目标（1.2 万吨）的 294%。2007 年，完成吨水泥综合能耗 124.63kg 标煤，比 2006 年（131.86kg/t 标煤）降低 7.23kg/t 标煤，降低了 5.48%；完成万元产值综合能耗 4.44 吨标煤，比 2006 年（4.88 吨标煤）降低 0.44 吨标煤，降低 9.02%；节约能源 1.05 万吨标煤，完成年节能计划目标（0.8 万吨）的 131%。2008 年，完成水泥综合能耗 105.82kwh/t，比 2007 年（124.63kg/t 标煤）降低 18.81kg/t 标煤，降低 15%，完成万元产值综合能耗 4.13 吨标煤，节约能源 4.5 万吨标煤，超额完成 08 年计划 0.6 万吨标煤节能目标。

2009 年 1~11 月份吨水泥综合能耗完成标煤 92.25kg/t，比 2008 年降低 12%；万元产值综合能耗完成 2.33 吨标煤，完成年初计划目标（3.88 吨标煤），比 2008 年（4.13 吨标煤）降低 1.8 吨标煤，降低 43%，节能降耗工作取得了显著成果。

一、从科学管理入手，健全体系，狠抓落实

为了做好节能减排工作，公司领导从建立制度和完善机制入手，加强督促检查，强化责任，实行目标管理，层层签定责任书，使人人身上有指标、有责任，将节能减排、循环经济工作真正落到实处。

（一）建立了企业节能管理工作领导机构，完善了能源管理机制。

公司建立了公司、车间和班组三级能源管理体系，并设有节能办公室统一能源管理系统。公司总经理任公司节能工作领导小组组长，生产副总任副组长，其常设机构是生产部，全面负责公司日常能源管理的组织、监督和协调工作，节能办公室设专职能源管理员，主要负责建立公司能源消耗方面的原始记录和统计台帐，负责公司的能源利用状况的监督统计及节能改造。同时，公司建立了各项能源管理制度，为切实开展节能工作奠定了基础。公司在全面、系统地完善了对一级和二级计量仪表的配置后，对工序的三级计量仪表配置正在有步骤地升级、改造。公司还制定了节能管理制度，组建了节能管理机构和管理网络，对公司的能源消耗情况建立了统计台帐，各类统计数据及报表实行了网络化管理。重点强化了能源统计的有效途径：根据能源在企业内部流动的过程及其特点，按照能源购入贮存、加工转换、输送分配和最终使用四个环节对各工序及车间主辅生产系统的各种能源消耗设置了分类统计报表，并将原始记录进行妥善保存，报表的内容按工序细化到主要生产部分、辅助生产部分、采暖、照明、运输、生活及其他部分，以利于细化对工序及产品的能源消耗考核。

（二）组织实施节能降耗项目。

1. 公司围绕结构调整、技术创新和节能减排，积极组织开展全员性节能降耗攻关活动，确立了全年节能降耗目标。按照公司节能降耗的

总体部署和计划，通过大量使用工业废渣、焚烧高浓度碱性有机废液实现绿色环保生产、有效利用躲峰节电、对大型风机和电机及磨机进行节能技术改造、对收尘设备进行修复治理等节能技术改造项目，实现公司效益提升。

2. 公司在治理粉尘、节能挖潜上狠下功夫，坚持走节能环保的新型工业化道路。公司积极推进环保治理，加强环保设备的日常管理及技术改造，以确保其稳定运行，保证环保设备持续稳定达标排放。监测结果表明，粉尘排放浓度、二氧化硫及氮氧化物排放均达到了国家标准。

3. 公司加大节水改造力度，使生产用水循环使用，减少污水排放。松花江水是哈尔滨市乃至黑龙江省的重点治理项目，公司从长远发展和环境保护的角度积极推进江水保护项目，2009年投资近千万元建设了中水回用系统，并于同年10月投入运行，实现了污水零排放。

4. 加大节能工作宣传力度，在省市经委的指导下，大力开展群众性的节能科普活动，宣传节能减排的奖励政策和"十一五"节能规划纲要，营造良好的氛围，调动广大员工的积极性和创造性，使得公司在开展节能减排和节能降耗工作方面取得了突破性进展。

（三）认真执行节能法律、法规。

公司认真组织学习贯彻2007年10月28日修订的《中华人民共和国节约能源法》和2008年8月29日通过的《中华人民共和国循环经济促进法》，严格执行配套的法律、法规及地方性法规及政府规章。执行高耗能产品限额标准，实行主要耗能设备定额管理制度，在新建、改建、扩建项目时，严格节能设计规范和用能标准建设，公司新建100万吨/年水泥粉磨生产线和4000t/d熟料生产线达到了国内耗能先进水平，为公司今后的发展奠定了坚实的基础。

（四）建立健全节能考核机制。

1. 实行单项奖鼓励政策，公司根据节能项目的具体实施情况设立单项奖鼓励措施，按每月完成情况进行奖励。

2. 科学合理制定标准，公司针对各车间、部门的煤耗、电耗完成情况进行奖罚，超出标准的进行处罚；对每月的混合材掺加量、废碱液使用量等进行月统计，月奖励兑现。

3. 设立节能奖励资金，公司对节能发明创造、节能挖潜、技术革新、能源管理等工作中取得成绩的集体和个人给予奖励，提高全员参与节能工作的积极性和主动性。

4. 对引进节能产品使公司获得所得税优惠政策的个人予以重奖。全面推进节能技术改造"十一五"期间，公司一方面通过新建先进节能生产线达到节能减排和资源综合利用目的；一方面在原有生产线积极推广应用节能新技术。

一是通过水泥粉磨系统改造达到节电目的。按国家"上大、改小，实现水泥生产规模总量控制"的精神，公司淘汰落后水泥产能100万吨，除了新建的目前国内最先进的100万吨水泥联合粉磨系统（#6水泥磨）已于2007年投产，水泥电耗由43kwh/t降低到35kwh/t，年节电800万kwh。

另一150万吨的大型水泥粉磨系统正在前期的筹建中，已经完成了项目的审批，项目建成后，水泥粉磨电耗可下降8.5kwh/t。

二是投资930万元新建了混合材烘干系统，已于2008年12月投产，年增加混合材掺加量10万吨以上，相应减少熟料使用量，年节约标煤1.27万吨。

三是实施了资源综合利用技术改造项目。既4000t/d水泥熟料生产线工程（一期）工程已于2009年11月实现大窑点火，项目完成投资近7亿元；资源综合利用技术改造项目—4000t/d水泥熟料生产线（二期）计划2010年5月份开工建设，2011年6月大窑点火，项目计划投资53763万元。4000t/d水泥熟料生产线采用新型干法预分解窑生产技术，熟料标准煤耗由原#1~4窑的182.16kg/t降至102.9kg/t，降低79.26kg/t，电耗由原#1~4窑的78.8kwh/t降至58.5kwh/t，年节约标煤8.17万吨，二氧化碳减排25.1万吨，二氧化硫减排1831吨，No_x减排1145吨。配套建设的两套9.1MW余热发电系统，年利用余热发电13928万kwh。

四是大力推广节能新技术。近年来，公司在动力节电方面下功夫，在低压电机上采取了低压变频调速或集中补偿等节电措施，提高功率因数。在#1~5水泥磨电机安装静止式进相器,实现了无功补偿,提高了功率因数,降低了定子电流,降低了线损和电机铜损。在烧二车间篦冷机低温段五台风机安装低压变频器,实现节电率14%,月节电效益3.17万元。公司2009年在2008年的基础上,又将高压变频节电技术、低压变频技术在生产线中的高温风机、循环风机等全面应用推广,并将绿色照明节电技术应用于生产中。截至目前,公司经过变频改造,年可实现节电334.08万kwh,折合标煤410.58吨。

五是积极实施节水改造。2009年公司投资了936万元,实施生产系统用水循环利用改造工程,建设一套中水回用系统,使直接排放的污水回收后继续循环利用。本项目实施后,每年可减少263万m^3污水排放,降低企业生产成本。

二、积极淘汰落后工艺装备及产能

公司前身为国营哈尔滨水泥厂,始建于20世纪30年代,是具有70多年厂龄的老水泥企业,落后产能设备及落后工艺系统较多,2005年9月该厂与吉林亚泰集团进行资产重组,成立亚泰集团哈尔滨水泥有限公司。重组后公司本着建设"环境友好型、资源节约型、质量效益型"企业的总体方针,于2007年3月淘汰拆除了煤耗高、污染大、产量低、人工成本高的#1~4水泥窑,淘汰落后熟料产能100万吨;淘汰了不仅能耗高,台时低,且由于缺乏收尘及余热利用装置,环境污染严重,热能浪费惊人的4台管式煤磨、3台原料烘干机、2台原煤烘干机及4台生料磨,淘汰落后煤粉产能54万吨,落后烘干机产能166万吨/年(其中原料烘干产能142万吨、煤烘干产能24万吨)、落后生料产能120万吨/年。通过落后产能的淘汰,年节约煤炭用量23.76万吨(折算节约标煤17.11万吨),减少CO_2排放量73.19万吨。同时公司实现了在线设备高产能、低消耗及达标排放。伴随着正在进行的大规模技术改造,公司正朝着装备结构大型化、资源利用高效化、物质消耗减量化的高效生产体系方向迈进。

三、大力开展资源综合利用

近年来，公司围绕节能降耗、降低成本，在"三废"的综合利用方面进一步加大力度。组织实施粉煤灰"双掺"，2009年1~11月公司共累计消化利用粉煤灰50.4万吨，其中干粉煤灰33.7万吨，湿粉煤灰16.7万吨；炉渣11.4万吨，水渣12.8万吨，脱硫石膏1.2万吨，炉底灰2.2万吨，煤矸石1878吨。通过混合材的掺加，年减少熟料用量12.23万吨，折算节约标煤2.18万吨；同时粉煤灰替代粘土配料，减少粘土用量16万吨。

利用水泥回转窑处置工业危险废弃物是当今发达国家普遍认可和采用的一项环保措施和手段。2006年，公司被哈尔滨市环保局固体废弃物处置中心确定为处理有机废液等工业危险废弃物处置单位。2007年，公司在#1熟料生产线共焚烧处置中国石油哈尔滨石化分公司生产中产生的高浓度碱性有机废液613吨；2008年3月，公司又完成了#2窑熟料生产线处置工业废弃物的配套改造，实现了社会效益的扩大化。2009年1~11月，公司焚烧处置高浓度碱性有机废液达370.78吨，获得直接经济效益24.5万元。

在大力开展外部资源综合利用的同时，公司着眼内部，积极消化内部废旧资源。将煤粉车间立磨及热风炉产生的废渣用于水泥窑生料配料，将取暖锅炉产生的炉渣用做水泥混合材，2009年利用自排废渣达5600吨。

今后，公司将以国家水泥行业发展政策为指针，按照省市政府的总体要求，以集团总体发展规划为依据，以推进节能减排、发展循环经济为统领，走科学发展之路，遵照哈水公司"勤俭经营、艰苦创利"的经营思想，坚持科技进步，加速技术改造，提高企业核心竞争力，使公司成为黑龙江省建材行业资源节约型、环境友好型、质量效益型企业。全面推进循环经济、节能减排工作，为完成"十一五"期间国家的节能减排目标而努力奋斗！

☞ 拯救地球

中国经济论坛秘书长　董志龙

地球——人类的摇篮，也是人类永续经营的家园。从远古到今天，从蒙昧到文明，人类一路蹒跚走来，经受了洪荒时代的寂寞，承受了农耕与狩猎时代的艰辛，创造了工业时代的喜悦与繁荣，谱写着充满希望也充满危机的全新的科技时代。

回顾科技发展的短暂历史，我们就会发现这样一个不争的事实——科技时代的人类创造出了几乎人类历史上所有物质财富的总和。科技像照亮黑夜的火把般给人类带来了希望与光明，科技也将人类带进了高速发展的快车道，短短百多年的科技发展史在人类生存史上也许只是短短的一瞬，但却改变了整个人类的发展方向和进程。科技的迅猛发展让一切都来得那样迅猛，那样突然，在人类尚未来得及仔细咀嚼一下科技文明的味道之时，人类的生活已发生了天翻地覆般的变化。遗憾的是，现实告诉我们，科技也是一把双刃剑，带给人类的并不完全是欢欣与喜悦也给人类带来了灾厄与危机。就在人类沉浸于享受科技文明的美妙之时，大自然已悄然向人类亮起了红灯——生态恶化、能源告急、大气示警、粮食危机、地震与酸雨、金融海啸！小小地球，危机频现，人类处境岌岌可危！严酷的现实既是对世界的严峻考验，更是对人类智慧与科技文明的严峻考验。

这是人类无法回避的现实，也是人类必须直面的生存与发展中的危机。并非危言耸听，人类不在危机中寻找到正确出路，就必然会在危机中承受灾难般的梦魇。而拯救人类的，只能是人类自己。

拯救人类，必须从拯救地球做起。地球是人类共同的家园，也是人类共同的赖以繁衍生息的栖息地，保护地球，维护人类生存环境的安全是人类共同的、也是惟一的选择。

抛开人性与社会发展机制的因素，一言以蔽之，种种危机的根源，都可以简单地归结为两个方面，这两个方面就是人类对生存空间的过度竞争与向自然的索取无度。而科技则是助长这种竞争与索取的有力工具。诚然，人类是不可能离开科技文明的，能做的只有依靠科技的高度发展来弥补科技应用带来的副作用，以及在科技的应用方向中寻找全球性的规范与机制。

站在哲学高度，我们可以把种种危机一分为二，一部分是客观物质世界的问题，一部分是人类社会的问题，而归根到底仍旧只是人类自身的问题。因而，拯救地球是人类不可推卸的责任，也是人类所应承负的伟大使命。

为此，人类必须站在相应的高度审视这些危机，必须寻找有效化解危机的机制与途径。由此，人类应该理解宇宙，理解生命，注重人与自然的关系。并建立起"构造一个生态平衡、适于人类久远发展的生机勃勃的人类地球栖息地"的长久理念与社会机制，并向真正实现"人与自然和谐相处"迈进。这也许就是人类智慧与科学发展最为重要的一个方向。

理解宇宙就要深入认识宇宙中物质与能量间的关系，理解生物与物质世界间能量交换的规律与启示。这样，才能进一步深刻认识地球在宇宙运行中的独特地位，才能应用这些规律回避宇宙对人类带来的危害，才能够正确与合理应用地球资源，有效地建立与维护人与自然的和谐关系，最大程度上化解地球危机。理解生命就是要理解生命的价值，理解生命运行的规律，以及生命与"自然存在的宇宙"间的关系，建立正确的生命价值观，并向构建"充分人性化的有利于全人类和谐共处的社会形态"的方向发展，并构建合理的"全球视角中的人类社会发展机制"，这样才能有效化解过度竞争带来的副作用，拯救地球，实现人类的持久和平与共同繁荣。注重人与自然的关系则是要注重人类发展与物质世界间的平衡，而和谐关系则最能代表这种平衡。所以，倡导人与自然的和谐也是非常具有现实意义的重要选择。

我们的世界是一个由多元文化组成的世界，不同的文化所形成的生存价值观存在着天然的差异。但是，不论这种差异有多么不同，在基础生命价值观上都是相近的，那就是"生命是平等的，生命的价值与意义在于生存与发展，以及实现生命价值的最大化"。这是人类的基本共识，也是形成人类应对危机的全球性机制的一个基础，也是构建和谐世界的一个基础。

寄望世界范围内的有识之士，居安思危，为拯救地球，拯救人类，经营好我们共同的地球家园而共同努力！

第二编

"节能减排"与"两型"社会

导读:"节能减排"是中国政府对国际社会的庄重承诺,也是实施绿色增长实现经济社会全面转型发展的根本措施与长远战略。以转变经济增长方式来引领"资源节约型、环境友好型"社会建设是一个决定性的举措,高度体现着党和国家领导集体的政治智慧与科学发展观的核心理念。

☞ 着力推进节能减排加快建设两型工业

工业和信息化部节能与综合利用司司长　周长益

中国政府高度重视节能减排工作。党的十六届五中全会把节约资源作为基本国策，党的十七大明确提出要加强能源资源节约，坚持走中国特色新型工业化道路，到 2020 年基本形成节约能源资源和保护生态环境的产业结构、增长方式和消费模式。"十一五"规划纲要明确要求加快建设资源节约型、环境友好型社会，并将单位 GDP 能耗降低 20% 和主要污染物排放总量减少 10% 作为"十一五"期间经济社会发展的约束性指标。

为加快推进节能减排，近年来从中央到地方，工作力度不断加大，国务院成立了以温家宝总理为组长的应对气候变化和节能减排工作领导小组，发布了加强节能工作的决定、落实科学发展观加强环境保护的决定、节能减排综合性工作方案等一系列政策文件，多次召开常务会议研究部署节能减排工作。在各部门、各地区、各行业、各单位的共同努力下，节能减排工作取得积极进展。从工业部门来说，大力推进节能减排，责无旁贷。工业是中国经济的最大主体，也是耗费能源、资源，产生环境污染的最主要行业。工业占 GDP 比重为 43%，但能耗占全国的比重为 70%，化学需氧量（COD）、二氧化硫排放量的比重约 40% 和 85%。抓好工业节能降耗、减排治污，不仅是中国节能减排工作的重点，而且是走新型工业化道路、加快建设资源节约、环境友好型工业的必然要求。

"十一五"以来，中国工业能耗强度持续下降。2006 年～2008 年期间，规模以上企业单位工业增加值能耗同比分别下降 1.98%、5.46% 和

8.43%，重点耗能企业和主要工业产品单位综合能耗实现逐年降低。工业领域累计形成3.7亿吨标准煤的节能量，为实现我国节能减排目标发挥了重要作用。

然而，目前中国吨钢可比能耗、火电供电煤耗、水泥综合能耗等主要工业产品能耗仍高出发达国家先进水平20%左右，单位GDP能源消耗远高于世界平均水平。我们消耗了全球36%的钢铁、16%的能源、52%的水泥，但仅创造了全球7%的GDP。当前我国仍处于工业化加速发展的重要阶段，"十二五"工业发展仍将面临资源能源消耗高、环境污染重、投入产出率低等约束。按照现行发展模式，资源、环境难以支持，发展不可持续。面对工业化、信息化、城镇化、市场化、国际化深入发展的新形势新任务，中央提出，大力推进信息化与工业化融合，走科技含量高、经济效益好、资源消耗低、环境污染少、人力资源优势得到充分发挥的新型工业化道路。这是深刻把握我国工业化面临的新课题新矛盾而做出的战略决策，是长期、艰巨而繁重的战略任务，也是工业和信息化部肩负的重任。

国际金融危机对全球经济带来严重冲击，对我国工业造成严重影响。金融危机催生出绿色经济、低碳经济等新的发展理念，各国也抓紧研究和竞相培育新兴产业等经济增长点，把节能环保、应对气候变化作为新的战略基点。后金融危机时期，我国工业必须紧抓难得的赶超机遇，把应对气候变化、破解能源环境制约作为突破口，积极应对。为此，工业和信息化部会同有关部门积极采取措施，围绕九大工业行业调整和振兴规划的实施，把节能降耗、减排治污作为应对金融危机、落实"保增长、扩内需、调结构"部署的重要举措，在推进节能减排中加快建设资源节约环境友好型工业，在推进节能减排中大力推进产业结构优化升级，促进工业经济平稳持续快速健康发展。

一是加快淘汰落后产能、抑制"两高"行业过快增长。坚持按照工业化和信息化相结合的原则，用信息化等高新技术和先进实用技术改造和提升传统产业，积极利用信息化技术加快重点用能企业技术改造。

建立并实施工业固定资产投资项目节能环保评估和审查制度，对新上工业项目进行能耗审核，严格把住入口关，提高准入条件，从源头抑制高耗能、高污染行业盲目发展。充分利用法律、经济、技术和行政手段，抓紧建立完善淘汰落后产能的退出机制和配套政策，加大工作力度，禁止落后生产能力异地转移，坚决将落后产能淘汰出局。

二是进一步加强分类指导，狠抓重点行业节能降耗和减排治污。通过规划引导、技术标准、产业政策，促进节能降耗、减排治污工作向纵深发展。组织编制环保装备示范工程规划、再生金属利用、工业尾矿综合利用等专项规划；研究制订和发布钢铁、水泥、电子信息、军工等行业及中小企业节能减排指导意见，强化对行业工作的具体指导；制（修）订重点行业能耗、物耗和环保技术标准规范，组织开展钢铁、有色、化工、建材等重点用能行业、企业能效水平对标活动，培育一批行业先进典型。制定工业企业节能目标责任评价指标体系，逐步加强对年综合能源消费量在5000吨标煤以上的重点用能企业节能目标考核，建立年度能源利用状况报告制度。组织贯彻落实重点行业工业产品能耗限额标准，开展标准宣贯。

三是强化技术改造和技术创新，大力提升节能减排技术水平。用好国家技术改造资金，加强企业技术改造，重点支持一批节能减排重点工程和项目，提高企业节能减排技术水平。加快研发和推广节能新技术、新工艺、新设备和新材料。加快制定《重点行业节能减排先进适用技术目录》和《重点工序节能技术政策》，编制《重点节能技术推广专项规划》，发布《节能机电设备产品推荐目录》和《高耗能落后机电设备产品淘汰目录》。目前工业和信息化部会同科技部在国家科技支撑计划中组织实施《重点行业节能减排技术评估与应用研究》；围绕钢铁、有色金属、化工、建材等12个行业，开展节能减排技术评估，提出节能减排最佳导则。坚持按照"两化"融合原则，用信息化技术手段改造提升节能减排。鼓励企业积极采用自动化、信息化技术和集中管理模式，对企业能源系统的生产、输配和消耗环节实施集中动态监控和数字化管理，改进和优化能源平衡，实现系统性节能降耗。财政部、工业和信息化部发布了《工业企业能源管理中心建设示范项目财政补助资金管理办法》，安排中央财政资金重点支持钢铁、有色化工、建材等重点用能行业、企业能源管理中心建设，提升企业能耗信息化管理水平。

四是全面推行清洁生产工艺技术，加强工业污染防治。实现工业清洁发展。切实推进重点行业清洁生产审核工作，编制工业先进适用清洁生产技术指南，制定清洁生产水平评价标准编制通则。财政部、工业和信息化部联合发布《中央财政清洁生产专项资金管理暂行办法》，安排中央财政资金支持关键共性清洁生产技术示范和推广应用。发布和组织实施钢铁行业烧结烟气脱硫实施方案，加快编制造纸、染整、印刷电路板（PCB）等行业清洁生产技术推行方案，制定化工行业清洁生产技术指南。印发实施《关于太湖流域加快推行清洁生产的指导意见》，促进太湖流域工业清洁生产。大力推进重点行业、重点企业污染治理，把减排和治污紧密结合，标本兼治，实现少减排、零排放。组织开展电石法聚氯乙烯汞污染调研和防治方案编制；切实加强重金属、有毒有害工业废渣的防治和消纳。继续推进电子信息产品污染控制工作，加快制定电子信息产品污染控制管理目录，积极开展废旧电子电气产品回收再利用示范。

五是大胆开拓创新，推进循环经济模式在工业领域的应用。加快总结重点行业循环经济试点经验，组织开展经验交流和推广。探索建立钢铁、石化、化工、建材、能源等相关行业资源共享、废物互为利用的循环经济发展模式；组织实施生态建材示范工程，支持钢铁、水泥等企业建立废物无害化消纳中心，利用高炉、焦炉高温冶炼环境条件，对工业废物、社会废弃产品、生活垃圾、污泥、污水等进行处理和消纳。根据产业发展布局和结构调整要求，支持依托重点企业建设产业园区，加强特色产业和中小企业积聚，通过上下游产业联合、优化整合，实现区域内物质循环利用、综合利用，促进集中供热、供冷、供电、供水和水处理系统优化管理，提高能源资源利用效率，降低废物排放。

六是深入推进资源综合利用，大力提升资源循环利用水平。积极推动大宗工业废物资源化利用，提高工业固体废物综合利用率。加快研究赤泥、工业副产石膏治理和综合利用思路，制定工作方案。以《再生有色金属利用专项规划》为核心，抓好再生铜、铝、铅、锌回收拆解集散市场和重点利用工程，推动废旧金属、废纸、废塑料、废橡胶等再生资源回收利用，尽快提升资源循环利用水平。加快推进机电产品再制造试点，组织实施再制造示范工程，推动大型工业装备、机电设备和产品再制造，大力发展再制造产业。

七是加快推进资源节约型环境友好型企业创建，加强节能减排宣传教育和引导。研究完善资源节约型、环境友好型企业创建工作方案，选择若干重点行业开展"两型"企业创建试点，探索资源节约型、环境友好型工业发展模式。制定《石油和化工行业推进"责任关怀"实施方案》，组织实施石化行业"责任关怀"活动。积极推进通信业节能自愿协议示范试点，推进中国移动等通信集团大力实施节能自愿协议，开创重点用能企业节能降耗管理新模式。结合工业企业节能减排评价考核情况，对取得突出成绩的先进单位和先进个人进行表彰和奖励。广泛深入开展以"节能降耗、减排治污"为主旨的宣传教育活动，全面提高从业人员节能减排意识，大力倡导资源节约、环境友好的生产方式、消费模式和生活习惯，形成全社会节能减排的良好氛围。大力抓好工业节能减排，直接关系"十一五"节能减排目标能否实现，关系新型工业化道路战略决策是否得到有效推进，关系我国经济社会可持续发展能力能否提高。必须按照科学发展观的要求，坚定不移地走新型工业化道路，推进工业化和信息化融合，推进高新技术与传统工业改造结合，打好工业节能减排攻坚战，加快建立资源节约型、环境友好型工业发展模式，不仅推进我国工业的结构转型和优化升级，而且为应对全球气候变化做出重要贡献。

☞ 关于推进朔州市节能减排对策之我见

山西省朔州市人民政府市长　冯改朵

节能减排是经济社会发展的硬性约束性指标，是转变经济发展方式，促进科学发展的有效抓手。朔州市是我省重要的能源基地和典型的资源型地区，经济增长的资源环境代价过大，已成为阻碍全市经济社会发展的首要问题，我市节能减排工作虽然取得了显著成效，但受经济增长方式能源结构等客观因素影响，必须找出对策，采取强有力的措施，才能保证"十一五"减排目标如期实现。

一、抓好结构节能减排

加快调整优化经济结构，是推进节能减排的治本之策。

（一）完善促进产业结构调整的政策措施，进一步落实促进产业结构调整的暂行规定。鼓励发展低能耗、低污染、高效率的先进生产能力，根据不同行业情况，适当提高建设项目在土地、环保、节能、技术、安全等方面的准入门槛，组织对高能耗、高污染行业进行节能减排专项检查，清理和纠正各县（区）在电价、地价、税费等方面对高耗能、高污染行业的优惠政策。逐渐把传统的"资源—生产—消费—废弃物排放"单向流动的线型工业结构变为"资源—生产—消费—再生资源"的反馈式流程工业结构。随着主体企业上下游产业链条的延伸和拉长，使多个资源循环、废物利用、高效发展的循环经济产业链条在我市逐步显现。

（二）积极推进能源结构调整，大力发展可再生能源，推进风能、水电、生物质能、沼气、太阳能利用以及可再生能源与建筑一体化的科研、开发和建设，加强资源调查评价稳步发展替代能源，加快生物燃料乙醇及车用乙醇汽油等石油替代品行业在我市的发展。

（三）加快实施十大重点节能工程，着力抓好十大重点节能工程，重点围绕工业锅炉改造、余热余压利用、节约和替代石油、建筑节能、电机系统节能、能量系统优化、区域热电联产、绿色照明、政府节能等方面全面推进节能工程建设。

（四）促进服务业和高技术产业快速发展，着力做强高技术产业。完善促进高技术产业发展政策措施，提高服务业和高技术产业在我市国民经济中的比重。

二、抓好项目节能减排

按照"上大压小，增高减低，以新代旧，扩优汰劣"的要求，把节能降耗，集约用地，环境保护、低碳经济作为项目选择的重要标准。

（一）控制浪费能源和高污染行业过快增长，加快淘汰落后产能。严格控制新建浪费能源和高污染的项目。严把土地、信贷两个闸门，提高节能环保市场准入门槛。严格执行项目开工建设"六项必要条件"（必须符合产业政策和市场准入标准、项目审批核准或备案程序、用地预审、环境影响评价审批、节能评估审查以及信贷、安全和城市规划等规定和要求）。加大淘汰电力、水泥、造纸、建材等行业落后产能。"十一五"期间，实现重点行业和重点企业能源消耗下降，有计划、有步骤地逐步淘汰小机组、小锅炉、小砖窑等高排放、高污染、低效益的落后生产能力，实现重点行业和重点企业能源消耗下降。

（二）制定淘汰落后产能具体方案。按照淘汰关停、限期整改和加快技术改造升级三个标准，对高耗能、高污染企业及其生产设备进行归类，实施"上大压小，扶优汰劣，有保有压"的政策，支持优势企业做大做强，加快清理耗能高、污染大、经济效益低的小型企业。采取转产、合并、改造、融资、技术升级等方式，对耗能高、污染大、经济效益低的企业进行改造升级。

（三）发展低碳经济，推进我市新农村建设。低碳经济，积极倡导生物质能源和再生能源利用。朔州市农业的高产作物是玉米，故应建设以秸秆为燃料的发电厂和中小型锅炉。在规模化畜禽养殖场、城市生活垃圾处理场等建设沼气工程，合理配套安装沼气发电设施。大力推广沼气和农林废弃物气化技术，提高农村地区生活用能的燃气比例，把生物质气化技术作为解决农村和工业生产废弃物环境问题的重要措施。朔州市有很好的风能资源，要大规模开发和建设风力发电。通过以低碳经济为主导的清洁能源革命，可以极大提高农民收入，改善农村生态环境，推进我市社会主义新农村建设。大力发展以低碳经济为主导的农业产业，对优化农业产业结构，提高农业效益，增加农民收入，促进农业生态环境建设具有重要意义。取消地价、税费等方面对高耗能、高污染行业的优惠政策。

（四）加快水污染治理工程建设。紧紧围绕海河流域七里河污水治理系统工程，针对沿河重点排放企业进行严格监控，重点调查，对排放不达标的企业，严令限期整顿或停产治理，在限期内仍不能达标的一律关停。同时做好城市生活污水净化处理工作，"十一五"期间我市新增城市污水日处理能力13.5万吨、再生水日利用能力3.35万吨，加大工业废水治理力度，加快城市污水处理配套管网建设和改造。严格饮用水水源保护，加大污染防治力度。

（五）多渠道筹措节能减排资金。坚持政府引导、市场为主、公众参与的原则，建立政府、企业、社会多元化投入机制。重点节能工程所需资金主要靠企业自筹、金融机构贷款和社会资金投入，各县（市）区政府安排必要的引导资金予以支持。城市污水处理设施和配套管网建设的责任主体是地方政府，在实行城市污水处理费最低收费标准的前提下，市政府对重点建设项目给予必要的支持。

三、抓好重点单位的节能减排

（一）强化重点企业节能减排管理，加强对28家国控重点污染源的节能减排工作的检查和指导，进一步落实目标责任，完善节能减排计量和统计报表，组织开展节能减排设备检测，编制节能减排规划，重点国控、省控污染源建立节能减排管理制度。加强对主要耗能设备能源效率监测，全面推进创建资源节约型企业活动，落实排污许可证制度，全面实施持证排污。

（二）强化交通运输节能减排管理，积极推动节能型综合交通运输体系建设，提高城市公交在城市交通工具中所占比重，严格执行乘用车、轻型商用车燃料消耗量限值标准，限制高排放交通工具进入市内。

（三）发挥政府节能表率作用。政府机构章先垂范，建设崇尚节约，厉行节约，合理消费的机关文化。建立科学的政府机构节能目标责任制和评价考核制度，制订并实施政府机构能耗定额标准，实施能耗公布制度，实行节奖超罚。

（四）加强政府机构节能和绿色采购，认真落实《节能产品政府采购实施意见》和《环境报表产品政府采购实施意见》，进一步完善政府采购节能和环境标志产品清单制度，不断扩大节能和环境标志产品政府采购范围，建立节能和环境标志产品政府采购评审体系和监督制度，保证节能和绿色采购工作落到实处。

四、正确处理好三种关系

（一）政治与经济的关系。节能资源是一项基本国策，节能减排还是经济社会可持续发展中的一项具体工作，要从讲政治的高度把节能减排工作抓紧、抓好、抓到位，节能减排是为了经济更好更快更可持续发展，节能减排是政治目标和经济社会发展目标的有机统一。

（二）内部与外部的关系。内部和外部是一个相对的概念，但有四个方面的内外部关系必须处理好：一是人与自然环境之间的关系，这里人是内部，自然环境是外部；二是国家与国际社会之间的关系，这里国家是内部，国际社会是外部；三是各类组织利益与国家利益之间的关系，这里各类组织是内部，国家是外部；四是个人利益与组织（或国家）利益之间的关系，这里个人是内部，组织（或国家）是外部。这四种内外部关系有着紧密的内在联系，就长远发展目标而言是一致的，能处理好它们之间的关系，节能减排工作就会达到事半功倍的效果。

（三）暂时利益与长远利益的关系。节能减排工作在目前推进过程中阻力不少，原因是多方面的，但没有正确处理好暂时利益与长远利益的关系是一个重要原因。一些人仅凭自己的理解和认识来指导自己或所在组织的行动，在思想上害怕节能减排会影响自己所在组织的发展速度和经济发展总量、害怕降低生活质量、害怕增加生产经营和生活成本，从而在行动上就出现了消极甚至抵制行为。实质上节能减排是实现暂时利益与长远利益有机统一的一条有效途径，暂时利益只有符合长远利益的要求才有可能得以持续存在，长远利益也是由各个阶段的暂时利益不断累积而成的。节能减排就是调整两种利益关系的一种有效手段，当两种利益有机统一时就更有利于节能减排工作的开展、更有利于节能减排目标的实现。

☞ 将节能减排工作推上一个新台阶

黑龙江省哈尔滨市人民政府市长　张效廉

一、巩固成绩，正视问题，进一步坚定做好节能减排工作的信心

　　近年来，在全市上下的共同努力和全社会的积极参与下，我市节能减排工作取得了可喜的阶段性成效。突出表现在三个方面：一是重要指标明显下降。2007 年，全市万元 GDP 能耗同比下降 4.2%，超额完成年度计划；COD 消减量完成计划的 211.6%，二氧化硫削减量完成计划的 260.8%；列入全国"千家企业节能行动"的 4 户重点耗能企业全面完成国家下达的净节能量目标任务，在刚刚结束的 2007 年度全省节能工作评价考核中，我市总成绩居全省首位。2008 年上半年，水、气污染物减排量分别达到全年减排任务的 70% 和 80%。二是重点工作取得积极进展。2008 年计划淘汰落后产能的 10 户企业中，有 7 户已淘汰了落后产能，3 户正在积极推进。对沿江既有建筑进行了节能改造，市区内全部执行了新建建筑节能 50% 的标准。更新公交车 454 辆，调整公交线路 4 条。新建农村沼气池 3423 个、日光节能温室 14800 平方米。三是重大项目顺利推进。今年确定的 20 个重点节能项目中，团结锅炉厂大型节能热水锅炉、中惠集团电热膜扩产等 16 个项目已开工建设，西钢集团阿城钢厂余热利用、双城市双连 10 万吨秸秆乙醇等 12 个项目部分建成投产。开工建设 19 个松花江污水治理项目，为完成全年节能减排目标奠定了坚实基础。

　　尽管我市节能减排工作取得了一定成效，但形势不容乐观、任务艰

巨，还存在一些差距和不足。一是有法不依、监督不严的现象仍然存在。如个别企业夜间向松花江偷排污水、露天堆放垃圾和汽车尾气超标排放问题等等，至今仍没有得到有效解决，已严重影响了城市居民的正常生活。二是部分节能减排项目进展缓慢。今年我市确定的节能减排项目中，何家沟平房污水处理厂、信义沟污水处理厂、松北区松浦镇污水处理厂、呼兰区污水处理厂等5个松花江污水治理项目和华电哈尔滨第三发电厂脱硫项目至今没有启动。三是工作进展不平衡。有的地方和部门对节能减排工作还没有给予高度重视，强调客观因素多，发挥主观能动性想方设法解决问题少，个别区、县（市）资金和物力的投入仍然不到位。在对去年全市各区、县（市）节能减排工作目标考核中，有五个区、县勉强达到合格标准，稍有懈怠，就会拖全市的后腿。

二、明确任务，突出重点，全面深化节能减排工作

今年是实现"十一五"节能减排约束性目标的关键一年，按照国家和省的要求，今年我市确定的目标是万元GDP能耗下降4.6%、COD减排5000吨、二氧化硫减排3000吨，这既是完成"十一五"节能减排约束性目标必须完成的年度目标，也是各级政府做出的庄严承诺。我们必须进一步增强紧迫感和责任感，把思想和行动统一到科学学发展观上来，统一到经济又好又快发展的要求上来，统一到中央和省市关于节能减排工作的决策和部署上来，决不能动摇节能减排的决心、丧失节能减排的信心，采取更加有效的措施，知难而进、迎难而上，确保全年目标任务如期完成。各地区、各部门要着力抓好六项重点工作。

（一）加快淘汰落后生产能力。落后产能是资源能源浪费、环境污染的源头。淘汰落后生产能力是实现节能减排目标的重要途径和强有力手段，是解决我市能源消耗和污染物排放结构性矛盾的关键。各地区、各部门务必拿出"壮士断臂"的决心和勇气，宁可暂时牺牲一点GDP和财政收入，也要坚决完成淘汰落后产能的任务。一是继续加大水泥、钢铁、化工、小火电机组、造纸等行业落后产能淘汰力度，重点抓好亚

泰哈尔滨水泥厂、宾州水泥厂和小岭水泥厂等企业技术改造工程的实施。要按照"全面清理、突出重点、分步实施"的原则，逐年关闭污染严重的企业及设施，今年要坚决完成淘汰10户企业落后产能的目标任务。二是进一步完善淘汰落后产能的实施方案，要列出淘汰关闭时间进度表，明确实施主体和责任人，定期公布淘汰落后产能企业的名单和执行情况，接受社会监督。三是探索建立落后产业退出机制，对非法开办或节能环保手续不全的企业和项目，要坚决依法强制淘汰。对过去经政府批准、手续完备，但根据目前国家产业政策规定需要淘汰的企业和项目，要积极搞好政企对接，特别是所在地政府要主动帮助企业采取有效措施加快转产。

（二）强力实施节能减排重点工程。节能减排重点工程是完成节能减排目标的重中之重，我们一定要抓住国家加大节能减排扶持力度的有利时机，积极争取国家和省的支持，全力抓好节能减排重点项目建设。一是积极谋划以节能工程为重点的项目建设，推进节约和替代石油、燃煤锅炉改造、热电联产、余热余压利用、电机系统节能、能量系统优化、建筑节能、绿色照明、政府机构节能以及节能监测与服务体系建设等十大重点节能工程。全面掌握重点耗能企业的投资动态，帮助企业谋划项目，积极推进前期工作，争取尽快开工建设，争取得到国家更大的专项资金支持，加大重点项目对节能的拉动和示范作用。二是加快推进节能重点项目建设，继续抓好列入国家"千家企业节能行动"4户企业的节能工作，重点推进哈尔滨鸿盛节能保温建材项目、哈尔滨双琦垃圾发电厂等4个获得国家资金支持的示范项目建设。对已上报国家的阿城钢厂余热利用、黑龙江双达集团粉煤灰综合利用等20个重点项目，要抓紧创造开工建设条件。对已经开工的项目，要加快建设进度，力争早日投产。三是突出抓好减排重点项目建设，对国家给予重点资金支持的松花江污水治理项目，已开工的19个项目要加快污水处理厂的管网和配套设施建设，增强污水处理能力；未开工的5个项目要确保年内开工建设，力争城市内河和松花江水域水质均达到国家三级以上标准。认真实施对现有燃煤电厂脱硫治理工程建设，进一步减少烟尘、粉尘等主要污染物的排放量。

（三）大力发展循环经济。要在生产、流通、消费、回收等环节落实发展循环经济和节约经济的具体措施，搞好试点，树立典型，带动我市循环经济和节约经济的大发展、快发展。一是搞好示范工程建设，加快实施工业三废综合利用等 6 个产业化示范工程，确保工业固体废弃物综合利用率提高 1.2 个百分点。二是切实抓好循环经济试点工作，在造纸、塑料、电镀等高污染行业开展循环经济试点，加快启动建设市开发区和利民开发区两个循环经济专业园区，为加速构建我市循环经济的基本框架打好基础。三是积极推进资源综合利用，重点加大矿产和工业固体废弃物的循环利用，大力提高秸秆等农业废弃物综合利用水平，加快依兰、方正等 3 个风力发电厂建设，全面完成 3 个热点联产项目新建、改建任务。

（四）强化节能减排监管工作。要完善节能减排工作机制，依法实施节能减排监管。一是加强审批管理。严格执行新建项目节能评估审查、环境影响评价制度和项目核准程序，坚决制止高能耗、高污染产业盲目投资和低水平建设。今后新建项目凡不到环保和节能要求的，一律不准上马；在建项目凡环保和节能设施未经验收合格的，一律不准投产；已建项目经过限期治理和停产整顿仍不达标的，坚决关闭。二是加大执法检查力度。要建立动态跟踪和信息交流制度，采取排查、抽查、通报等方式对企业节能减排进行跟踪检查和监督，不给违法排污企业以可乘之机。三是严惩各类违法行为。运用法律、经济、技术和必要的行政手段等综合措施，加大惩处力度，提高惩处标准，切实解决"违法成本低、守法成本高"的问题。同时，要抓紧制定环境污染行政责任追究办法，对包庇、袒护环境污染行为的行政责任人，一律启动行政问责。四是开展能源审计工作。对重点耗能企业进行严格的能源审计评估，挖掘节能潜力。在此基础上，建立新的能源制度，开发新的能源项目，把节能工作落实落靠。

（五）加大重点领域重点企业的节能降耗力度。要抓住影响我市节能减排目标完成的主要矛盾，突出抓好重点领域和重点企业的节能降耗工作。一是继续推进既有建筑节能改造。严格实施建筑节能50%的设计标准，大力推广节能建材和散装水泥的生产和应用，绝不允许在市区内使用粘土砖。二是积极推进节能型综合交通运输体系建设。优先发展节能型公共交通，加快淘汰老旧机车、汽车、船舶，鼓励使用节能环保型交通工具和替代燃料。三是大力推进办公节能。各级政府和有关部门要带头开展节能降耗工作，积极倡导每周少开一天车、夏季空调室内温度不低于26℃、三层楼以内不乘坐电梯，减少使用一次性用品等活动。四是抓好照明节电。要在公用设施、宾馆商厦、居民住宅中大力推广应用高效节电照明器具等节能产品，确保完成省下达我市60万只节能灯推广应用任务。五是大力发展农村节能减排。推进户用沼气和大中型畜禽养殖场沼气工程建设，积极推广使用节能灶具、秸秆固化燃料。促进农村太阳能路灯和太阳能住房、温室、畜禽舍等清洁能源开发利用项目建设。

（六）建立和完善节能减排指标体系、监测体系和考核体系。没有科学的监测手段和统计制度，节能减排工作就难以真正落实，各项责任制、考核制就会流于形式。要抓紧建立和完善节能减排指标体系、监测体系、考核体系和统计体系。在节能方面，要积极探索加强和完善能源消费统计的指标体系和方式方法，为节能目标制定、节能任务考核和责任追究提供客观真实的数据。在减排方面，要努力改进统计和考核方法，完善统计、考核制度，实现重点污染源排污数据的统一采集、统一核定、统一公布，及时掌握污染源增减动态变化情况，形成科学的环境统计体系，为严格考核，兑现奖惩提供依据。

三、加强领导，密切配合，全面完成节能减排任务

节能减排既是一项现实紧迫的工作，又是一项长期艰巨的任务。实现节能减排目标，关键在于加强领导，完善政策措施，将各项工作扎扎

实实落实到位。

（一）进一步加强组织领导。各级政府和有关部门要牢固树立责任意识和全局观念，切实把节能减排工作纳入重要议事日程，实行"一把手工程"，加强对本地区、本单位节能减排工作的组织领导，真正做到认识到位、责任到位、措施到位。要不断加强节能减排管理机构，配备专职管理人员，切实把那些能力强、标准高的干部配置到节能减排工作岗位上来，开展好本地区、本部门的节能减排工作。

（二）进一步落实责任。加强领导的关键是落实责任。各地区、各部门要严格按照《哈尔滨市政府节能减排综合性工作方案》的要求，各司其职，各负其责，把各项工作任务逐级分解，目标到人，责任到人。要按照"属地化管理"的原则，进一步加大督查、考核和通报力度，将节能减排指标纳入年终综合考核，作为各级领导班子、领导干部任期内贯彻落实科学发展观和国有大中型企业经营业绩的重要考核内容，实行"一票否决"制。对在节能减排工作中敷衍塞责、行动迟缓、没有完成年度指标、影响全市节能减排工作进程的地区、单位和部门，要实行"一把手问责制"。对于工作有显著成效的单位和个人，要给予表彰奖励，积极树立单位和个人模范样板。

（三）进一步做好协调配合。各部门要切实履行职责，密切协调配合，形成合力，真正形成上下联动，齐抓共管的局面。市发改委和环保局要抓好各项目标任务的分解落实和组织实施，加强指导监督，及时研究解决工作中的问题。其他有关部门要尽快制定行业规范和政策措施，指导各行各业深入开展节能减排工作。各地区、各企业要按照国务院和省以及全市的总体部署和要求，结合实际，抓紧制订具体实施方案，确保全市各级政府、各部门和各企业都重视节能减排，都关注节能减排，都为节能减排出力献策。

（四）进一步强化资金投入。要运用资金补助、贷款贴息等方式，尽快建立起以政府引导、企业为主和社会参与的节能减排投入机制。要按照"谁污染、谁治理，谁投资、谁受益"的原则，促使企业开展污染治理、生态恢复和环境保护。要按照国家和省的要求，逐年增加节能专项资金额度，支持节能项目建设和开展节能工作。各区县（市）也要设立相应的节能专项资金，引导社会资金投资节能项目。大力推广能源合同管理，引入市场机制，弥补节能项目建设资金不足问题。

（五）进一步加大宣传力度。节能减排是全社会共同的责任，需要动员社会各方面的力量积极参与。各地区、各部门要结合本地区、本部门的具体情况，充分发挥报刊、广播、电视、网络等媒体的舆论引导和监督作用，广泛持久地宣传节能减排的重大意义、方针政策、法律法规、基础知识和先进经验，大力宣传节能减排的先进典型，曝光批评浪费资源、环境污染等行为，不断提高社会公众的节能减排意识、能源忧患意识和环境保护意识，建设节能环保文化，倡导节能环保文明，增强公众参与节能减排的自觉性，在全社会形成"节约能源光荣，浪费污染可耻"的良好社会风尚。

节能减排工作任务艰巨、责任重大、意义深远，我们一定要以对国家、对人民、对子孙后代负责的高度政治责任感和历史使命感，齐心协力，真抓实干，以更坚定的决心、更扎实的行动全面推进节能减排工作，确保我市今年和"十一五"期间节能减排任务的全面完成，为建设资源节约型、环境友好型社会做出新的更大的贡献。

☞ 哈尔滨市节能减排工作实现
"三上升、四下降、两提高、两完善"

黑龙江省哈尔滨市人民政府副市长　姜明

一、珍视成绩，剖析问题，进一步增强做好节能减排
　　工作的责任感和紧迫感

近年来，全市上下采取一系列有效措施，加强重点行业和企业监管，推进资源综合利用，积极发展循环经济，我市节能减排工作取得了可喜成绩。可以概括为"三上升、四下降、两提高、两完善"。

"三上升"：节能目标所处等级进一步上升。2007年我市在全国定为完成目标等级，2008年被定为超额完成目标等级。在全省2008年度节能工作评价考核中，我市节能目标和节能工作考核综合得分95分，居全省首位。在全省14家受到表彰的节能工作先进单位中，我市是唯一获此殊荣的市（地）级以上城市。生态环境质量进一步上升。2008年我市大气质量和生态环境质量指数比上年明显上升，按照到2008年完成总体减排目标50%的要求，完成阶段目标。节能减排项目投入进一步上升。2008年我市加大节能减排和环保项目投入力度，先后实施了30个节能项目和20个环保项目，总投资超过40亿元。

"四下降"：万元GDP能耗明显下降。2008年我市万元GDP能耗实现1.316吨标准煤，比2009年初省下达给我市的指标多下降0.45个百分点。2009年上半年继续保持良好势头，万元GDP能耗实现1.31吨标准煤，同比下降5.53%。主要污染物排放明显下降。截止2008年底，我市确定的11个化学需氧量（COD）和81个二氧化硫（SO_2）减排项目，净削减化学需氧量和二氧化硫分别为12258吨和8450.16吨，比2005年分别削减12.92%和10.44%。六大高耗能行业增加值占工业增

加值比重明显下降。2008年，我市石油加工炼焦及核燃料、化学原料及化学制品制造、非金属矿物制品业等六大高耗能行业增加值占全市工业增加值比重为17.52%，同比下降4个百分点。落后产能逐年下降。2007年至2008年，我市共计淘汰落后产能企业13户。

"两提高"：重点耗能企业节能量大幅度提高。2008年，万元工业增加值能耗实现1.93吨标准煤，同比下降10.77%。2009年上半年，我市万元工业增加值能耗降到1.81吨标准煤，同比下降10.1%。全民节能减排意识大幅度提高。通过开展节能宣传周、节能体验等宣传教育，市民节能减排意识普遍提高，机关、学校、社区培养了积极选购高效节能照明产品、节能家电、节能交通工具的好习惯。

"两完善"：节能减排法律规章进一步完善。2008年先后出台了《哈尔滨市节能降耗统计监测及考核实施方案》、《哈尔滨市政府机关节能实施方案》、《哈尔滨市固定资产投资项目节能评估和审查管理暂行办法》等文件，为节能减排工作提供了必要的政策保障。企业内部节能减排制度进一步完善。大多数企业通过抓制度化管理、设备改造管理和规划管理等方面，进一步完善了节能减排制度。

在看到成绩的同时，我们也要清醒地认识到当前节能减排工作存在的不足。一是节能进度滞后。由于2006年的欠账，使我市"十一五"前三年共完成了节能总进度的55.39%，比省要求完成60%的标准差了4.61个百分点。二是主要污染物排放居高不下。目前还存在个别企业污染物偷排乱排现象，严重影响了我市生态文明城市建设。三是节能减排管理工作有待加强。大部分区县（市）级政府和重点企业节能减排机构设置、人员编制还没到位，组织协调机制不完善，执法体系不健全，有关部门还没有真正形成工作合力。这些问题都不同程度地影响了我市作为全省节能减排样板城市的形象。为此，各地区、各部门要从实现科学发展、和谐发展的高度，进一步增强做好节能减排工作的责任感和紧迫感，下大力气、下真功夫，把节能减排工作抓出成效，坚决履行政府向人民群众做出的庄严承诺。

二、锁定目标，狠抓推进，努力完成年度任务和"十一五"期间工作进度

2009 年是实现"十一五"节能减排约束性目标攻坚的一年，我市确定的目标是完成年度目标与完成"十一五"规划目标同步，万元 GDP 能耗下降 5%、化学需氧量（COD）和二氧化硫（SO_2）等主要污染物减排累计不低于"十一五"期间总量的 70%。要完成这一目标，我们必须把思想高度统一到胡锦涛总书记视察黑龙江时所作的"要按照建设生态文明的要求，把节能减排这项硬任务落实好，把生态环境保护这件大事抓好"的指示精神上来，加大力度、狠抓推进，争取在节能减排、保护环境方面迈出更大的步子，实现更大的作为。

（一）加快淘汰落后产能进度。

尽管我们 2007 年和 2008 年相继完成了 13 户企业的落后生产能力淘汰任务，但相对于我市大量的资源消耗和产能严重过剩的现状，尤其是在产业结构调整与节能减排工作成为当前国家宏观调控重点的情况下，加快淘汰落后产能显得更为迫切。各地区、各部门务必严格按照国家淘汰落后产能目录的要求，对落后的生产能力、工艺和产品加以淘汰，坚决堵死高消耗、高污染的源头。一要继续加大化工、冶金、建材、机械、电力、汽车、水泥、医药、造纸等重点耗能行业落后产能淘汰力度。要坚决完成 10 户企业落后产能的淘汰任务。二要对污染重、能耗高、长期违法排污、改造治理无望的小砖瓦、小化工、小冶炼、小造纸、小建材、小食品等高耗能小企业，加快淘汰进度，不能迁就姑息。要注重城乡统筹、行业结合、部门协调，调动全社会方方面面的积极性和自觉性，形成节能减排工作合力，防止这些污染企业向偏远地区蔓延。三要探索建立落后产业退出机制，对非法开办或节能环保手续不全的企业和项目，坚决依法强制淘汰。对过去经政府批准、手续完备，但根据目前国家产业政策规定需要淘汰的企业和项目，要积极搞好政企对接，特别是所在地政府要主动帮助企业采取有效措施加快转产。

（二）着力推进节能减排重点项目建设。

节能减排重点工程是完成节能减排目标的重中之重，我们一定要抓住国家加大节能减排扶持力度的有利时机，积极争取国家和省的支持，全力抓好节能减排重点项目建设。一要积极组织实施十大重点节能工程建设。继续加强对这些项目建设进度、生产情况、节能效果的检查、监督和验收工作，特别是国家给予资金支持的项目，要确保资金不乱用、不挪用，确保项目不出问题，按时竣工投产。同时，还要注重培育和建设更多的节能减排效果好、经济效益明显、科技含量高的新项目、好项目。二要大力开发利用可再生能源。继续推进风能、太阳能、地热能、水电、沼气、生物质能利用以及可再生能源与建筑一体化的研究、开发和建设，增加新能源、清洁能源的利用比重。三要加快松花江污水治理项目。已开工的 19 个项目要加快污水处理厂的管网和配套设施建设，增强污水处理能力。何家沟平房等 12 个治污项目要加快建设，2009 年年底前建成，具备通水调试能力。对逾期未完成工程建设任务的，实施区域或行业限批以及其它必要的惩罚。四要积极推进脱硫项目建设。强力推动列入"十一五"计划的二氧化硫减排重点工程项目尽早建成，促进哈三电厂 60 万机组脱硫改造等在建脱硫工程加快建设，确保近期建成运行。

（三）加大重点领域节能减排力度。

要抓住影响我市节能减排目标完成的主要矛盾，突出抓好重点领域和重点企业的节能降耗工作。一要继续把工业领域节能减排摆在首位。工业始终是耗能排污的主要行业，也是节能减排的重点领域，我市工业能耗占全市能耗总量的 60% 以上。因此，必须下大力气，重点抓好能耗高、排污大的工业企业节能减排技术改造和企业内部制度建设，从根本上解决高耗能、高污染的问题。二要继续推进建筑节能改造。加强监督检查，在全市新建居住和公共建筑已全部达到节能 50% 标准的基础上，不断提高新建居住建筑节能水平，在市区执行节能 65% 设计标准。加快推进既有建筑节能改造工作，大力推广节能建材和散装水泥的生产和应用，大力开展粉煤灰等工业废弃物和建筑废弃物在节能建材中的应用，坚决杜绝市区内使用粘土砖。三要积极推进交通运输节能减排。按照《哈尔滨市交通运输节能减排工作方案》的要求，积极推广机动车代用燃料和清洁燃料汽车，鼓励发展节能环保型交通运输工具。推进老旧机动车船和高耗能、高污染车辆的报废和淘汰，鼓励小排量汽车推广应用。大力开展生物质柴油和非粮乙醇汽油的研发和应用。加快全市道路桥梁建设步伐。环保监察部门和交通管理部门近期要加大取缔高排污报废车辆的力度，开展秋季净化市区空气活动。对不挂牌号，涂盖车牌的垃圾残土建筑运输"老虎车"的乱撒、乱落垃圾现象要坚决给予处罚；对超标排污的企业要加大整治力度，有的企业长期影响市民正常生活，影响市区空气质量，要加快搬迁进度。规划、土地等部门要积极给予支持。四要大力推进办公节能。各级政府和有关部门要带头开展节能降耗工作，加快机关车改工作进度，积极倡导每周少开一天车、夏季空调室内温度不低于26℃、三层楼以下不乘坐电梯等行为、大力推广和使用高效节能照明产品、减少使用一次性筷子等行为，随时注意节电、节水、节约资源，人人争当节能模范、节约能手。

（四）强化节能减排监管工作。

强化管理，严格督查，下大力气抓好节能减排监管这一关键环节。一要严守准入关口。严格执行新建项目节能评估审查、环境影响评价制度和项目核准程序，坚决制止高能耗、高污染产业盲目投资和低水平建设。对上马、在建或已建项目，凡达不到环保和节能要求的，坚决予以关停。二要提高企业管理水平。针对一些企业能耗管理无计量、统计台账不健全、奖惩不严明等问题加大监察力度，引导企业建立一套完善而有效的激励和奖惩措施。三要开展能源审计工作。在重点耗能企业中设立节能办，车间设立节能管理员和计量员，用能单位配备能源计量器具的基础上，研究建立新的节能制度、开发新的能源项目，把企业节能工作推向深入。四要加大污染排放监管力度。对屡查屡犯和私设暗管、擅自关停污染防治设施、恶意偷排偷放的企业，一律予以高限处罚；对治理无望的企业和落后生产能力，一律关闭取缔。组织对呼兰河、阿什河、拉林河、五岳河 4 条五类、劣五类支流水质改善问题进行分析、监测，研究落实达标治理方案，并抓紧组织实施，全面提升我市区域松花江水系质量。

三、完善机制，强化措施，确保各项工作落到实处

节能减排，政府是第一责任人。各级政府必须切实负起责任，既要认识到这项工作的现实紧迫性，又要认识到这项工作的长期性和艰巨性，坚持做到常抓不懈，不断加强工作的组织领导，扎实推进各项工作落实。具体要做到四个到位。

（一）确保组织领导到位。

各级政府和有关部门要牢固树立责任意识和全局观念，对节能减排工作毫不懈怠地实行"一把手工程"，明确本地区、本部门的主管领导，设立组织机构，配备专职管理人员，特别是监察、统计人员，切实加强节能减排工作人员队伍建设。同时，按照国家和省的要求，借鉴北京、上海等地，以及我省鹤岗市建立节能中心和节能监察机构等经验，抓紧组建我市节能监察服务机构，进一步完善节能减排系统工作机制和监督监管机制，充实工作力量，增强工作后劲，提高节能减排工作实效，真正做到机构、人员、任务三落实。

（二）确保法治建设到位。

节能减排是一项长期永续的工作，要把这项工作不断深入地开展好，必须依法节能、依法减排。国家已制定了《节约能源法》和《环境保护法》，省里制定了《节能管理条例》，我市近两年也相继出台了节能减排的相关法规，对我市节能减排工作发挥了很大推动作用。《哈尔滨市节能管理条例》也已经列入立法计划，要抓紧推进工作，早日实施。相关配套规章细则和执法手段都要随之落实，使节能减排工作真正步入法治轨道。

（三）确保资金投入到位。

几年来，我市不断加大在节能减排工作中的资金支持力度。2008年，我市节能技术研发资金、既有建筑节能改造资金和节能专项资金，都比2007年有所增加，占市财政收入比重也不断上升，这些资金在节能基础建设、节能技术研发、节能项目引导、节能基础建设等方面都发挥了有力的推动作用。2009年，市里在财政状况趋紧的情况下，仍争取专项资金有所增长。今后，要继续加大财政对节能减排工作的支持力度。各区、县（市）也要把节能专项资金的设立当作节能减排工作中的一项硬指标来落实好，发挥政府资金的导向作用。对重点项目，特别是国家给予资金补助的项目，企业和地方要千方百计筹措配套资金，确保重点项目如期建成使用。

（四）确保思想认识到位。

节能减排是我国经济社会长期稳定发展的基本国策，是利在当代、荫及子孙的百年大计。经过这几年的大力宣传，全社会的节能减排意识普遍提高，但如何将认识变为自觉行动，变成各级领导的决策思想，还需要再宣传、再教育、再认识、再提高。节能减排已列入国家三项约束性指标（节能、减排、计划生育）中的两项约束性指标，实行严格的"问责"制度。所以，抓好节能减排工作，宣传教育不能放松，责任意识必须加强，责任制也必须落实。"一票否决"不能停留在口头上，务必落实到各级责任部门，落实到每个责任人，使之真正成为政府的自觉行动，促进节能减排工作有效开展。总之，完成"十一五"节能减排目标任务艰巨、责任重大。我们一定要深刻认识、高度重视，把这项事关经济发展、事关人民群众切身利益的工作扎扎实实开展好，确保我市今年和"十一五"期间节能减排任务目标的全面完成，为把我市建设成为资源节约型、环境友好型城市做出新的更大的贡献。

☞ 搞好节能减排把安阳市建设成豫北区域性中心强市

一、节能减排取得的显著成效

安阳市"十一五"规划纲要提出，到 2010 年全市单位生产总值能耗由 2005 年的 2.79 吨标准煤/万元下降至 2.15 吨标准煤/万元，下降 23%。主要污染物 COD 和 SO_2 排放总量要控制在 4.5 万吨和 9.8 万吨，较 2005 年下降 10% 和 13.76%。围绕节能减排目标实现，全市上下坚持以科学发展观为指导，把节能减排作为调整经济结构、转变发展方式的重要抓手和突破口，通过着力淘汰落后产能和落后设备及工艺，突出抓好重点领域节能减排和环境综合整治，推进节能减排重点项目建设，强化重点企业监督管理，节能减排工作取得了显著成效。

2006 年、2007 年、2008 年全市单位生产总值能耗分别下降了3.28%、4.01%、6.78%，呈现下降加快向好趋势，三年共完成"十一五"规划目标的 58%。在 2009 年，全市单位生产总值能耗下降进一步加快，1—9月万元工业增加值能耗为 2.65 吨标煤/万元，同比下降 12.16%，降幅高于去年同期 2.49 个百分点，位居全省第 8 位。据初步测算，全市单位生产总值能耗下降 6% 以上。

2008 年年底，全市 COD 排放总量为 4.5385 万吨，比 2005 年削减了 0.4615 万吨，削减率为 9.23%；SO2 排放总量为 10.44 万吨，比 2005 年削减了 0.9236 万吨，削减率为 8.13%。截止 2009 年上半年，我市 COD 和 SO2 减排已经完成"十一五"减排任务的 93.68% 和 94.6%，圆满完成了目标任务。我市环境质量逐年好转，截止今年 9 月

56

面对中国转型——绿色·新政

mian dui zhong guo zhuan xing lu se xin zheng

30 日，城市大气环境质量共监测 273 天，其中达标天数为 251 天，达标率为 91.9%；主要河流水质得到了显著的改善，元村集和大韩桥出境断面 COD 平均浓度分别比 2005 年降低 66.9% 和 77.4%，综合达标率为 95%；城市集中饮用水源地水质达标率 100%。人民群众对环境的满意率不断提高。

之所以取得上述成绩，得益于在省委、省政府的正确领导下，我市牢固树立科学发展观，坚持把节能减排作为实现又好又快发展的关键环节，全市上下统一思想，加大工作力度，落实政策措施，努力把"十一五"规划确定的节能减排任务落到实处，积极推动经济社会转入全面协调可持续发展的轨道。

二、加强组织领导，全面落实目标责任

市委、市政府高度重视节能减排工作，市政府常务会议多次研究、部署节能减排工作并听取有关情况汇报。为加强组织领导，市政府成立了市长挂帅的节能减排工作领导小组，下设正县级的节能减排办公室，由市政府副秘书长兼任办公室主任。相继召开了一系列高规格的节能减排工作会议，层层分解目标，签订目标责任状，落实工作责任。市政府制定出台了《加强节能工作的意见》、《安阳市节能减排实施方案》、《安阳市节能减排统计监测及考核实施办法》等一系列政策文件，在组织上和政策上为节能减排工作的开展提供了保障。为进一步增强地方和企业负责人做好节能减排工作的紧迫感和责任感，市委、市政府印发了《关于实行节能减排目标问责制和"一票否决制"制的规定》，明确规定节能减排作为刚性指标，是考核领导干部和企业负责人业绩的重要内容，凡完不成目标的将由干部管理部门依照有关规定实施严格的问责制和"一票否决"，对未完成节能减排目标任务的企业法人代表是人大代表或政协委员的，要将其未完成节能减排目标任务的情况和问题通报所在地人大和政协。

三、强力推进淘汰落后产能，促进产业结构优化升级

近年来，我市把淘汰落后产能作为实现节能减排目标，促进发展方式转变的主攻方向和突破口，制定并实施了冶金、建材、电力等重点行业和环保不达标企业的淘汰关停计划，痛下决心，狠抓安林高速、安林公路的综合整治活动。同时，市政府及时研究制定了对淘汰落后产能给予资金支持的政策措施，2008 年市政府拿出 600 多万元用于淘汰落后的奖励和安置。并积极争取国家淘汰落后资金支持，申请国家资金 9000 多万，占全省奖励资金的 12%。截止 2009 年，在关停小火电方面，继大唐安阳发电厂在全国率先拆除了 2 台 10 万千瓦机组，被国家相关部委称为全国电力行业"上大压小"的启动性工程后，市灵锐热电、安阳县广源电厂、林州电力有限公司等小火电机组相继实施了爆破拆除，已通过了国家发改委确认，截止目前，累计关停 10 万千瓦以下小火电机组 60.8 万千瓦，减排 SO_2 17279 吨。在全省率先完成了省政府下达给我市的小火电机组关停任务。拆除黏土砖瓦窑厂方面，拆除黏土砖瓦窑厂 464 个，复垦节约土地 10589 亩。减排 SO_2 4559 吨；关停小水泥方面，全面按期拆除了 18 家水泥企业 23 条机立窑，彻底告别了落后的水泥机立窑生产时代，减排二氧化硫 822.44 吨，为发展大型干法水泥腾出了环境容量和市场空间。关停小钢铁方面，对钢铁的污染企业和污染工段进行了关闭和拆除，应淘汰的 200 立方米以下的炼铁高炉 21 座已全部淘汰到位。经过整治，实现节约能源 290 多万吨标准煤，我市西部 SO2 排放量减少 2.15 万吨，烟粉尘排放量减少 4.29 万吨，优良天数由整治前的 239 天提高到 311 天。我市在淘汰落后产能方面得到了国家、省有关部门的充分肯定，也得到了全市人民的高度赞誉。同时市政府以这次整治为契机，科学指导全市小钢铁和小水泥企业整合与重组，突出了"压小上大"和"产业升级"，充分利用整治中拆除落后产能腾出的发展空间和环境容量，推进了 4×30 万千瓦机组项目、5 条日产 5000 吨水泥熟料干法旋窑生产线项目落地，呈现出节能减排与经济发展相互促进的良好态势。

四、加快重点工程建设，提升节能减排能力

在节能降耗方面，从 2007 年开始，共组织实施了近 80 个节能项目，同时，抓住国家加大节能减排财政投入的机遇，积极争取国家资金支持。2007 年，经国家发改委批准我市安钢集团烧结余热利用、TRT 综合节能项目、安彩高科电子玻璃池炉余热余压利用项目、汤阴豫鑫工业锅炉燃用生物质燃料节能改造项目、利源焦化富余煤气发电和岷山有色清洁生产示范等共 11 个项目获补贴和奖励资金 1.152 亿元，形成年节能量 50 多万吨标煤。2008 年上报的顺成集团焦炉煤气直燃发电项目和干熄焦余热发电节能项目、安化集团、中科辉煌合成氨能量系统优化节能改造等 8 个项目获得奖励资金约 1.05 亿元，这些项目正在积极实施，项目建成后形成节约能量 43 多万吨标煤。2009 年继续加大争取国家节能专项资金力度，河南亚新钢铁公司高炉余压发电工程、河南凤宝实业有限公司电机系统工程等 8 个项目获得奖励资金约 3970 万元；安阳市诚晨焦化有限责任公司 2×6000kw 热电联产项目、安阳市豫北金铅有限责任公司铅冶炼废渣综合回收项目等 10 个项目资金申请报告已上报国家发改委。

在污染减排方面，一是加快脱硫工程建设。完成了大唐电厂 2×30 万千瓦机组脱硫设施建设；积极开展焦化、铅冶炼企业脱硫治理工程的建设；并计划以安钢为试点，积极开展钢铁企业烧结机脱硫设施示范工程建设，项目建成后可实现年减排 $SO_2$1.8 万吨。二是加快城市污水处理厂建设。截止目前我市共建成 8 座污水处理厂，实现日处理污水量 44.3 万吨。我市不仅县县建成了污水处理厂，而且在市区完成了三个污水处理厂的建设。为进一步提高城市生活污水处理率，2009 年 8 月安阳县、开发区城市污水处理厂破土动工，两个污水处理厂于 2010 年上半年投运。安阳作为一个中等不发达城市，能够建成 10 座污水处理厂，足以见证了我市市委、市政府对污染减排工作的高度重视。三是加快推进重点流域、行业环境综合整治工作，积极开展黄河、卫河流域工

业废水污染治理。我市先后对造纸、医药、化肥、钢铁、铁合金、电石、刚玉行业进行了大规模的环境综合整治。建成了一大批重点减排工程项目，不仅大大减少了主要污染物的排放，同时形成了一定规模的削减能力，使重点流域、区域环境质量得到明显改善。

五、突出重点，着力抓好重点行业、企业节能

根据国家、省发改委启动的"千家企业节能行动"、"3515 节能行动计划"，结合我市实际，针对钢铁、水泥、电力、有色、煤炭、化工等重点行业，将全市年综合能耗在万吨标准煤以上企业纳入市级重点监管，制定了节能实施方案，开展能源审计，下发节能监测计划，实施了综合节能监测和单项节能监测，促进企业通过开展能源审计，摸清底数，找出差距，编制节能规划，建立完善能源统计、管理制度，并积极实施节能项目，改进设备和工艺，降低能源消耗。

六、严格环境准入，有效控制新建项目污染增量

我市把建设项目"环评"审批和"三同时"验收作为控制和减少新增污染的前置关口，严格"环评"审批制度，严格"三同时"监管，努力推进建设项目环境工程第三方环境监理工作，对重点建设项目推行施工期环境监理工作。严厉查处环境违法建设项目，严格责任追究。在引进项目时，实行部门联动，从源头控制新建项目污染物增量，减少对环境的压力。发展改革、环保、规划、工商、国土资源等有关部门联合办公，严格按照国家的产业政策依法批准新上项目，明确提出高耗能、高污染的企业一个也不能建，凡是污染物排放超出环境总量的区域实行"区域限批"。

七、部门联动，积极拓展节能领域，共同促进污染减排

全市各有关部门加强沟通协调，互通信息，统一思想、共同开展节能减排工作，建立了有效的污染减排协调联动机制，形成了部门之间分

工明确，各负其责，密切配合，有力促进了全市节能减排目标任务的落实。一是积极推动建筑、农业、交通、机关等领域节能工作。建设部门强化新建居住建筑和公共建筑执行强制性节能标准的全过程监督管理，按照建筑节能 65% 的标准实施的居住建筑项目 209 个；按照 50% 的建筑节能标准建设的公共建筑项目 22 个。积极推广太阳能、地热、空气源热泵等自然能源在建筑中规模化应用，继去年广厦新苑工程被确定为国家可再生能源建筑示范项目后，今年又申报了"中国文字博物馆""四海嘉苑"两项国家级可再生能源示范工程，预计可争取到国家财政补贴 3000 余万元。二是农业部门大力推进农村废弃物能源化、资源化利用，深入开展农业清洁生产，截止 2008 年底，全市沼气用户累计达到 19 万余户，可确保全市 80 万农民用上可再生清洁能源。三是交通部门建立了物流信息综合服务平台"八挂来网"，利用先进的网络通讯和移动通讯技术，有效解决了货运物流信息不对称的问题，大大降低了空载率，提高了运输集约化水平，达到了节省汽油、柴油，提高运力的目的，作为交通部节能减排示范项目，在全国推广。四是市质量监督部门制定了用能单位能源计量评定办法，加强了对重点用能单位能源计量配备的监管力度。五是市统计部门修订完善了能源统计制度，加强了能源统计数据的统计、分析和核查，为及时掌握全市能源利用状况提供了动态数据。

八、加大资金支持力度，提高环境监管能力建设

为使污染减排工作顺利开展，我市加大资金投入，提高环保部门的污染监控能力，建成了"安阳市重点污染源在线监控中心"，47 家国控、省控重点污染源完成了在线监控设施的安装，其中 42 家与省市监控中心联网，五县（市）已建成在线监控中心，3 个省控水质自动站升级改造已完成，4 个地表水市控断面水质自动站建设正在紧张进行，7 家污水处理厂已安装了视频监控系统，进一步增强了环保部门实时监管能力，使我市环境监管长了"千里眼、顺风耳"。

九、加强执法检查，努力营造良好氛围

市政府建立了减排指标、能耗公报、环境违法企业"黑名单"公布、重点案件"挂牌督办"和污染物总量控制等制度，认真开展了"双高行业"大检查、"污染防治设施运行管理年"活动，开展了打击违法排污企业保障群众健康环保专项行动，严厉查处和整治了一批违法排污企业。2008年5月和2009年6月、11月，由发改、监察、环保、政府督查室等部门组成的联合督导组深入各县（市、区）政府和重点企业，就节能减排目标完成情况进行了集中督导检查，高压强势地推进工作，促进了工作顺利开展。同时，采取多种形式，认真组织开展好每年一度的世界环境日、地球、节能宣传月、节水宣传周等宣传活动，广泛宣传和动员全社会力量，积极参与污染减排工作，在全社会营造污染减排的浓厚氛围。尤其是，从2006年起连续三年，市发改委会同总工会在全市开展了节能达标竞赛活动，对成绩突出的单位和个人颁发五一劳动奖状和奖章，起到了很好的宣传示范带动作用，得到国家、省总工会的肯定和全面推广。今年又开展设立节能减排监督员、节能减排监督站工作，广泛动员全社会力量，积极参与节能减排工作，促进我市"十一五"期间节能减排目标任务的实现。

搞好节能减排工作是落实科学发展观的具体体现，完成节能减排目标事关我市经济社会可持续发展大局，圆满完成节能减排目标任务是市政府对全社会的庄严承诺。安阳市委、市政府有决心有信心，迎难而上，采取更加有力的措施，突出重点，全力以赴打好节能减排攻坚战，确保"十一五"节能减排目标任务的完成，促进经济社会又好又快的发展，努力把我们河南的北大门打造的更加亮丽、更加光彩、更加富有魅力，把安阳市建设成豫北区域性中心强市。

☞ 全面推进节能减排转变经济发展方式

云南省昭通市人民政府市长　王敏正

有限的能源资源、脆弱的自然环境，已经成为全球发展的瓶颈。推进节能减排，是当今国际国内社会普遍关注的焦点问题，是贯彻落实科学发展观、应对全球气候变化的本质要求，也是转变经济发展方式、实现又好又快发展的必然选择。其核心是以资源能源的高效循环利用为中心，以"减量化、再利用、资源化"为原则，以"低消耗、低排放、高效率"为目的，在全社会大力倡导节约消费、科学消费、绿色消费。云南省昭通市作为比较典型的西部欠发达地区，着力加快发展、赶超发展，实现科学发展、和谐发展，是昭通550万各族群众始终不渝的追求目标。在实现这一目标的过程中，如何进一步加大节能减排力度，促进经济发展方式转变，是昭通实现赶超式、跨越式发展必须正确面对和科学解决的首要问题。

一、调整优化产业结构，控制高耗能高污染行业

加大节能减排力度，最关键的是大力调整产业结构，限制资源损耗大、污染严重的产业发展。在推进新型工业化进程中，既要发展能源、原材料等重化工业，更要立足当前、着眼长远，加快发展轻工业、高技术产业、生物产业和服务行业，尤其是大力发展以文化旅游为重点的资源能源消耗低的现代服务业，不断优化产业结构和延长产业链条，逐步摆脱经济发展过度依赖资源能源的高耗能、高污染产业。坚持从减少能源消耗、加强资源利用、促进环境保护的角度出发，提高高耗能、高污染产品的市场准入门槛，制定和实施比国家排放标准更严格的污染排放

标准，制止高消耗、高污染的行业占用更多的环境容量。坚持增量优化与存量改造并举，严把增量关，严格执行新开工项目管理规定，提升项目准入的能消标准和环保标准，把节能减排标准作为项目核准的强制性门槛，建立严格的节能减排行业准入制度。

有效遏制高耗能高污染行业过快增长，是推进节能减排工作的当务之急，也是宏观调控的紧迫任务。要按照管住增量、调整存量、上大压小、扶优汰劣的思路，提高节能环保市场准入门槛，严格执行新建项目节能评估审查、环境影响评价制度和项目核准程序，建立相应的项目审批问责制，从严控制新建高耗能项目。通过制定有利于资源节约和环境保护的财政和税收政策，控制滥用资源、破坏环境行业发展，逐步体现出资源环境的使用成本和保护收益，用市场力量来调整优化产业结构，促进节能减排。在落实国家政策的基础上，加大差别电价政策实施力度，全面落实差别电价政策，提高高耗能产品差别电价标准。清理和纠正在电价、地价、税费等方面对高耗能高污染行业的优惠政策，严肃查处违反国家规定和政策的行为。

二、坚决淘汰落后产能，推进节能减排技术进步

落后生产能力是资源能源浪费、环境污染的源头。淘汰落后产能是实现节能减排目标的重要手段。大力淘汰建材、铁合金、电石、焦炭、化工、煤炭、造纸等行业的落后产能，关停国家明令淘汰的小高炉、小轧钢、小铸钢、小造纸、小水泥等企业，对限期不能关停或完成改造的企业，组织联合执法强制关停。对高耗能落后工艺、落后技术和落后设备坚决实施强制淘汰，鼓励生产工艺和设备的升级换代和技术改造，建立落后产能退出机制，在财力允许的条件下安排资金支持淘汰落后产能。坚持"整治旧污染"与"控制新排放"并重，在加快淘汰现有落后生产能力的同时，严格控制新上高耗能、高排放项目，新建项目达不到环保和节能要求的一律不准上马，在建项目环保和节能设施未经验收合格的一律不准投产，已建项目经过限期和停产整顿仍不达标的一律予

以关停，绝不能让现在的项目成为将来的包袱。

推进节能减排，最根本的是加快技术进步。从实际出发，出台节能减排技术创新与转化的引导政策，加快建立以企业为主体、产学研相结合的节能减排技术创新与成果转化体系，搭建节能减排技术服务平台。加大节能减排技术创新投入力度，逐步建立政府引导、企业带动、社会参与、多方投入的节能减排科技投入机制，培育节能减排科技创新示范企业，择优扶持节能减排产品研发生产示范企业、节能减排技术应用示范企业，建设节能减排技术研发基地，重点加强节能减排技术应用转化与工程化开发。坚持把企业作为技术创新的主体，以提高能源利用效率、以新能源技术研发为重点，加强技术成果转化，促进先进、实用环保节能新设施、新工艺和新技术的应用。积极创造政策条件，培育各类节能技术服务机构，推进企业节能技术改造，促进节能服务产业化。

三、突出抓好重点企业，推进循环经济快速发展

突出抓好重点企业节能减排工作，是推进整个节能减排系统工程的重中之重。建立和完善重点企业节能减排指标体系、监测体系和考核体系，认真解决管理松懈、监督不力的问题，确保统计数据真实。坚决防止污水处理厂建成后长期不能正常运行，杜绝企业污染减排设备只是应付检查的状况。加强对重点用能企业和污染源的经常监督，对恶意排污行为实行重罚，严重的要追究刑事责任。企业作为市场主体，在贯彻执行节能减排有关法律法规、政策及标准等方面，要始终承担着主体责任和义务，加强节能减排管理，落实节能减排措施，在项目新建、生产扩建中，同时做好节能减排研究与设计，同时做好节能减排项目建设，与生产同时竣工投产，努力实现做到"增产不增能、扩建不扩能、增能靠节能"和"增产不增量、扩建不扩量"的目标。着力抓好跟踪、指导和考核，引导企业正确处理好增强盈利能力与履行社会责任的关系，强化社会责任，统筹经济效益和生态效益，把节能减排真正作为关系自身长远发展和生死存亡的大事来抓，推动重点企业切实转变到可持续发

展、科学发展的轨道上来。

据有关专家统计分析，当前全世界钢产量的 1/3、铜产量的 1/2、纸制品的 1/3 来自循环使用。在资源开采、生产消耗、废物产生和消费等环节，按照"减量化、再利用、资源化"的原则，逐步建立资源循环利用体系，是极为重要的。在编制国民经济和社会发展总体规划、区域规划及各种专项规划时，应制定发展循环经济的计划和目标，建立循环经济评价指标体系和考核制度，推进矿产资源综合利用、固体废物综合利用、再生资源循环利用，以及水资源的循环利用。积极建设循环经济试点，建成一批循环经济典型地区、典型企业、再生资源产业园区、生态工业示范园区，总结经验，逐步推广。推进企业清洁生产改造，加大实施清洁生产的整合力度，积极推进垃圾资源化利用。坚持以企业为主体，大力组织科学攻关，力争在废弃物循环利用、资源利用、绿色再制造等循环经济关键技术的开发利用方面取得突破。加快建立循环经济技术体系，发展专业化的技术、咨询、管理服务。

四、努力增大资金投入，推进节能减排工程建设

千方百计增大财力投入，是推进节能减排工作的重要保障。要采取行之有效的措施，建立和完善政府引导、企业为主、社会参与的节能减排投入机制，多渠道增加节能减排资金投入。充分运用资金补助、贷款贴息等方式，支持和鼓励社会资金参与节能减排项目建设。按照"谁污染、谁治理，谁投资、谁受益"的原则，促使企业开展污染治理、生态恢复和环境保护。逐步加大政府对节能减排的投入，在政府财政预算中设立节能减排专项资金，充分发挥财政资金"四两拨千斤"的重要作用。筛选和包装一批符合国家产业政策的技术改造、清洁生产和节能减排项目，积极争取上级在资金和政策方面给予更大的支持。

扎实抓好节能减排工程建设，是推进节能减排工作的重点之一。要按照国务院的统一部署，着力抓好节约和替代石油、燃煤锅炉改造、热电联产、电机节能、余热利用、能量系统优化、建筑节能、绿色照明、

政府机构节能以及节能监测和服务体系建设等十项重点节能工程，认真实施燃煤电厂二氧化硫治理、城市污水处理厂及配套管网建设和改造、重点流域水污染治理等七项重点污染防治工程。加大其它重点领域的节能减排工作，重点是交通领域要优先发展城市公共交通系统，控制高耗油、高污染机动车发展，严格实施机动车尾气排放标准；消费领域要推广应用高效节能产品，推广高效照明产品；农村地区大力发展户用沼气工程。努力优化能源结构，大力搞好煤炭洗选等能源清洁利用工作，积极发展核电等清洁能源，加快开发利用水能、风能、太阳能、生物质能等可再生能源。

五、建立健全管理制度，推进节能减排机制建设

节能减排不仅是一个技术问题，更是一个政策和制度建设问题。确实节能减排取得实效，必须依靠政策和制度作保障。要建立和完善节能减排的一系列政策和制度，消除制约节能减排工作的体制性机制性障碍，健全矿产资源有偿使用制度，建立生态环境补偿机制，制定和完善鼓励节能减排的税收政策。强化有效的激励约束机制，落实各级政府的节能减排责任制，重点是建立激励性的财政转移和奖惩制度，健全节能减排问责制度和强制采购节能产品制度，完善节能减排工作监督制度，把资源消耗、环境保护等指标纳入地方发展评价体系和干部政绩主要考核指标范围，提高节能减排业绩在地方政府绩效考核中的比重。组织开展节能减排专项检查和监察行动，重点检查各地节能减排目标责任制落实情况、项目节能评估和审查情况，以及淘汰落后生产能力情况，严厉查处各类违法行为，切实解决"违法成本低、守法成本高"的问题。坚持把节能减排作为"一票否决"的刚性任务，进一步建立和完善节能减排指标体系、监测体系和考核体系，落实政府统一领导、各部门分工协作、环保统一监管的工作机制，把各项工作任务逐级分解，责任到单位、部门、企业和具体责任人，严格实行责任追究，广泛接受社会的监督。

六、开展宣传教育活动，增强全民节能减排意识

节能减排涉及到全社会的方方面面，建设资源节约型、环境友好型社会需要全社会的共同参与。要促进机关企事业单位依法节能减排，动员全社会群众自觉节约能源、减少污染排放，形成人人注重节能减排的良好社会风尚。通过建立长效的节能环保公众宣传机制，采用多层次、多品种、多渠道的宣传教育手段，不断培育和强化全社会的节能减排意识，在社会生产、建设、流通、消费的各个领域，在经济和社会发展的各个方面，贯穿节能减排的理念，体现节能减排的要求，积极应用节能减排的技术和方法。党政机关在建设节约型社会中起着特殊作用，它既是节能降耗政策的制定者，也是节能降耗的实践者。各级党政机关在履行职能过程中，要始终坚持节约优先的方针，大力弘扬"节约光荣、浪费可耻"的社会风尚，切实把节约资源的理念和要求贯彻到工作的各个环节，抓紧落实日常节能减排措施，同时从自身做起，从一点一滴做起，带头厉行节约，在推动节约型社会建设中发挥表率作用。充分利用报刊、广播、电视、网络等媒体，开展形式多样、喜闻乐见的节能宣传教育活动，大力宣传节能减排工作的重要性和法规政策，普及节能减排的知识，提高公众的知晓度和参与度，倡导健康、文明、节俭、适度、可持续发展的理念，提高全社会的能源忧患意识、节约意识和环境保护意识，推动全市走出一条人与自然和谐的新型工业文明之路。

☞ 创建节约型城区实现可持续发展

哈尔滨市平房区人民政府

近年来，在市委、市政府的正确领导下，我区大力开展节能减排工作，努力创建节约型城区，实现了经济效益和社会环境效益良性发展。

一、超额完成了节能减排各项目标

2008 年，我区万元 GDP 能耗 1.9260 吨标准煤，超额完成了市政府年初下达的 2.0231 吨标准煤的目标；万元 GDP 能耗同比下降 5.55%，比年初市政府下达的同比下降 4.8% 的目标多下降了 0.75 个百分点，比全市平均降低率（5.05%）多下降了 0.5 个百分点。减排方面，截止 2008 年末，完成 SO_2 削减 5.05 吨、COD 削减 0.18 吨，提前完成了"十一五"减排任务。为全市完成"十一五"期间节能减排目标做出了积极贡献。

二、加大了节能减排工作力度

2008 年，我区通过大力开展节能减排宣传教育，加强法治管理、强化区域管理、不断完善组织建设、政府机关带头节能减排等作法，大力加强了节能减排工作。我们重点开展了以下几方面工作：

（一）严把固定资产投资项目节能评估和审查关，积极开展了民用建筑节能工作。2008 年，我区认真贯彻省市关于固定资产评估和审查办法，在实施审批节能减排项目过程中，严把能源消耗关口，使新上项目都达到了节能减排要求。一是凡高耗能、高污染、高排放企业及不符合国家和省、市产业政策和节能减排要求的项目，一律严禁进入。二是凡新建、改建、扩建的固定资产投资项目必须进行节能审查，未经审查或没通过审查的项目，一律不准开工建设。三是依据《民用建筑节能设计标准》，制定了2000平方米以下建筑工程节能措施，并在审批时严格控制、严格把关。2008年，经市节能设计审查批准开工2片住宅小区工程，建筑面积18807平方米，全部达到了建筑节能要求。四是进一步加强建筑节能管理体系建设，对没有进行建筑节能专项验收或达不到建筑节能设计标准、施工验收规程的，不进行建筑工程竣工验收。

（二）调整和优化产业结构，加快淘汰落后产能进度。近年来，我区以推进"五园一基地"建设为重点，突出航空工业、汽车零部件、电子信息、新材料、通用机电等五大低耗能低排放产业的主体地位，加快园区建设，推动对工业资源的整合和企业融合，使生产设施的重复设置和产能过剩情况得到有效遏制，产业集聚效应初步显现。另外，我区还抓住国家重点发展文化创意产业这一有利契机，辟建了全省唯一的新媒体产业发展基地。该基地在第三届国际文化创意产业博览会上，获得了"中国创意先进单位"荣誉称号，并已通过科技部"国家火炬特色产业基地"初审，目前已成为全省文化创意产业的聚集区。2008年，我区淘汰了永发乙炔气厂、农电砖厂、第二砖厂、东沟砖厂、平乐砖厂等5家落后产能企业。通过拆迁改造等措施，淘汰了位于生活区的食品酿造四厂、新华粮机厂、食品公司等高耗能、高污染企业。

（三）狠抓重点领域节能，积极组织实施重点节能工程。我区中大企业多，用能量大，节能潜力大，这几年，各大企业对节能减排工作重视程度越来越高，我区针对各用能企业余热余压产生量大的特点，积极组织企业开展余热余压利用工程建设，如哈尔滨东安发动机集团公司、哈尔滨飞机制造集团公司等企业都开展了有效的余热余压利用项目，收到了显著的节能效果。目前，全区都实现了集中供热，主要是道路安装了LED节能照明，建筑节能普遍开展。农村节能方面：积极推进农业耕作制度改革，推广免耕、少耕等保护性耕作面积2000亩，实施根茬还田面积10000亩。大力发展节油、节电、节煤的农机具，以"一池三改"（沼气池、改圈、改厕、改厨）为内容，积极推广农村农业节能技术。在加强节能管理方面，我们充分发挥属地化管理职能的作用，经常到重点耗能排污企业监督检查。2008 年，我区对园区内 95 户企业的能源消耗等情况进行了全面的摸底调查，确定了 30 户工业企业作为先期重点监测、监察对象，随时掌握企业能源利用、用能设备及能源管理状况，能源统计、计量情况进行全面监督检查，发现问题及时解决，确保了节能目标的顺利完成。各用能企业也都加大了节能减排管理力量，如东北轻合金公司，做到组织健全、制度健全、人员配备齐全、检测、计量设备齐全，节能明显。

☞ 开拓节能减排新局面谱写城市建设新篇章

安徽省合肥市人民政府市长　吴存荣

一、节能降耗方面

2006 至 2008 年，我市万元 GDP 能耗分别下降 4.18%、5.21%、5.34%，远超全国、全省平均水平，居中部省会城市前列，连续两年获得省节能目标超额完成奖。预计今年万元 GDP 能耗降低率 5% 左右，超额完成省下达目标任务。

主要做法是：

（一）加强组织领导，强化责任落实。成立市节能减排工作领导小组，市长亲任组长，下设办公室，按季度定期召开联席会议，研究解决相关重大问题。实行严格的问责制和"一票否决制"，每年与各县区、开发区、市直有关部门及 38 户重点耗能企业签订目标责任书，推动节能工作落到实处。

（二）建立健全政策体系、组织体系。2007 年以来，陆续出台了《合肥市单位 GDP 能耗统计、监测、考核体系实施方案》、《合肥市建筑节能管理办法》、《合肥市节能奖励办法》等政策。2009 年，成立市节能监察中心，建立了节能执法队伍。

（三）推进节能技术改造，加快淘汰落后产能。一是大力推动企业节能技术改造。如：红四方公司 20 吨链条锅炉改造为循环流化床锅炉节能项目，年节能量可达 1.41 万吨标煤；金源热电集中供热项目，将逐步拆除经开区范围内现有 91 台小锅炉，每年可减少烟尘量 155.49 吨、CO_2 1713 吨、SO_2 1018.2 吨，年节约 23 万吨标煤。二是坚决淘汰落后产能。至 2008 年上半年，提前完成了"十一五"小水泥 62.4 万吨、小钢铁 66 万吨、小酒精 2000 吨的淘汰落后产能任务。先后关停小火电 41.4 万千瓦、马钢（合肥）公司 3 台老烧结机；对金钟等 4 户造纸企业超标排放及落后装置进行达标改造。三是强化资源综合利用。鼓励利用粉煤灰、炉渣灰、煤矸灰等固体废物，目前全市固废利用率达 95% 以上，无工业危险废物排放。开展 21 批次资源综合利用认定工作，认定企业 187 家。

（四）加强节能技术、产品开发和推广。2006 年，将节能、环保、新能源列入年度科技计划。2008 年，将节能环保列为我市建设自主创新综合配套改革试验区六大创新工程之一，重点培育光伏和生物能源、资源综合利用相关产业，加快形成节能环保产业集群。目前，安凯全承载电动客车、国轩高科大型动力锂电池等重点项目正在加快建设。同时，还向市民积极推广使用节能灯 50 万只，引导民用节能。规定自今年 3 月 1 日起，规划区范围内新建建筑工程中应用太阳能利用系统纳入建设工程基本建设程序。

（五）突出重点领域，推动专项节能。在工业领域，编制全市 2009–2012 年工业节能及资源综合利用规划，重点抓好年耗能 5000 吨标煤以上企业节能目标管理，实施了锅炉改造、电机系统节能等十大重点节能工程。2006–2008 年，万元工业增加值能耗分别下降 9.7%，15.89% 和 20.73%。在建筑领域，制定了一系列地方标准，深入开展"四节一环保"工作，大力建设节能省地型住宅。我市新建建筑节能 50% 设计标准执行率 100%，施工图审查合格率 98%，施工执行率 100%，施工合格率 97%，新型墙材占墙材总产量的 60%。目前，正对五里墩立交桥和金寨路高架周边建筑进行平改坡节能改造。在农村领域，实施了百万农户生活污水净化沼气工程、农村清洁能源开发利用工程，到 2012 年，全市使用清洁可再生能源的农户普及率将达到 35%，农村户用沼气 5 万户，新建养殖场（小区）沼气工程 1000 处，农村生活污水净化工程 200 处，太阳能热水器使用量达到 200 万平方米。在公共机构节能方面，出台了《合肥市公共机构节能工作暂行规定》，明确了公共机构节能措施和目标，大力推动政府节能采购。合肥大剧院应用多项节能新技术，创建全国节能省地型（公共建筑）综合示范工程；合肥政务综合大楼等4项工程被确定为全国建筑业新技术应用示范工程。在节约型绿化方面，反对栽种大树古树、混凝土工程等高成本的"豪华绿化"；种植行道树胸径一般为10cm左右；环城水系率先实施中水回用工程；推广喷滴灌、绿色照明、太阳能、立体绿化等节水节能节地型绿化；在城乡绿化树种选择上多用乡土树种，以种植乔木为主，突出改善环境、治理污染功效，提高林地绿地的生态效益。此外，在交通、商贸、卫生等诸多领域，也积极开展了各项节能工作。

二、减排方面情况

总体情况：

2007年，我市COD排放量为33707吨，比2006年下降3.8%，比2005年下降5.9%；SO2排放量为27326吨。

2008年，我市COD排放量为32563吨，比2007年下降3.4%，比2005年下降9.1%；SO2排放量为29669吨。

全市饮用水源水质保持稳定，所有109项指标都达到三级标准；巢湖西半湖、南淝河、十五里河污染出现好转趋势。

全市SO_2浓度达到国家环境空气质量二级标准，并呈逐年下降势头。

主要做法：

（一）强力推进SO_2减排工作。关停合肥发电厂小发电机组；全面落实合肥发电厂、安徽联合发电公司、热电厂脱硫工作；大力发展集中供热，淘汰燃煤锅炉。

（二）强化老工业企业的污染减排。抓好马（合）公司、氯碱集团等重点企业污染控制。马（合）公司成立以来，先后投入1.1亿元实施技术改造，建设污水回用工程，使吨钢耗新水由成立之初的48吨降到目前的 4 吨，工业废水排放减少 95% 以上。

（三）严格控制新污染产生。一是从政策和规划源头上把关。明确"环评文件前置审批"制度，真正落实了环保"第一审批权"和"一票否决权"。二是做好新项目源头把关，严格执行环境影响评价和"三同时"制度，把污染总量削减指标作为建设项目审批的前置条件，坚持"以新带老"、"增产不增污"，对各县区下达新增污染物总量控制指标，严格控制新建项目污染物排放。

（四）着力发展清洁生产和循环经济项目。一是巩固全市节水型城市成果。二是大力推进安利、联合利华、马（合）公司、氯碱集团、江汽、佳通轮胎等企业清洁生产。

（五）加快出租车、公交车"油改气"步伐。

（六）推进垃圾处理"无害化、减量化、资源化"。目前，全市生活垃圾无害化处理率超过 90%。2008 年以来，对龙泉山生活垃圾处理场环保设施进行提标改造，大力实施填埋气发电工程，成为节能减排工程的新亮点。

（七）严格管理减排，提高达标排放水平。每年开展整治违法排污企业保障群众健康环保专项行动，加大环境监察力度，确保稳定达标排放。

三、水环境治理情况

按照建设现代化滨湖大城市的要求，提出污水全收集、全处理和"到 2010 年不让一滴污水进入南淝河"的目标，把水环境治理放在"大建设"突出位置。2006 到 2008 年，全市水环境治理投资超过 44 亿元，是"十五"的两倍多。2008 年，我市污水处理厂运行负荷率连续排名全国 36 个大城市第一；清溪路垃圾填埋场综合治理工程获 2008 年度"中国人居环境范例奖"。

一是完善污水规划。坚持统筹城乡，打破行政区域，按河流水系将全市分为南淝河、十五里河、派河、二十埠河、板桥河、店埠河、新桥机场七大污水系统。

二是沿河全程截污。2007 年下半年以来，累计投入 31.5 亿元，实施了以沿河全程截污为主要内容的河道综合治理工程。沿河截污管建成 173.6 公里。

三是按照"集中加分散、大中小相结合"的原则，加快建设污水处理厂。投入 12.2 亿元，建成运行了王小郢等 10 座污水处理厂（含 4 座小型污水处理厂，不含三县），总处理规模 75.2 万吨/日，城市污水集中处理率达 85% 以上。至 2010 年，城市污水集中处理率达 95% 以上。

四是按照"厂网并举、管网优先"的原则，超前建设污水管。2006 年以来，建成污水管网 1101 公里；2009 年 1～10 月，已建成污水管网 377 公里。我市污水管网总长 1616 公里，总投资达 21 亿元，建成区污水管网覆盖率达 98%。

五是调整污水处理费，为污水处理厂运行提供保障。2007 年 6 月 1 日起，执行新的污水处理费标准，加权平均为 0.88 元/m^3（居民生活用水 0.76 元/m^3，行政事业用水 0.795 元/m^3，工业用水 0.845 元/m^3，经营服务用水 1.215 元/m^3，特种用水 1.765 元/m^3）。污水处理费纳入市级财政预算，实行收支两条线、管用分离。2008 年，收取污水处理费 1.85 亿元，支出 1.939 亿元；今年 1～10 月份，收取污水处理费 1.6 亿元，支出 1.61 亿元，基本达到了收支平衡。

六是强化监管，确保污水处理厂安全、高效运行。污水处理厂全部公开招投标委托运营，全部安装在线监测装置，与省、市环保部门联网，实时传输监测数据。

☞ 扎实推进污染减排努力促进科学发展

湖南省常德市市长　陈文浩

污染减排是贯彻落实科学发展观的重要举措,是各级党委政府必须完成的约束性指标。常德市作为传统农业大市,减排基数低、空间小,工作任务重、压力大。从 2006 年以来,我们紧紧围绕上级下达的污染减排目标,认真编制减排计划,积极实施减排工程,扎实推进污染治理,取得了初步成效。2007 年,全市 COD 和 SO2 排放量实现双下降,分别同比下降 5.74% 和 5.14%;2008 年,又分别同比下降 45.9% 和 23%。目前,境内沅水、澧水等主要河流水质按功能区划分达标率100%,饮用水水源水质达标率稳定在 97% 以上,连续两年城区空气优良天数超过 350 天,创建国家环保模范城市在湖南省率先通过国家检查验收。

一、统一思想认识,形成减排合力

坚持把污染减排作为刚性任务、摆在突出位置来抓,在全市上下统一思想认识,落实工作责任,形成整体合力,确保了污染减排工作的顺利推进。

(一)强化组织领导。市委常委会、市长办公会先后多次专题研究污染减排工作。市里成立了由市长任组长,两名市委常委和分管副市长任副组长,环保、经委、发改、建设、监察、统计等相关部门主要负责人为成员的节能减排工作领导小组,并抽调专门人员组建减排工作办公室,负责指导协调全市污染减排工作。各县市区也相应成立了由行政一把手为主要负责人的污染减排领导小组和工作机构。在全市上下形成了

"一把手"亲自抓、分管负责人具体抓、环保部门牵头抓、相关部门配合抓的工作格局。

（二）明确目标责任。专门制定下发了全市污染减排总体方案和"十一五"主要污染物总量削减计划，按照污染减排工作区域负责、属地管理、共同推进的原则，将全市污染物总量削减指标分解到各个县市区，并层层签定责任状，明确了各县市区政府和县市区长污染减排的领导责任、市直各相关部门的具体责任、企业污染减排的主体责任，使全市污染减排目标任务和工作责任真正落实到每一个区域、每一个企业、每一个工程项目、每一个具体负责人。

（三）营造良好氛围。围绕"污染减排和环境友好社会"的主题，采取各种群众喜闻乐见的形式，先后开展了"污染减排进社区、进企业"和"污染减排宣传一条街"等一系列宣传活动，出动宣传车1000多台次，发放各类宣传资料10万多份。同时，在广播、电视、报刊、网站等各种媒体上，开辟了污染减排专版专栏，对全市污染减排工作进行全方位的宣传报道，及时向社会公布企业环境评价结果，引导全社会共同关心和支持污染减排工作。

二、突出治污重点，强化减排措施

围绕完成污染减排目标任务，我们坚持突出重点，把握关键，着力从三个方面强化污染减排措施。

（一）着力实施工程减排。工程减排是整个污染减排工作的重中之重。"十一五"期间我市安排的工程减排项目有83个，占全市减排项目的51%，目前经国家核查确认，已形成减排能力的32个，主体工程已完工正在调试的34个，其它17个已开工建设，完成或基本完成率79.5%。为确保工程减排项目如期完成并充分发挥效益，我们有针对性地采取了三条措施：一是实行领导包干。对全市重点减排企业和项目，严格实行市级领导联系负责、市环保局领导分片负责、县市区领导包干负责的层级包干负责制。明确市政府各个副市长为全市重点减排企业和项目的责任领导；市环保局每个局级领导负责一个县市区，每个科长负责一个重点减排企业的污染减排工作；各个县市区政府领导对本区域的工程减排包干负责，省里确定的污染减排重点县石门县、汉寿县、津市市实行了减排工程县级主要领导包干负责制，强化督促指导，加强协调服务，推进减排落实。二是开展驻厂监管。我们从市、县两级环保部门抽调了60多名业务精、作风好的专业干部，组成30多个工作组分别派驻到各个工程减排重点企业，实行驻厂监管，积极当好企业治污的参谋助手，全程服务重点企业的减排工作。三是加强调度通报。坚持半月一碰头、一月一调度、一月一通报、一月一简报。对重点减排工程的进展和调度情况，由市减排办每月向各个县市区长通报一次情况，查找差距，加快进度，促进落实。污染减排工作开展以来，全市编发工作简报70多期，并且对工程减排中出现的正、反面典型，通过媒体进行了宣传和曝光。

（二）着力推进结构减排。按照上级的部署要求，结合常德的实际，全面落实各项结构减排措施，突出抓了四项攻坚整治：一是造纸行业整治。造纸业是我市的传统优势产业，也是湖区县市的"钱袋子"。2006年，我们对全市造纸企业污染进行了集中整治，市委、市政府明确提出了"三讲三不讲"的整治原则，即讲政治、讲纪律、讲大局，不讲价钱、不讲困难、不讲条件。通过采取断水、断电、吊销营业执照，先后对70家造纸企业进行了停产整治。在整治中，积极创造条件扶持一批重点企业达标复产，促进造纸行业调优结构、降低污染、提升效益。通过污染整治，目前全市制浆造纸企业由11家减少为4家，产能由20万吨提高到27万吨，再生纸企业由56家减少为30家，产能由23万吨提高到35万吨，COD排放比整治前减排3.4万吨。二是砖瓦行业整治。2007年底，对全市17家砖瓦厂实施了关闭，对逾期不自行关闭的两家砖厂实行了爆破拆除，削减SO_2排放量4700多吨。三是苎麻行业整治。2009年9月份，我们对全市13家苎麻生产企业启动了污染整治，目前纳入关闭范围的已全部关闭到位，纳入停产治理范围的治污设施均已开工建设，预计可削减 COD 排放 2600 多吨。四是水泥行业整治。2009 年，我们对全市 65 家水泥企业污染进行了集中整治，关闭了 24 家年生产 8.8 万吨以下的小水泥企业，责令 41 家水泥生产企业进行了停产治理。

（三）着力抓好管理减排。一方面，严格管理执法，管住老污染。为确保已建成的治污设施充分发挥稳定的减排效益，我们始终保持对违法排污企业的高压态势，几年来，持续开展了打击不法排污企业专项行动，全市共出动执法人员 4500 多人次，确定市级挂牌督办违法企业 30 家，整治污染企业 350 多家，立案查处环境违法案件 218 件，及时纠正了部分电力、造纸企业环保设施不正常运行等违法行为。此外，我们还加大了现有城市污水处理管网的改造力度，提高城市污水收集率，大力削减生活 COD 的排放量，目前城区已完成管网改造 39 公里，日增加生活污水收集、处理量 1.5 万吨。另一方面，严格项目准入，控制新污染。在削减存量的同时，我们按照四个不批的原则，即清洁生产水平偏低不批、污染总量偏大不批、总量核定平衡不落实不批、未完成污染减排任务的地区和企业不批，提高项目准入门槛，有效控制污染增量，进一步促进产业结构调整和优化升级。几年来，市、县共审批各类工业建设项目 210 个，否决与国家产业政策和污染减排政策不符的污染项目 20 个。

三、健全工作机制，确保减排实效

污染减排是一项长期性的重要工作，必须有完善的机制作保障。在实际工作中，我们主要健全了三项机制：

（一）经费投入机制。积极建立多元投入机制，有效缓解污染减排的资金"瓶颈"制约。一是加强财政投入。市财政安排专项资金用于污染减排工作，并逐年加大投入额度。2006 年为 500 万元，2007 年增加到 700 万元。在全市造纸行业污染整治中，市财政安排了 400 万元专项资金，专门用于关停企业的职工生活安置；部分县市区在关停期间为企业员工发放生活补助或直接将职工纳入低保范围，职工应缴的医疗保险、养老保险中非个人缴纳部分也由财政给予兜底解决。二是引导企业投入。引导和督促企业加大治污投入，完善环保治污设施，新上技术改造项目，发挥企业在污染减排中的主体作用，全市造纸、水泥等行业上大压小，近三年累计投入治理资金6.5亿元。三是鼓励社会投入。通过召开金融工作汇报会、银企洽谈会等方式，搭建银企沟通平台，争取金融部门加大对企业治理污染和技术改造的资金投入，为部分重点企业解决污染减排的资金难题。同时，采取BOT、POT等方式积极招商引资，引进外地投资者帮助减排企业新上治污设施、开展技术改造，拓宽治污资金来源。目前，全市按BOT方式建设的八个县市区污水处理厂、分沅澧流域建设的两个垃圾发电厂进展顺利。通过采取多种投入途径，几年来，全市投入污染减排的治理资金累计达到13.5亿多元，有效保障了污染减排的实施。

（二）政策激励机制。主要从三个环节强化了政策激励：一是在企业治污中给支持。近三年来，市、县两级财政对常德纸业、雪丽纸业等几家重点企业的污染治理，先后给予了1000多万元的资金支持。二是在企业治污后给奖励。2006年、2007年市财政分别安排100万奖励资金，对常德卷烟厂、湘澧盐矿等治污成效显著的企业进行表彰奖励。三是在企业发展上给扶持。对按时完成污染减排任务的企业，在发展上尽力提供各种扶持和服务。在招商引资中加强对外推介，帮助引进国内外有实力的战略投资合作伙伴，促进企业做大做强；对企业技术扩改的，在项目审批上从简从快，并在土地、税收等方面给予优惠；加强对企业的协调服务，及时为企业解决各种困难和问题，为企业发展创造良好条件。

（三）督促考核机制。一是完善考核体系。市委、市政府出台了专门的污染减排工作目标考核办法，并将污染减排指标完成情况纳入县市区"双文明"考核体系和新型工业化考核体系，真正做到了污染减排与经济社会发展同布置、同落实、同考核。二是加强督促检查。把督促检查作为促进减排落实的主要手段，市委、市政府主要领导多次就苎麻、水泥、砖瓦厂等行业的污染整治亲自督查并主持专题会予以督办，市政府定期派出督查组，对县市区的减排项目进行督促检查，对督查中发现的问题，不仅要求督查组及时交办给县市区政府，而且要求督查组负责帮助企业搞好分析研究，制定整改措施，督促其及时整改到位。三是严格责任追究。市委、市政府明确规定，对完不成污染减排任务的，严格实施"一票否决"并追究相关单位和人员的责任。2008 年，我们对没有完成减排任务的一个县实行了区域限批，2009 年对已关闭纸厂又死灰复燃的鼎城区等相关区县责任人实行了责任追究。

第三编

"碳公平"与"碳交易"

导读:"碳公平"是人类社会科学发展必然要关注的根本性问题,作为自然的物质世界与生物界实现能量交换的"碳"元素不但承担着能量交换的重要角色,也承担着生态安全的重要功能。注重"碳公平"与"碳交易"是目前国际社会控制碳排放,维护自然界碳平衡的重要举措,在这方面,中国理念起着至关重要的作用。

☞ 中国学者重塑"碳公平"理念与方法获关注

中国社会科学院　潘家华

2009 年 12 月 10 日下午，在联合国气候变化大会哥本哈根气候变化谈判的主会场，来自于中国社科院、中国科学院、国务院发展研究中心、国家气候中心、清华大学的资深学者联合举办边会，科学重塑"碳公平"理念，方法与结论受到与会者的广泛关注与认同。边会由中国社科院潘家华教授主持，各家机构代表围绕以人均历史累计排放为特征的碳公平概念的科学基础、理论框架、方法结果、国际制度以及与其他方案的比较等方面，系统的介绍了中国学者对碳公平问题的研究与主要认识。边会邀请政府间气候变化专门委员会（IPCC）副主席 Jean – Pascal van Ypersel 和英国 Bath 大学 Anil Markandya 教授到会点评和讨论。边会受到各方高度关注，超过 150 位听众挤满了包括走道在内的会场。

一、碳公正的核心是碳权益的公平

国家气候变化专家委员会委员、中国社科院研究员潘家华首先分析了"碳公平"的认识误区，强调气候公正的基石只能是碳权益的公平。潘家华指出：碳公平不是国际政治公平，而是人的权益的公平。"共同但有区别责任"原则的重点就在于"区别"，体现在历史责任、现实排放、资金、技术、管理等方面，其核心在于碳权益的差别。试想：如果世界上每一个人的碳权益完全一样，"区别"也就没有必要了。长期以来的气候谈判，之所以举步维艰，原因就在于对"区别"的认识不同：

发达国家按照某一基年比例减排，多一个百分点、少一个百分点，争论不休。公平，不在于某一个时点人均排放一致，因为社会经济发展是一个过程，碳密集度高的基础设施和房屋建筑，并不是一年能够建起来的。因而，公平只能是一个时段的公平，体现在碳权益上就是人均历史累计排放权益的均等化。每一个人拥有同样的碳排放权益，何时排放，排放多少，是每个人的决策；有多的排放权益，可以卖；排放权益不够用，则需要买。

现在发达国家在资金技术上面对发展中国家的要求，似乎在进行发展援助的施舍。其实不然：发达国家出现碳排放权益亏空，大量占用了发展中国家穷人的碳排放权益。碳公正要求，富人需要有偿使用穷人的碳排放权益。因此，发展中国家要求发达国家通过一定量的资金技术来帮助发展中国家适应气候变化和进行低碳发展，实际上是一种碳权益的交换关系。实现碳权益的公平，每个人需要承担"共同但无区别"的责任。中国的学术研究机构，在碳公正方面的科学、客观、具有可操作性的理论与方法研究，避免当前气候谈判的死胡同，是公平而可持续的气候协定的必然选择。

二、气候变化是历史累积碳排放的结果

中国气象局国家气候变化中心主任罗勇研究员在演讲中就"历史累计排放贡献率"进行了论证。他指出：建立一个兼顾公平性与历史责任的温室气体减排责任分担指标体系，需要考察不同国家人均历史累积排放对全球气候变化（如增温等）的相对贡献。

在方法上，可利用某评估时段内各国人均年排放量资料，基于包含有温室气体排放、温室气体浓度、辐射强迫增温及海平面上升机制的气候模式，即可计算各国人均历史累积排放贡献率。对中国、美国、日本、印度、加拿大等13国（G8＋5国家）的人均历史累积排放贡献率的计算结果表明，发达国家的人均历史累积排放贡献率远远高于发展中

国家。从 1850 到 2004 年，中国的历史累积排放贡献占这 13 个国家的 10.8%，仅次于美国的 39.0%；但是中国的人均历史累积排放贡献率仅为 1%，远远低于美国（21.3%）、加拿大（16.0%）和英国（16.4%）等发达国家，仅仅高于印度（0.4%）。由于该指标考虑了温室气体的生命周期及其温室效应的衰减作用，贡献率评估的起止年份可变，从而能够更科学、客观、公正地体现各国的历史责任与未来责任，有利于发展中国家为自身的可持续发展争取合理的排放空间，可用于量化各国的温室气体减排责任。

三、人均历史累积排放研究的理论框架

滕飞博士在演讲中介绍，清华大学研究组从人均累积排放趋同体现的公平原则出发，分析了在实现全球长期减排目标的几种碳排放权分配方案下，发展中国家 1860 - 2050 年人均累积排放量都将不及发达国家的三分之一，发达国家已经和继续严重挤占发展中国家的排放空间，世界已失去按公平原则分配碳排放权的机会。因此，发达国家为发展中国家适应和减缓气候变化提供比较充分的资金和技术支持，不仅是《公约》下的义务，也是对其已经和继续挤占发展中国家发展空间的补偿。同时，发达国家中近期也必须大幅度减排，为发展中国家的可持续发展留有必要的排放空间。当前，发达国家要充分认识其历史、现在和未来的排放对全球变暖的责任，切实承担起应负的义务。

四、人均历史累积排放的数学计算

中国科学院叶谦研究员基于对相关问题的计算结果指出，"人均累积排放指标"是最能体现"共同而有区别的责任"原则和公平正义的准则。在设定 2050 年前将大气 CO_2 浓度控制在 470ppmv 的目标下，以 1900 年为时间起点对各国过去（1900～2005 年）人均累积排放量与应得排放配额，以及今后（2006～2050 年）的排放配额做了逐年计算。

根据 1900～2050 年的应得配额数、1900～2005 年的实际排放量、2005 年的排放水平、1996～2005 年排放量平均增速这四个客观指标，将世界上所有大于 30 万人口国家分为四大类：已形成排放赤字国家、排放总量需降低国家、排放增速需降低国家、可保持目前排放增速国家。2005 年前，G8 国家大多已经用完到 2050 年的排放配额，累计形成的赤字价值已超过 5.5 万亿美元（以每吨 CO_2 价值 20 美元计），这些国家即使今后实现其提出的大幅度减排目标，它们在 2006～2050 年的人均排放量上还会大大高于发展中国家，并还将形成超过 6.2 万亿美元的排放赤字。发展中国家由于历史上人均累积排放低，大部分处在第 3、第 4 类，即今后尚有较大排放空间。中国可能占全球 2006～2050 年总排放配额的 30% 以上，需要低碳发展，才能做到配额内排放；否则，需要向国家社会购买排放权。

五、构建公平的国际气候制度

发达国家历史排放已经出现严重赤字，侵占了发展中国家排放权利，需要发展中国家为其赤字买单。而能否建立公平合理的"买单"机制，正是推广历史人均累积碳排放概念，并使之成为构建公平的国际气候制度的基本共识和关键因素。中国社科院王谋博士基于中国社科院《碳预算》方案对发达国家历史排放赤字和发展中国家排放权利的计算，提出了可操作的抵消赤字、实现碳排放权转移支付的平衡机制，进而提出更为具体的"公共资金"、"限额贸易制度"以及国家分配方案（NAP）为主要内容的"遵约机制"设计。公共资金应该成为抵消发达国家历史排放赤字以及满足未来基本碳排放需求的主要资金来源，即便以保守的碳交易价格计算，发达国家由此所需要支付的资金总量（至2050 年）也将超过 4 万亿美元，按 2010～2050 年 40 年平均分配，每年发达国家应该支付发展中国家用于偿还历史"排放债务"和未来基本需求的资金量可超过 1000 亿美金。此举将发达国家向发展中国家提供应对气候变化资金支持的义务，更明确定性为向发展中国家进行资金补偿的责任，也更加明确了发展中国家获得资金的权益。不管是以公共资金为主的资金机制，或是以市场交易为主的限额贸易机制，都需要建立一套严谨而科学的监管体系，研究组也就相关国际制度设计进行了介绍。

六、人均历史累积排放原则与其他方案及原则的比较

国务院发展研究中心张永生研究员在演讲中，就人均历史累积碳排放权益公平与祖父原则、紧缩趋同原则以及碳关税等机制设计进行了分析。首先，前者考虑的是全球解决方案的公正性问题，而不仅仅是从本国利益出发，因为人际公平独立于国际政治偏好。第二，发达国家目前所承诺的减排目标，不管是相对于其应承担的责任而言，还是相对于其能力而言都太低。第三，祖父原则和"紧缩与趋同"方案对发展中国家不公平，因为发达国家的高排放事实并不意味着其应获得高排放权，反而意味着更大的责任。第四，碳关税是"绿瓶装旧酒"。发达国家某些产业竞争力下降是全球分工的结果，决不是因为减排引起。征收碳关税不仅损害发展中国家的利益，更损害发达国家消费者的利益。第五，中国承诺碳排放强度降低 40－45％，并不意味着今后全球分配碳排放额度时中国的额度就应从这一数字倒推来决定，人均碳权益才是科学公平的基础。第六，美国气候特使托德·斯特恩要求中国提高减排目标，言而无据。中国和美国在历史和现实碳权益上存在数量级差异，中国当前在总量上居高的排放，是正当的基本权益，而某些发达国家则是在维护自己的利益。

七、避免碳公平中的高碳模式和不公平因素

中国学者科学深入系统的演讲，得到了与会者的高度好评。比利时国籍的 IPCC 副主席 Ypersele 教授观点上偏左，倡导发展中国家减排。作为特邀评论人，他对人均历史累积排放的碳公平思路表示赞赏并原则

认同，同时，他担心，按照这一思路，发达国家高额碳赤字会引起发达国家的反对；发展中国家的大量碳盈余会鼓励发展中国家高碳发展。印度血统、英国籍的 Bath 经济学教授 Makamdya 应邀作为第二评论人点评认为，碳公平需要基于人均历史累积排放原则，有利于构建未来公平而又可持续的国际气候制度。同时他认为，中国几家方案对追溯排放赤字国家历史责任起始年份的设计，尚需经过讨论形成国际共识。100 年以前 1 吨碳的生产力，与当前差距数倍乃至十多倍，显然不适用均值碳价。30 年后，1 吨碳的生产力，可能是现在的 2 倍。均碳权与均发展权，应该有所区别。

在特邀评论人点评后，与会听众纷纷举手要求发言。由于讨论热烈，只有两位听众被邀请提出问题，集中在历史人均累积原则与紧缩趋同原则的主要差异、碳预算方案中公共资金购买碳抵消配额的实现方式，以及资金的使用和管理等问题。中国社科院潘家华教授代表演讲者对上述点评和问题进行了回答。针对 Ypersele 的问题，潘家华表示，发达国家的高额碳赤字，是全球碳减排一种责任，也是帮助发展中国家适应与减缓的一种义务。发展中国家的大量碳盈余，完全可以弥补发达国家的碳赤字，维护全球碳预算平衡，实现将温升控制在两度内的目标。发展中国家的碳盈余，是一种权益，并不表明他们会用来高碳发展。事实上，发达国家利用资金技术购买发展中国家的碳盈余，也是用于帮助他们实现低碳发展，而不会鼓励高碳发展。潘家华感谢 Makamdya 点评并指出，由于技术因素，碳生产力会随时间而不断提高。事实上，我们的设计已经考虑了这一因素，对历史排放的碳价进行了大幅折扣，对未来基本需求排放也进行了大量补贴。在发展权难以界定、减排义务难以分担的情况下，均碳权具有公平而现实的操作性优势。而且，均碳权是为了确保发展权。关于紧缩趋同原则方法，潘教授认为紧缩趋同原则是不公平的，因为低于人均排放者只能永远低于或等于人均；而高于人均者则永远高于或等于人均，实际上是在强化差异。关于资金与市场机制

89

下的碳价格差异，潘家华解释到，资金机制带有"行政、补贴、批发性质"，是对基本权益的保护性价格；而市场机制是供求关系的调节，具有"自发、奢华、零售"性质，是对全球气候的保护价格。

在国际气候舞台展现中国学者严谨、科学、深入、系统的研究风范，不仅是一种学术交流，对各种误解曲解是一种更正，更重要的是对构建国际气候制度的一种积极贡献，对国际气候谈判是一种有益补充和推动。

☞ 发行"碳券"突破我国节能减排投、融资障碍

国家发改委、世界银行、GEF 中国节能促进项目办公室　王树茂

　　我国节能减排面临三大障碍，即"认识障碍"，"技术障碍"和"融资障碍"。实施由政府主导克服此三大障碍的"节能减排三大桥梁工程"是当务之急。其中突破投、融资障碍的关键是金融创新。建议通过发行"碳券"这种有价证券来募集资金，设立专门的"碳券基金"用于投资高效益的节能减排项目和技术，为节能减排项目提供信贷担保和履约担保。

　　"碳券"具有有价证券的一般属性和特征，还具有通过计算"碳券"持有额和持有时间，由权威机构认定持有人的节能减排贡献的属性。其可为具有社会责任感的个人或企业提供一个更为简洁的参与节能减排事业的手段。

　　"碳券"区别于清洁发展机制（CDM）等碳排放权贸易模式，"碳券"更适合于中国国情。在发达国家减排要付出"净成本"，需要通过排放权贸易的形式进行"成本优化"。而我国有大量的、回报丰厚（投资回收期 1～5 年的）的节能减排项目广泛的存在于企业中，应设立"碳券"这种"投资优化"的模式来驱动节能减排投资。

　　"碳券"是节能减排市场的驱动力，是节能减排成果的展示和标识；是节能减排的责任和义务在全社会的有效宣传手段和方式；也是企业和民众参与节能减排并分享其成果的简捷形式；"碳券"作为具有中国特色的节能减排金融创新，是资本市场的新型有价证券，投资理财的新兴产品；也是国家资本，社会资本和国际资本在节能减排上的有效承载；可以作为我国应对气候变化的重要举措。

"碳券"的三大核心概念是：广泛募集资金；减排与投资二位一体；节能减排的系统工程。它同时构建了具有中国特色的碳文化体系："碳权威"；"碳经济"；"大众的碳文化"。

一、中国政府节能减排政策

我国政府一贯重视节能减排工作，特别是最近几年，我国政府把节能减排工作提高到了前所未有的高度。《中华人民共和国国民经济和社会发展第十一个五年纲要》提出了"十一五"期间单位国内生产总值能耗降低 20% 左右，主要污染物排放总量减少 10% 的约束性指标。

众所周知，在我国经济发展的同时，正在受到资源和环境方面前所未有的双重压力。遵循我国开发和节约并举，当前节约优先的能源发展战略，我们认为，我国应对气候变化战略应该是"可再生能源与能效并举，当前提高能效优先"。

二、我国的节能减排融资障碍不同于发达国家

发达国家成功地以设定排放总额并允许排放配额交易的机制来推动节能减排应对气候变化。但是，这种交易机制在我国实施的条件尚不成熟。

以工业领域节能为例，大量的节能减排项目统计数据表明，在我国每形成一吨标煤年节能能力平均需投资 2000 元，年节能收益平均约为 1500 元。静态投资回收期在 1~5 年的各类节能项目广泛存在于工业系统中，现有工业企业的节能技术改造（不包括结构调整）年节能潜力约为 5 亿 tce，投资机会近 1 万亿元。按平均寿命 10 年计，内部收益率分别是：100%、49%、31%、21% 和 15%。从世界碳贸易的价格可知，发达国家节能减排项目平均收益无法覆盖投资成本，其内部收益率低于 0%。这是我国与发达国家的极其重要的区别。

节能减排项目可以分为两类：一是环境效益（外部效益）好的，回报（内部效益）高的项目；二是环境效益（外部效益）好的，但是

要付出净成本（收益无法覆盖成本）的项目。我国工业领域中存在着大量的第一类节能减排项目，为大力推动这类项目的施行，需要采用"投资优化"的模式。相反，欧洲等发达国家存在着大量的第二种类型的项目，所以发达国家的排放权交易机制的实质是"成本交换"。

在我国如此众多的回报丰厚的节能减排项目尚未实施，其原因是存在"节能减排三大障碍"，即："认识障碍"，"技术障碍"和"融资障碍"。实施"节能减排三大桥梁工程"是推动我国节能减排的当务之急。其中的"融资障碍"主要体现在：

（一）节能减排投、融资难。

当前节能项目难以通过信贷来获得融资，其根源在于节能项目的特点：节能项目不是企业的主业；项目投资规模不大，融资成本相对较高；通常不形成可变现的可用于抵押的优质资产；以及银行等金融机构对节能减排项目评估能力欠缺。基于这些原因造成银行等金融机构信贷意愿不足。投资障碍的原因正如许多专家所言：许多掌握很好节能新技术的机构和个人手里没钱；很多有远见的企业家想介入节能行业却苦于把握不住技术风险和市场风险。

（二）缺乏对金融系统的激励政策。

在中国 90% 以上的新建或改造项目都需要通过金融机构进行融资。而现行的节能减排鼓励政策大都是针对耗能企业的，因此需要政府制定针对金融系统的激励政策。

三、克服投融资障碍的关键是金融创新

有了国家政策的引领，金融机构就应该大胆创新，设计出更多的符合中国国情的支持节能减排的金融品种。

我国在金融产品创新上已经有了有益尝试的案例，我国政府与世界银行合作的《国家发改委/世界银行/GEF 中国节能促进项目二期》利用 2200 万美元（约 1.5 亿人民币）的资金为节能服务公司提供信贷担保，目前已促成节能服务公司 9 亿人民币的节能投资。至今原始担保资

金没有丢失基本保持原值，可以继续发挥作用。国际金融公司（IFC）在中国实施的《中国节能减排融资项目（CHUEE）》利用 1.63 亿人民币，目前促成耗能企业 61 亿人民币的投资，并实现了资金增值。这说明用有限的资金，利用金融工具杠杆放大效应（四两拨千斤的作用），可以有效克服节能减排信贷障碍。

同时，国家应鼓励金融机构设计符合中国国情的支持节能减排的有价证券产品，使节能投资进入资本市场。

四、创设"碳券基金"推动节能减排投资进入资本市场

我们建议，通过发行"碳券"并投入二级资本市场交易为"碳券基金"募集资金。基金用于：一是投资回报高、环境效益好的节能项目和技术；二是为节能减排项目提供信贷担保和履约担保。

"碳券"作为一种证券，一方面具有节能收益分享的作用；同时设立专门的机构根据持有额和持有时间来标记"碳券"持有人的节能减排贡献。"碳券"作为一种特定的节能减排"金融投资"产品，区别于清洁发展机制（CDM）等现行的排放权和配额的"商品"属性。国家可以对持有"碳券"的个人和企业进行表彰。在条件成熟时也可以成为企业的排放配额并进入配额市场。

表一　碳券和 CDM 等指标类交易的区别

第一类节能减排项目	第二类节能减排项目	
环境（外部）效益	好	好
回报（内部效益）	高	差
需要实现	投资优化	成本交换
操作模式	"碳券交易"	"碳排放指标交易"
交易模式属性区别	投资金融类品种	指标类商品

"碳券"是节能减排市场的驱动力，也是节能减排成果的展示和标识；是节能减排的责任和义务在全社会的有效宣传手段和方式；也是企

业和民众参与节能减排事业和分享成果的简捷途径；"碳券"作为具有中国特色的节能减排金融创新，是资本市场的新型有价证券，投资理财的新型品种；也是国家资本，社会资本和国际资本的在节能减排领域的有效承载。

"碳券"机制的宗旨是：

利用资本特性，使投资首先向高经济效益的节能减排项目集中，再逐步向收益次之的项目移动；为具有社会责任感的个人或企业提供一个更为简捷的参与节能减排的途径；通过发行"碳券"，形成我国碳资源储备，为今后国内外碳交易做好先期准备；政府通过对"碳券基金"的支持力度来实现促进"碳券"市场的发育和成长。

"碳券"市场是存在的，因为我国存在大量的有社会责任感的企业和个人，并且"碳券"具有有价证券的各种属性和特点，是一种典型的资本证券。

五、"碳券"实施的条件

由于节能三大障碍互相交织地存在，"碳券"只是在节能减排投融资手段上提供了一种创新的模式，为了保证这种投融资模式的实施需要具备一些基本条件。

（一）政府主导实施"节能减排三大桥梁工程"。

应该由政府主导的"节能减排三大桥梁工程"，即"一把手工程"，"技术服务工程"和"金融创新工程"，来为发行"碳券"创造良好的环境。

（二）政府的支持和扶持。

政府要组织制订相关政策，进行监管和扶持，为"碳券基金"提供种子资金，建立完善的以国家为主导的市场化运作和监控机制。

（三）加强能力建设。

能力建设包括，"碳券"资本运营能力；节能减排技术市场评估和节能减排市场开发能力；节能减排量监测和认定能力。

六、"碳券"应用模式设想

"碳券"的具体应用模式，应结合我国现有成功的证券机制，由金融专家、节能减排专家在诸多可能的模式中，共同探索研究决定。一种可能的设想如下：

（一）债券型"碳券"。

"碳券"可以是一种向企事业单位和公众发行的有担保的收益型债券。由发起单位出资成立"碳券基金"，以"碳券基金"为主体，"碳券基金"本金为担保向社会发行债券。

"碳券"是一种新的金融产品，考虑到其风险性，在早期时应由政府承担一部分的风险。考虑到我国《预算法》的制约，政府可以将"节能减排奖励资金"的一部分，用来成立为"碳券"提供给"兜底"风险补偿的机构。这样由"碳券基金"承担"碳券"兑付的第一风险，由政府承担"或有风险"。

"碳券"利息以国家货币政策所给定的基准利率为保证基准点，根据"碳券基金"运行情况适当上调。回购期 3 – 5 年不等。

（二）"碳券"资金的应用方式。

发行"碳券"所募集的资金，用于"双优"项目的投融资。"双优"项目是指环境效益好，收益高的项目。这类项目广泛存在于余热和放散气体回收、楼宇节能、电机拖动、蒸汽管网和电源综合治理等领域。"碳券"资金指向这方面的投融资业务。具体操作方式主要有三种：

1. 直接投资优先挑选一批优秀的节能投资公司、节能融资租赁公司和节能服务公司，给予资金支持，通过这些公司来实现具体的节能减排项目。

2. 担保业务

正如上文所说，《国家发改委/世界银行/GEF 中国节能促进项目》和《中国节能减排融资项目（CHUEE）》证明了信贷担保业务对节能减排事业的促进能力，因此"碳券"基金可以在以下几方面提供担保业务。

A. 信贷担保

从"碳券"募集的资金中划拨一部"资金作为节能减排担保保证金，优选一批优秀的担保公司，通过他们向节能减排项目提供信贷担保。

B. 履约担保

履约担保含义是"双向担保"。在节能减排项目操作过程中，耗能企业往往对节能服务公司能否保证节能量存在疑虑，同时节能服务公司对耗能企业是否能按合同支付节能设备或服务费用存在疑虑。为消除这些疑虑，可以物色和扶植一些担保机构，加强其能力建设，为节能项目提供"履约担保"，一方面向耗能企业保证节能效益，另一方向节能服务公司保证企业回款。

C. 授信担保

通过上述业务中，选择业绩好，能力强，信誉高的企业，为他们提供长期的信贷授信担保。

（三）"碳券"的减排量认定。

"碳券"一方面作为募集资金的工具，还具有标记持有人节能减排贡献的作用。

"碳券基金"成立专门的政府认可的节能减排量统计机构，来统计"碳券基金"所促生的节能减排量。节能减排量的认证和监测委托专门的第三方机构来实施。节能减排量统计部门根据每年认证的节能减排数量，按照"碳券"发行规模，分配给每个"碳券"持有人。

（四）"碳券"的能力建设。

为保证"碳券"的顺利实施，正如上文所述要依托政府的"节能减排三大桥梁工程"，要建立一个健全的节能减排服务体系，包括节能减排量认证机构，权威监测机构，项目经济技术评估机构等，还要加强其能力建设。为保证碳券的可持续发展，"碳券"资金也应当支持节能技术的评估，市场开拓，培训，宣传等方面。

"节能减排三大桥梁工程"以及节能量监测认定体系建立能否到位，关系到"碳券"能否顺利实施，"碳券"基金理应拿出一部分资金来支持能力建设。

七、总结

"碳券"的三大核心概念是：一是广泛募集资金为节能减排事业筹措资金，使节能减排投资进入资本市场；二是减排与投资二位一体以节能减排量来标记投资效果；三是节能减排系统工程以克服"节能减排三大障碍"的三大桥梁工程为基础的节能减排系统工程。

它同时构建了具有中国特色的碳文化体系：碳权威由政府主导；碳经济可持续低碳经济；大众碳文化深入民众的碳行为和理念。该模式也可以扩展到全世界，建立一个高效的，世界一体化的全球节能减排体系。中国作为能源消费大国，排放大国，同时也是负责任的第三世界大国，应为发展中国家在节能减排事业，应对全球气候变化事业上迈出创新的一步。

☞ 污染物总量减排的历史
使命、内涵与方略

环境保护部污染物排放总量控制司司长　赵华林

　　环境保护污染物总量减排工作是贯彻落实科学发展观、构建社会主义和谐社会的重大举措，是建设资源节约型、环境友好型社会的必然选择，是我国推动经济结构转型、改变发展模式的重要战略途径。"十一五"将主要污染物减排确定为约束性指标之一，充分体现了国家加强环境保护的政治意志，赋予了污染减排艰巨的历史使命，也使得我国的污染减排工作具有了更为丰富的内涵。在我国发展面临资源环境瓶颈，经济基础遭遇环境污染冲击的关键时期，污染减排的实施将带领我们跨越"环境高峰"，步入一条通往生态文明的和谐之路。

一、污染减排是国际上一种先进的环境改善措施

　　污染减排是近些年国际上使用较为普遍的环境管理措施，通过限制和削减污染物的排放总量达到改善流域和区域环境质量的目的，在日本封闭性海域水污染防治、全球温室气体减限排等领域发挥了重要的作用。

　　20 世纪 70 年代，为遏制水污染恶化的趋势，日本政府先后对濑户内海、东京湾、伊势湾 3 个封闭性海域实施水污染物总量控制和削减行动。濑户内海是第一个实施总量控制及削减计划的区域。1973 年《濑户内海环境保护临时措施法》规定，在 3 年内（后又加长了 2 年）对区域内特殊生产设施实行总量排放许可制，1978 年制定了地区水污染防治法总量控制标准，要求以实现工业 COD 负荷削减至 1972 年的 1/2 为目标，执行更严格的 COD 总量控制标准，并指导削减磷的排放总量，

自 1996 年开始将氮也列入总量控制范围。目前濑户内海、东京湾、伊势湾的工业、生活等各类污染物排放总量均有大幅度削减，COD 排放总量按每 5 年平均削减 10% 的规模递减。日本污染物总量削减的关键是制定科学的减排计划。各级政府根据实际情况和项目来计算削减量，对减排的可行性进行科学、详细的论证，在此基础上由排污单位上报削减计划，国家根据各地上报的计划制定现实可行的年度削减目标。由于日本的污染减排计划制定的科学合理，到目前为止没有出现未完成年度计划的情况。

污染减排措施的另一重要应用领域就是全球温室气体控制，2005 年 2 月 16 日生效的《京都议定书》规定了《联合国气候变化框架公约》附件一中所列国家在 2008～2012 年间（第一承诺期）的温室气体量化减排指标，即在 2008～2012 年间其温室气体排放量在 1990 年的水平上平均削减 5.2%。为进一步履行全球环境保护责任，2007 年 1 月欧盟提出到 2020 年将其温室气体排放量在 1990 年的基础上至少削减 20%，如果其他发达国家愿意做出相应承诺，欧盟将承诺削减 30%，以使欧盟经济向环境友好、低碳排放的模式转型。从西方国家的实践经验来看，污染减排的应用领域在不断扩展，作用不断加强，成为缓解环境压力、改善全球和区域环境质量的一个有效措施，尤其是在解决常态性重大环境问题时，通过制定科学、可行的污染减排计划，建立持续实施的保障机制，充分调度多方资源与能力，集中削减影响环境的主要污染因子，环境质量改善、人与自然和谐发展的目标必然会实现。

二、我国开展污染减排工作的历史必然性与现实意义

污染减排是我国经济社会发展转型关键时期提出的环保措施，既作为转变经济增长方式的重要抓手，也满足加强环境保护的现实需要，对于调整产业结构、改善环境、提高人民生活质量、维护中华民族的可持续发展具有极其重要而深远的意义。

（一）污染减排是通往生态文明的必由之路。

生态文明是人类对传统文明形态特别是传统工业文明进行深刻反思的成果，是人类文明形态和文明发展理念、道路和模式的重大进步。我国的工业化道路走到现在，西方工业化过程中遇到的环境问题在我们的发展道路上也逐渐凸现。建设社会主义生态文明就是要摒弃"先污染、后治理"的传统工业发展道路，通过实行积极的污染减排措施，提高各级领导环境保护的意识，改善环境保护与经济发展的关系，加强污染预防和治理能力，形成广泛的公众参与机制，走有中国特色的新型工业化道路，建立可持续的生产和消费体系，在社会文化、政治意识、经济体系等领域中形成科学的环境观，为生态文明的实现奠定坚实的基础。

（二）污染减排是关系到国家发展的一项重要政治任务。

污染减排是"十一五"一项艰巨的政治任务，政府对人民的庄严承诺，必须确保按期完成目标。原国务院副总理曾培炎在对节能减排工作的批示中指出"如果再不进行节能减排，环境容纳不下，资源支撑不住，社会承受不起，经济难以为继"。长期以来，一些地方不顾长远利益，急功近利，片面追求经济粗放增长，造成地方的资源、环境等经济社会发展所必需的基础性因素遭受巨大破坏，当地可持续发展受到极大影响，人民群众也因环境污染蒙受经济损失，长此以往经济基础的松动将会影响到国家上层建筑的稳定。因此，国家必须从极高的政治高度来看待环境污染问题，大力加强污染减排的政策力度，使用从严从紧的减排措施来保证我们的经济基础免遭破坏。

（三）污染减排是实现环境优化经济增长的重要途径。

近年来，我国环境形势与社会经济发展的矛盾日益突出，以重工业为特征的工业发展模式带来了严重的污染问题。化学农业快速发展带来的农业污染问题，以及日益增加的生活污染问题集中爆发，发达国家上百年工业化过程中分阶段出现的环境问题在我国近20多年来集中出现，并呈现结构型、复合型、压缩型的特点。由于环境问题多年的积累和欠账、落后的环境治理和监管水平，我国进入环境事故高发期，呈现一触即发的高危态势。

2007年中央经济工作会议提出"把节能减排目标完成情况作为检验经济发展成效的重要标准"。开展污染减排工作要使环境保护参与到各级政府的经济决策当中，使各级领导从重经济增长轻环境保护转变为保护环境与经济增长并重，从环境保护滞后于经济发展转变为环境保护和经济发展同步，把污染减排作为调整经济结构、转变经济发展方式的重要手段，在经济发展过程中保护环境，在环境保护的过程中优化经济增长，实现两者的内在统一。

三、我国污染减排工作的科学内涵与基本方针

我国污染减排是在社会发展到工业化中期、经济发展模式迫切需要转型的阶段所采取的一项加强环境保护的手段。与西方国家相比，污染减排在政策理念、运用阶段、使用方式上都有一定的相似性，但在操作方式、推动模式等方面又存在较大的差异，这与我国的经济结构、组织管理体系等方面有关系。因此，我国的污染减排工作的内涵与国外相比存在着共性与差异，只有充分理解认识其科学内涵与方针，才能正确指导我国的污染减排工作，才能围绕着既定的减排目标前进，逐步完成各项减排任务。

（一）环境质量得到根本性改善是污染减排工作的核心目标。

在科学发展观的统领下，社会主义和谐社会建设的核心是以人为本，具体到环境保护领域，就是要为人民的生产和生活创造良好的环境，为经济活动提供充足的环境基础，在改造自然的过程中实现人与自然的和谐发展。我国经济增长过度依赖资源环境消耗，胡锦涛总书记在十七大报告中指出："经济增长的资源环境代价过大"，提出开展节能减排，建设资源节约型和环境友好型社会的宏伟目标。"十一五"规划纲要提出2006～2010年期间单位GDP能耗降低20%左右，主要污染物的排放总量减少10%的约束性指标，但从我国当前严峻的环境形势和人民对环境质量需求日益提高的趋势来看，主要污染物的

排放量减少10%只是节能减排的阶段性目标，在科学发展观以人为本理念的指导下，改善环境质量才是污染减排的核心与中长期目标，只有认识到这一点，才能指导不同阶段污染减排工作，把改善环境质量的目标贯彻到多阶段的污染减排中，使各阶段的工作目标能够围绕着这一核心目标进行制定和实施。各级领导应正确认识理解污染减排的核心目标，认识到环境质量改善必须是在多阶段污染减排工作实施的基础上才能实现，避免在推动污染减排工作中缺乏规划性和连续性，建立完善的长效保障机制，使环境质量改善的目标得以实现。

（二）污染减排工作的基本方针。

污染减排工作应以邓小平理论和"三个代表"重要思想为指导，深入贯彻落实科学发展观，遵循"政府主导，部门协作；科学规划，综合实施；制度保障，准确考核"的基本方针，充分发挥各级政府部门在污染减排中的主导作用，落实强化政府的环保责任，积极协调相关部门开展工作，制定适宜、可行的中长期污染减排规划，综合运用法律、经济、标准和行政手段推动污染减排，逐步完善污染减排制度，保障工作的有效实施，运用科学合理的统计方法，保证指标考核的准确性与客观性。

（三）以四个"是否"的标准衡量污染减排成效。

污染减排成效的评价应遵循四个"是否"的标准，即：环保从宏观战略层面切入社会经济发展的机制是否建立，经济增长方式是否得到改变，环境质量是否得到改善，环境监管能力是否得到加强。党中央、国务院把节能减排确定为"十一五"的约束性指标，不仅仅是为了考核各级政府完成指标的能力，更为重要的是将其作为促进经济社会发展模式转变的突破口和抓手，但仅依靠目前的产业结构、环境管理方式、环境监管能力是很难实现既定目标的，这就要求我们改变经济发展与环境保护相互矛盾冲突的局面，寻求环境优化经济增长的途径。因此，在开展污染减排工作的过程中，只有将环境保护融入到国家宏观战略决策当中，在经济政策制定过程中充分考虑环境因素，才能从根本上扭转经济发展过度依赖资源环境的局面。与此同时，要不断加快产业结构调整，引导落后产能退出，加强环境监管能力建设，环境质量才能得到改善，污染减排的目标才能实现。可以说，衡量污染减排成效的四个"是否"标准是互为因果、相互促进的关系，既能全面评价各级政府和部门在减排过程中采取的工作方式、方法，也能准确检验出污染减排的成效。

污染减排成效衡量标准的确立不仅是为污染减排服务，还是为经济社会发展转型服务，它能够使各级领导和相关工作人员能够从简单的数据核对和核算中冷静下来，认真思考污染减排的目的、目标，消除片面将其理解为上级政府考核下级政府的观点，使污染减排工作真正成为服务当地百姓，改善区域环境的一项民生行动。

四、开展污染减排的战略途径与策略

（一）坚持以经济增长方式转变推动减排目标实现。

各级政府要在深刻领会国家节能减排政策的基础上，结合当地实际情况，大胆创新、积极探索适宜于当地的减排措施。地方政府要认真研究国家经济结构调整的宏观政策，积极推进地方经济增长模式的转变，充分利用国家经济转型的重要战略机遇期，以减排为契机，加快产业结构调整，推动落后产能退出，完成产业的升级与替换，坚定不移地走新型工业化道路。要充分认识到节能减排是调整经济增长方式的难得机遇，从加快区域产业结构调整入手，集中利用可调控资金，引进适宜的污染减排技术与管理经验，实现节能减排目标的顺利完成。

（二）坚持以制度革新完善污染减排工作机制。

污染减排必须改变以往保障措施单一的状况，改变以往环境政策实施难以保障的困境，避免减排措施流于形式而无法发挥其应有效果。因此，污染减排必须要建立使其顺利实施的运行机制和保障制度。

目前国家已经颁布了"污染减排三大体系建设"工作，包括统计、监测"考核等办法的分解与落实，这也是具有历史意义的环境保护新战线的具体体现。同时，还出台了污染减排考核制度、污染减排统计制度、污染减排的监测制度、污染减排的核查制度、污染减排的调度制度、污染减排的直报制度、污染减排目标的备案制度、污染减排信息审核制度、污染减排预警制度。这9项制度已基本勾勒出我国污染减排的管理框架。

（三）坚持以经济政策为核心建立污染减排长效机制。

从当前的历史条件和今后一段时期的发展趋势来看，污染减排将会作为优化经济增长，改善环境质量的长效手段。以往的减排措施更多地依赖于行政手段，虽在一定程度上对于控制污染具有显著的效果，但这样的控制手段不仅行政成本高而且难以持续，所以必须建立以经济政策为基础的长效机制来促使减排工作的开展。

因此，在减排的过程中要积极运用经济政策，理顺政府与企业、中央与地方在完成减排任务中的利益关系，调动企业和地方减排积极性，这是建立污染减排长效机制的出发点。充分运用财税政策、价格机制、环境补偿政策、绿色信贷、环境污染责任保险等经济政策，利用市场筹集污染减排资金，加快城市环境基础设施建设，促进落后产能的淘汰，鼓励环境友好型技术与工艺的研发运用，逐步建立污染减排的长效机制。

（四）坚持加强减排基础性工作的能力建设。

要将节能减排工作深入落实，就必须加强相关基础性能力建设。要建立多元化污染减排的投融资机制，研发和引进适应性技术，按照环境保护"十一五"规划要求，加快建设城乡污水处理厂、加大重点工业废水治理力度，新建的煤电厂按要求同步建设脱硫设施。加强对企业污染治理设施的监督管理，使这些设施能充分发挥作用。强化污染源达标排放，加强企业环境管理，提高重点污染行业排放标准。与此同时，还要建立和完善污染物总量减排台账系统、工作简报、培训、国际合作等相关工作机制。

☞ 充分发挥科技在节能减排中的关键性作用

科技部调研室主任　胥和平

气候变化是当今人类社会可持续发展面临的严峻挑战，已经成为全球共同关注的热点，对各国政治、经济、社会、科技和环境等产生重大影响。中国正在以积极的姿态应对。其中一个重要的问题是，充分发挥科技创新的关键性作用，加快推进结构调整、转变发展方式，加快推动产业转型，建立起资源节约、环境友好的经济社会体系。

一、用科技促进节能用科技推动减排

谈到应对气候变化，自然谈到节能减排。节约问题本质上是经济体系的技术基础问题。转变发展方式的背后是生产体系的技术结构和技术素质。真正要成为一个节约型社会必须要有相应的技术基础，从根本上减少资源消耗和废弃物排放。

应对气候变化的国际大环境和我国节能减排方面的紧迫任务，对科技促进节能、科技推动减排提出迫切需求。一些重要措施，如提高可再生能源比重、降低单位 GDP 二氧化碳排放强度、努力发展低碳经济等，已经成为科技发展正在积极考虑的重要问题。

特别值得注意的是，低碳技术是继网络技术、生物技术之后又一重大技术革命。以低碳技术为基础的低碳经济有可能从根本上改变人类生产生活方式，给各国发展带来巨大机遇。与之密切相关的新能源发展成为各国博弈的新焦点。从长远看，新能源技术的开发和替代能源的兴起将逐渐改变世界地缘政治格局。对此，中国正在积极谋划，做好准备，从容应对未来可能面临的更大的压力和挑战。

从战略上考虑，一方面，我们把应对气候变化的核心技术作为我国自主创新体系的重要领域，超前 20－30 年部署，着力研究、发展和推广先进能源等低碳技术。加强具有低碳经济特征的前沿技术的研发与原始创新，抢占科技制高点，力争在节能和清洁能源、可再生能源、核能、碳捕集和封存、清洁汽车等低碳技术领域取得重大技术突破，为我国在新一轮国际竞争中奠定技术基础。另一方面，大力推动产业转型，促进具有低碳经济特征的新兴产业群的发展，促使我国经济向有益于节约能源资源、保护气候和环境的方向发展，形成新的经济增长点。这其中，大力发展新能源产业具有特殊重要的地位。各方面的情况表明，发展新能源产业，不仅有利于优化能源结构、确保能源安全、实现能源转型，而且可以有效拉动材料、装备制造等相关产业发展，是应对气候变化、发展低碳经济的有效途径。

二、我国在节能减排的科技创新方面做出积极探索

近年来，我国高度重视节能减排技术的研究开发和推广应用，重视新能源的开发利用。本世纪初，就已系统地部署了"电动汽车"、"半导体照明"、"风能和太阳能"、"清洁煤利用"和"高温气冷堆"等一系列有关新能源的重大科技项目，在发展新型能源汽车、推动照明节能、开发新能源等方面作出了积极探索。国家中长期科学和技术发展规划纲要明确把发展太阳能、风能、核能和生物质能作为推进能源结构多元化的重要手段，把洁净煤技术、煤层开发作为降低污染的重要选择，把建筑、交通以及工业流程领域提高能效、降低排放作为节能减排的主要方式。国家为推动节能减排和应对气候变化的重大部署，还专门提出了《节能减排科技专项行动方案》和《中国应对气候变化科技专项行动》。

科技支撑节能减排的这些努力，取得了显著成效。2008 年北京奥运会上，通过采用先进、环保的清洁汽车技术，奥运中心区域交通实现了"零排放"，周边地区实现了"低排放"；通过采用太阳能、风能和

地热等绿色能源技术，使奥运场馆绿色能源供应达到 26% 以上。奥运主要场馆及设施大面积使用半导体照明和再生水源热泵等高效能源利用技术，实现节能 60－70%。

2008 年以来的国际金融危机，进一步暴露了世界经济的深层结构性矛盾，有力推动世界主要国家积极调整发展战略，加快推动产业转型。例如，在汽车领域，欧美国家已将过去着眼于限制废气排放的标准转为限制 CO_2 排放，这将直接导致生产体系的极大变革。向我们提出的一个重大问题就是，如何抓住新科技革命快速发展和世界经济结构调整的机遇，大力推动结构调整和产业变革，高度重视解决气候变化、资源环境、粮食安全等社会发展长期性、全球性问题，推动中国经济进入更高水平的新轨道。

特别是当中国经济已经企稳回升，我们正在谋划"十二五"发展的大思路时，更需要抓住当前时机，结合拉动国内需求、刺激经济增长的措施，用节能减排和新能源技术改造传统产业，用清洁环保的创新产品拉动内需，用低耗环保的行为构建新的生活模式，这应该是我们面向未来、应对气候变化的基本策略。

☞ 权威人士认为环境税费双轨制短期不会改变碳排放税或将率先开征

《中国经济周刊》记者 王红茹/北京报道

环境税开征毫无疑问是板上钉钉的事了！

随着 2009 年 12 月在丹麦首都哥本哈根召开的第 15 次联合国气候变化框架公约缔约方大会的召开，运筹酝酿十多年的环境税，也提上议事日程。

权威人士告诉记者，目前财政部、国家税务总局、环保部等三部门，正在研究制定环境税开征方案。

"预计环境税近几年内会出台。但是，宏观调控的形势、基础工作能否赶得上，不确定因素太大。但几年内出台应该没有问题。"一位业内人士在接受《中国经济周刊》采访时表示。

一、专家预测环境税年内或开征

近期，官方的一系列表态，让环境税开征的脚步越来越近了。

先是 2009 年 5 月 25 日，国务院批转发改委《关于 2009 年深化经济体制改革工作意见的通知》，通知共提出十三点意见，其中第四条提出"大力推进资源性产品价格和节能环保体制改革，努力转变发展方式"，第九条提出"加快理顺环境税费制度，研究开征环境税"。

紧接着，环保部副部长张力军在 2009 年 6 月 5 日国新办新闻发布会上透露，征收企业环境税已被列入财政部、税务总局和环保部的重要议事日程，条件成熟时会推出。

此后半个月，全国人大财政经济委员会 6 月 24 日在有关报告中建议加快理顺环境税费制度，研究开征环境税。

官方反复表态要出台环境税，但到目前为止，依然没有透露出具体的时间表。记者致电财政部税政司，相关人士以"部里有要求"婉拒回答这个问题。尽管如此，业内人士都已经感觉到了环境税开征日期的临近。

中国人民大学环境学院院长马中接受《中国经济周刊》采访时预测，"按说去年环境税就应该出台，因为金融危机推迟了。今年年内如果经济形势向好，应该会出台。"

毫无疑问，环境税开征已经是一个大方向，但是目前仅与环境税相关的税种就有不少，比如资源税、能源税、燃油税等，甚至在消费税中对汽车分排量征收的税也被视作是环境税收。与环境税相关的税种已经名目繁多，为什么还要单独再开征环境税？

"现在提出来开征环境税，这跟我国经济发展方式的转变密切相关。我国要切切实实地解决可持续发展问题，必须重视这个问题。可以说，环境税这个经济杠杆是非使用不可的。"财政部财科所所长贾康接受《中国经济周刊》采访时表示。

其实，我国对环境的重视由来已久。早在 2005 年 10 月，党的十六届五中全会就提出加快建设"资源节约型和环境友好型社会"，党的十七大进一步将"作为一项重大国策又提了出来。可以说，开征环境税已是大势所趋，但是由于目前跟环境相关的税种已有不少，业界对环境税的概念和界定范围，依然没有统一的看法。

"环境税作为一种全新的税种，主要是针对目前日趋恶化的生态环境而提出的。"环保部政策法规司司长杨朝飞向《中国经济周刊》解释说，环境税有狭义和广义之分，使用的角度不同，内涵也不太一样。狭义的环境税是指国家为了限制环境污染的范围、程度，而对导致环境污染的经济主体征收的特别税种，比如针对排污单位排放的污染物征收的环境污染税，也包括目前排污收费的费改税等。而广义的环境税，是政府为实现特定的环境政策目标，筹集环境保护资金，调节纳税人环境保护行为而征收的一系列税收政策的总称，比如国家在所得税、消费税、资源税中更多地体现环境保护的要求等等。

"在方案具体设计中，对那些具有可操作的排放，就可以先开征。因为广义的排放太多了，人类天天都在排放，人吐口唾沫也是排放。所以，要考虑可操作性。"贾康告诉《中国经济周刊》，一开始开征环境税不可能面面俱到，一定是有重点地开征。

如果开征环境税，目前向企业征收的排污费就面临着改革。是费改为税，还是税费并存，成为业内关注的焦点。

二、税费双轨制短期内难改变

公开资料显示，我国开始向企业征收排污费源自 1982 年。

1982 年 2 月 5 日，国务院发布的《征收排污费暂行办法》，规定只有超标排放污染物的企业才需交纳一定数额的排污费。这条规定在沿用了 20 年之后，也开始发生改变。

2002 年 1 月 30 日，国务院第 54 次常务会议通过《排污费征收使用管理条例》（下称《条例》），2003 年 7 月 1 日起施行。《条例》规定："对向大气排放污染物的，按照排放污染物的种类、数量计征废气排污费"；《条例》同时规定："县级以上人民政府环境保护行政主管部门、财政部门、价格主管部门应当按照各自的职责，加强对排污费征收、使用工作的指导、管理和监督。"

"2003 年 7 月 1 日起施行的新《条例》，规定所有排污企业都需缴纳一定数额的排污费。但这一费用，仅仅是用于抵消污水处理的实际成本，外部环境成本仍然没有被计入。因此，出台环境税在所难免。"马中向《中国经济周刊》分析道。

但是，在开征环境税之前，首当其冲面临的是费改税问题。

山西某煤炭企业的一位副总接受《中国经济周刊》采访时表示，为帮助焦化企业尽快摆脱金融危机的影响，山西省政府决定从 2009 年 7 月 1 日起，对省内 135 户重点焦化企业，暂时调低焦炭生产排污费标准，执行期为一年。

据了解，这 135 户都是山西省确定的第一、二类重点焦化企业。对第一类省重点焦化企业，将现行 18 元/吨焦焦炭生产排污费征收标准降为 3 元/吨焦；对第二类省重点焦化企业将现行 18 元/吨焦焦炭生产排污费征收标准降为 5 元/吨焦。对其他焦化企业仍按山西省环保厅规定的原吨焦征收额收取。

"现在各个省、甚至各个地市对排污费制定的征收标准都不一样，基本上是当地制定的。如果费改为税之后，对企业来说，该交的税还要交；而地方政府该收的费还得收。全国各地那么多省市，包括地税一级都算是立法机构，都可以制定一些收费方面的政策。我们得听政府的。"上述人士无奈地告诉《中国经济周刊》。

据业内人士介绍，污染费征收 20 多年来，征收随意、管理使用混乱的情况一直存在。可以说，排污费的征收，对治理环境污染、降低企业的排污量等方面的效果并不理想，费改税不可避免。

公开数据显示，全国每年排污费征收额近 200 亿元左右。

"在环境税开征的时候，选择的污染物指标肯定不会完全覆盖。比如，作为一种税收，首先要征收一些像 SO_2、NO_x 等大宗污染物排放的税；二是目前向企业征收的排污费，除了包括大宗的常规污染物，还包括很多小宗的、非常规污染物，比如汞、铬、铅等重金属污染物以及有机污染物等。如果对这些污染物也征税，成本就很高，而且对这些污染物的征收所要求的技术性也很强，税务部门不可能再搞一套环境检测机构。因此，把这部分也改成征税，肯定不太可能。"环保部政策法规司司长杨朝飞接受《中国经济周刊》采访时表示，"在今后一段时期内，实行的是双轨制，税费共存的局面，短期内不会有大的改变。从长远来看，大宗的常规污染物可能改为环境税，而小宗的非常规污染物可能改为罚款。"

三、碳税或将率先开征

如果开征环境税，哪类大宗污染物会最先开征，成为人们关注的焦点问题。

"现在排污费征收的项目非常多，最有可能先开征碳税。"财政部财科所所长贾康接受《中国经济周刊》采访时表示。

其实，在2008年的"两会"上，贾康就提交了《关于尽快将开征环境税纳入议事日程、出台环境税》的提案，贾康在提案中表示，"随着市场经济体系的建立和完善，以及30年来我国复合税制的不断发展，我国开征环境税的经济条件和税制条件已经基本具备。"这一提案当时得到20多位政协委员的联名附议。而在此之前的2007年，研究开征环境税就已被国务院列入《节能减排综合性工作方案》。

似乎在一夜之间，"碳排放"成为人们耳熟能详的一个词汇，甚至有人活灵活现地将生活中的"碳排放"一一列出，比如坐飞机从日本到纽约要排放多少千克二氧化碳，在酒店举行一次为期半天的论坛碳排放是多少等等。

人们之所以关注"碳排放"，主要缘于一系列关于中国"碳排放"的数字：中国在2008年超过美国成为全球第一大碳排放国，排放量占全球排放量的24%；2009年中国成为最大的温室气体排放国。

而中国以煤炭为主的能源结构决定了中国减排的艰巨性。相关资料表明，煤炭消费占中国能耗总量的67.7%，而其产生的碳排放量则占到全国总排放量的81%。在马中教授看来，碳排放已然成为中国经济发展的瓶颈，减排成了摆在人们眼前的迫切问题。而对碳排放征税，无疑是减小排放最直接的方式。

"对具体的污染物征税，比如碳排放征税，应该说是在一定程度上兼顾了多方面的考虑，首先可以控制污染排放行为，降低污染；其次是税制改革的需要；第三是表明国家对污染控制的重视。"马中解释说，碳税是一种污染税，是指针对 CO_2 排放所征收的税。它通过对燃煤和石油下游的汽油、航空燃油、天然气等化石燃料产品，按其碳含量的比例征税来实现减少化石燃料消耗和 CO_2 排放。

"因为征税使得污染性燃料的使用成本变高，这会促使公共事业机构、商业组织及个人减少燃料消耗并提高能源使用效率。它以环境保护为目的，希望通过削减 CO_2 排放来减缓全球变暖。"马中说。

四、污染税率高于现有排污费水平

无论是官方、学者或者企业，目前对征收环境税在思想上都没有了障碍，但是，对环境税税率的确定问题，记者采访的各个层面的人士，几乎都讳莫如深。环境税税率也由此成为环境税出台最核心、最机密的问题。记者从网络上也没有搜索到任何关于环境税税率的数字分析文章。

尽管如此，记者采访的这几位业内人士，从宏观层面对环境税比如污染税税率的大体方向却有着普遍而高度一致的看法，普遍认为，设定污染税率应高于现有的排污费水平，但还应该有个限度，税率也不能过高，否则有可能抑制社会生产活动，导致工业竞争力下降。

"现在环境税开征遇到的主要问题是技术性问题，即要真正能够准确地测算出某种税率对经济、物价、老百姓和消费的影响究竟有多大。如果这些问题解决不好，国家很难下定出台环境税的决心。"环保部政策法规司司长杨朝飞告诉《中国经济周刊》，出台环境税的目的，是既能够调整企业的行为，同时又不能把企业和企业所在的这个行业压垮。

业内有观点认为，在税率设计上，最适宜的税率应等于最适资源配置下每单位污染物造成的边际污染成本。在实践中可采用弹性税率，根据环境整治的边际成本变化，合理调整税率，同时对不同地区、不同部门、不同污染程度的企业实行差别税率。

贾康告诉《中国经济周刊》，目前环境税的税率和标准还不是很具体，但基本设想是借鉴国际经验，形成可操作方案。"世界各国都是有各自的实践，只有极少数小国家比如东欧有两个小国，现在是按照测算实际排放来征收碳税，一般都是按照零标准换算过来征收的。"

☞ 碳交易的"中国路径"

《中国经济周刊》记者汪孝宗　刘科研　谈佳隆/北京、上海报道

一、"碳交易"欲解气候变暖

"当前，全球金融危机加剧蔓延，世界经济增长明显放缓，对各国经济发展和人民生活带来严重挑战。在这样的形势下，我们应对气候变化的决心绝不能动摇，行动绝不能松懈。"2008 年 11 月 7 日在中国政府与联合国共同举办的"应对气候变化技术开发与转让高级别研讨会"上，国务院总理温家宝强调。

显然，尽管全球金融危机"肆虐"，而如何应对气候变化依然是眼下最为热门的话题之一。据悉，来自 70 多个国家的政府代表和相关国际组织、企业、学术团体及非政府组织共 600 多人，参加了此次"高级别研讨会"。

而在 2008 年 10 月 29 日，中国政府正式发布了《中国应对气候变化的政策与行动》（白皮书），这表明了中国应对气候变化的坚定态度和积极行动。

毫无疑问，由于温室气体效应导致的全球气候变暖，已经和恐怖主义威胁、蔓延的国际金融危机一样，成为人类社会的"公敌"。事实上，恐怖主义、金融危机不过是人类的"手足之疾"，而全球气候变暖才是人类的"心腹大患"。如何应对气候变暖，成为各国共同面对和解决的"头等大事"。

2007 年初，世界经济论坛等机构在日内瓦发布的"2007 年全球风险"报告称，气候变化将成为 21 世纪全球面临的最严重挑战之一，由

全球变暖造成的自然灾害，在今后数年内可能会导致某些地区人口大规模迁移、能源短缺以及经济和政治动荡。

事实上，气候变化主要是由人类自身活动引起的。一方面是人类使用化石和生物质燃料，直接向大气排放以 CO_2 为主的温室气体，导致全球气候变暖（即温室效应）；另一方面，对森林大面积的砍伐，使得吸收大气中 CO_2 的植物大为减少。

因此，在应对全球环境变化的形势下，建立低碳消费模式，已是世界主要国家应对气候变化的基本途径。

2008 年 11 月 6 日，首次发布的《中国碳平衡交易框架研究》报告中，第一次提出以"碳"这一可定量分析要素作为硬性指标，对经济活动加以监测、识别和调控，建议国家以省级为单位推行"碳源—碳汇交易制度"。因而，"碳源—碳汇交易制度"即碳交易，成为应对气候危机的基本措施之一。

为了人类免受气候变暖的威胁，早在 1997 年 12 月，在日本京都召开的《联合国气候变化框架公约》缔约方第三次会议，就通过了旨在限制发达国家温室气体排放量以抑制全球变暖的《京都议定书》，并于 2005 年 2 月 16 日正式生效。这是人类历史上首次以法规的形式限制温室气体排放。

《京都议定书》规定，到 2010 年，所有发达国家 CO_2 等 6 种温室气体的排放量，要比 1990 年减少 5.2%，并对各发达国家从 2008 年到 2012 年间必须完成的削减目标进行了分解和落实，但对发展中国家并没有提出减排要求。

为促进各发达国家有效地落实减排指标，《京都议定书》建立了旨在减排温室气体的三个灵活合作机制，即国际排放贸易机制、联合履行机制和清洁发展机制。其意义在于，发达国家可以通过这三种机制在本国以外取得减排额，通过"境外减排"缓解其国内减排压力，从而以较低成本来实现减排目标。

由于发达国家几乎无法依靠自身努力完成规定的减排目标，通过这种机制，发达国家可以通过向发展中国家购买 CO_2 减排量的方式来履行减排义务，也称"碳汇交易"，即"碳交易"。通俗的说，就是发展中国家可以把 CO_2 等温室气体卖给发达国家赚钱。

因而，这是一个互利、双赢的结果。同时，这种机制创造了一个巨大的碳排放交易市场。

碳排放交易不仅促进了发展中国家的节能减排，而且还开辟了一条"生财之道"。然而，"天上的馅饼"不会白白落到发展中国家"头上"的。由于复杂的申请、论证程序，发展中国家的碳排放交易项目要得到联合国 CDM（清洁发展机制）执行理事会认可，还要有一段艰难的路要走。

尽管如此，中国企业在主动研究、熟悉 CDM 之后，更多地、积极地参与到这个新兴的市场博弈中，极大地推动了中国碳排放交易市场的发展。

☞ 解密"国内最大碳交易项目"

《中国经济周刊》记者汪孝宗/北京报道

一、天上掉下来的"馅饼"

2008年8月19日，北京奥运会金牌争夺战"激战正酣"，人们正沉浸于奥运会的半程紧张而激烈的比赛之中。就在当日，中国最大的能源公司之一的中国石油宣布，该公司旗下辽阳石化公司氧化二氮（N2O）减排 CDM（清洁发展机制）项目已正式通过国际核准，首批994803 吨碳指标获准交易。

辽阳石化公司的氧化二氮减排项目作为中国目前最大的有关碳交易项目，于2008年7月28日接到《联合国气候变化框架公约》秘书处通知，碳指标得到正式签发，完成第一笔碳交易已"毫无悬念"。

据悉，辽阳石化有"套己二酸生产装置，设计年产量为14万吨，每年预计排放氧化二氮 4.2 万吨，其温室效应是 CO_2 的 310 倍。经过计算，通过实施 CDM 项目，实际每年可减排 1200 多万吨，占中国减排量的 10% 以上。

而氧化二氮是《京都议定书》中明确规定限排的 6 种温室气体之一。我国政府 2005 年 10 月颁布实施的《清洁发展机制项目运行管理办法》，也明确了氧化二氮气体作为减排六种温室气体之一。

辽阳石化的 CDM 项目就是将装置产生的氧化二氮转化为空气中普遍形态的氧气和氮气，从而大大减少温室气体排放。并经过有关部门认定后，把核定的减排数额出售给有着减排义务的发达国家。

面对天上掉下来的"大馅饼"，中国石油相关部门立即开始研究项目实施的可行性，通过研究和熟悉国际、国内政策以及与 CDM 项目专家交流，很快决定予以立项。2006 年 6 月 9 日项目通过评估，当年 7 月 13 日股份公司就予以批复，其高效的运转速度令人惊叹。

二、庞杂而又艰难"的过程

事实上，通过 CDM（清洁发展机制）项目完成的碳交易并非一个"讨价还价"的简单过程。从项目设立到最终联合国有关部门签发核定减排量，整个过程庞杂而又艰难。运作这样一个国际化的项目，就要按照相关国际游戏规则进行"循规蹈矩"，否则"寸步难行"。对此，辽阳石化公司从事法律事务工作的王海滨深有感触：CDM 项目运作每一个环节都对应着相应的规则，包括国内法、国际法，你哪一步违背了规则，就没有参加下一步的资格，只能被淘汰出局，根本没有讨价还价的余地。

为了充分熟悉"游戏规则"，尽量少经"波折"，项目稳步推进的同时，辽阳石化专门组织了一个团队，一边大量收集资料，一边潜心研究国际规则。并为此与国际进行全面"接轨"。2006 年，公司聘请杜邦公司对企业进行了系统调查评估；同年，又与美国 UOP 公司就辽阳石化未来 10 年的产业发展规划进行了战略研究合作等等。

据悉，在完成项目可研批复、环评批复、安评批复基础上，辽阳石化公司在当地媒体上进行三天的立项公告，接受当地各界人士意见。随后，又举办了由当地政府、企事业单位、周边居民和企业职工代表组成的听证会，在获得所有参会人员一致同意后，在当地发改委注册备案。

与此同时，辽阳石化依据国际通行的基准线方法学和监测方法学编制项目设计文件。方法学的编制过程复杂而艰难，但这个环节又极其关键，因为这是项目能否成功注册、以及日后碳指标核证等多个环节完全依据的文件。

在节能减排领域，CDM 是全新的概念，各项规则、制度还在不断修改与完善。辽阳石化的 CDM 项目团队边研究边学习，不懂国际规则就找国内专家指导，经常是周末到北京请教，然后连夜回到单位投入工作。

在项目报送国家前，还必须完成的一项工作就是：必须有国际买家购买该碳指标，也就是说，要先与国际购买方确定购买意向书。

由于辽阳石化减排量巨大，必须寻找国际资信好而又有实力的买家，但与这样买家谈判决非易事。合同文本为英文原版，对方派出的是国际大律师，说话"有板有眼"，还时不时"引经据典"，没见过世面的还真有些"发怵"。

参与谈判的王海滨等人一个词、一句话、一个条款去争，白天完不成，晚上接着谈。有一次，甚至持续长达 36 小时。光是由哪方担任联络点的问题，双方就数次交锋，最终还是决定联络点设在辽阳石化，这就确保了在整个交易期内辽阳石化能够处于主动位置。

与此同时，其它程序都在有条不紊进行：减排技术落实，装置设备到位，建设稳步推进。

为了找到合适的减排氧化二氮的技术，辽阳石化先后与国际上拥有成熟先进减排技术的 INVISTA 公司和 BASF 公司进行了多轮技术交流和商务谈判，最终通过技术对比和商务报价选择了 BASF 公司，保证了氧化二氮转化率均在 95% 以上。

此时，辽阳石化 CDM 项目离成功注册"近在咫尺"。

事实上，中国石油的决策层也高度关注这个项目。早在 2006 年 4 月，辽阳石化公司报送的项目可研报告上，中国石油集团公司总经理、党组书记蒋洁敏就已明确批示："同意立项，抓紧实施，加快步伐，尽快建成。"这对项目的加快实施起到了决定性的推动作用。

三、历经"磨难"，修得"正果"

2006 年 9 月 25 日，国家清洁发展机制项目审核理事会召开第 21 次会议。国家发改委、外交部、科技部、财政部、农业部、环保总局、气象总局等七部委联合对国内的 CDM 项目集中开会审核。无疑，这是对辽阳石化 CDM 项目的一次严格"综合考评"，以往有许多项目大都在这一关被"pass"。

现场答辩时间仅有 5 分钟，要求当场介绍设计文件、回答专家提问等，当中连思索的时间都没有。直到从答辩房间出来，同去的辽阳石化公司副总经理宋杰和项目技术负责人杨晓林才获得"喘息之机"。

当年 11 月 7 日，辽阳石化 CDM 项目终于获得国家的正式批复。

此后，辽阳石化开始了国际注册工作，其过程更加复杂，注册前必须完成与国际购买方碳指标购买协议的谈判工作。

2006 年 12 月，辽阳石化项目开始在国际网站进行为期一个月的全球公示，没有收到任何反对意见；2007 年 2 月 1 日国际指定经营实体 DOE 到辽阳石化核证，对项目组织给予高度评价；2007 年 3 月，辽阳石化开始与两个知名的国际公司进行谈判。谈判过程也极其艰苦，针对一个条款双方就进行了长达 3 个月讨论，最终才达成协议。

2007 年 7 月正式提交注册，上网公示两个月后，11 月 30 日在印尼巴厘岛召开的联合国 CDM 执行理事会第三十六次会议上批准辽阳石化 CDM 项目无条件注册。

2008 年 3 月，辽阳石化 CDM 项目装置正式投料开车，并一次成功。随后，联合国 CDM 项目执行理事会指定经营实体 SGS 公司到现场进行初始核查。最终，项目通过了"鸡蛋里挑骨头"式的严格核查，顺利进入周期核证。至此，辽阳石化公司的氧化二氮减排项目"大功告成"，完成了中国目前最大"有关碳交易项目。

☞ 北京环境交易所：条件适宜将实现碳交易

《中国经济周刊》记者 刘科研/北京报道

2008 年 8 月 5 日，全国率先成立的国家级环境权益交易机构之一——北京环境交易所（以下简称"北京环交所"）在北京金融大街正式挂牌。北京环交所董事长熊焰表示，环交所的成立标志着中国在利用市场化机制推动环境改善方面跨出了实质性的一步，将成为政府部门推动节能减排和环境保护的有力工具和重要平台。

一、定位国家级，面向国际市场

熊焰向《中国经济周刊》表示，在节能减排市场中，北京具有最集中的市场资源优势。

首先，北京作为中国首都具有独特的区位优势，且市场要素完整，国际买家、主要中介结构和企业都集中在这里；其次，北京有很好的金融资源，能够支持发展环境权益交易的相关金融衍生产品开发。北京市委、市政府的高度重视，作业团队与相关国家监管部门的高效率沟通，也是环交所在国内领先的重要条件。另外，人力资源的集中以及北京产权交易所的相关实践经验，也对环境权益交易形成很好的支撑。

"北京环交所的成立基于国家战略考虑，更具国际特色，我们要成为国际机构进入中国的一个国际接口，把国内外信息披露和信息对接做好，成为中国环境交易领域的主要信息集中地，来为中国的企业取得信息披露的优势，通过信息披露让我国的企业处于更有利的地位。"熊焰在接受《中国经济周刊》采访时表示，北京环交所的业务范围不仅局限于北京，将面向全国，通过市场化的经济手段进行运行。

二、三大主要业务板块

据记者了解，环交所业务的主题是排污与排放并举，排污先行；技术交易与权益交易并举，技术交易先行。北京环交所目前的主要三大业务板块为：第一是节能减排与环保的技术交易，第二是排污权交易，第三是条件适宜时，探索碳排放交易。

另据了解，在节能减排与环保的技术交易方面，北京环交所目前在这方面的业务相对比较成熟；二氧化硫、化学需氧量（COD，衡量水受污染的指标）交易方面，北京环交所是国家二氧化硫交易规则制作的参与单位之一。目前已经聚集了一批包括中央企业在内的项目资源，也有一些 CDM 项目。但是由于规则还有待最终确定，所以目前只是做一些信息沟通，中介服务的工作。

目前，北京环交所已经存储了三、四十个节能减排方面的技术交易项目，以化学需氧量、二氧化硫和节能减排技术为主。据熊焰透露，北京市有关部门已经规定，北京市范围内的节能减排交易，都必须进入北京环交所进行。

三、实现碳排放交易还需时间

据介绍，北京环交所三大业务板块中除了第一业务板块的政策条件基本具备，后两个业务板块的交易政策条件实际上还有想当的差距。"拿排污权来说，如果没有国家对排污的总体的刚性控制、排污总量的配额及检测的办法，实际上是不具备交易条件的。我们希望扮演的角色是政策环境的积极推动者，通过我们的经济实际和探索，为决策部门提供依据。"熊焰告诉《中国经济周刊》。

熊焰对《中国经济周刊》表示，眼下谈论能否掌握碳排放定价权这个问题，似乎还有点过早。目前能做的就是提高中国作为买方信息披露的能力，降低信息不对称，让中国的卖方企业更多的了解国际市场的规则，了解国际买方。同时，也让国际买方知道中国的项目在哪里。

"通过信息披露让中国的企业处于更有利的位置，让我们卖一个更好的价格。"

据北京环交所相关人员对记者表示，部分发达国家已经建立了自己的碳交易所，中国如不能尽快建立交易所，将丧失碳交易的定价权，在国际竞争中处于被动地位。从国际国内形势发展趋势来看，中国最终会加入强制减排国家行列，国内企业适应这种刚性变化需要有一个市场机制来作出缓冲和适应，北京环境交易所的建设正是满足了这种需要。

☞ 上海环境能源交易所：
明年有望启动排污权交易

《中国经济周刊》记者 谈佳隆/上海报道

日前，就排放权交易问题，《中国经济周刊》记者在上海专访了上海环境能源交易所（以下简称上海环交所）总经理林健，他透露："上海环境能源交易所已经与日本产业经济省，就节能减排技术产权转让方面的问题达成了具体的意向，已经落实到企业并进行了合同草签，有望年底之前签署正式合同。"

一、上海有望明年启动排污权交易平台

林健向《中国经济周刊》透露，上海环交所目前除了通过技术转让推进节能减排权益交易之外，另一项工作则是推进"排污权交易"指标平台的试点工作，包括二氧化硫、化学耗氧量（COD）等污染物指标，有望在 2009 年 5 月之前正式完成进场平台交易。

20 世纪 70 年代诞生于美国的"排污权交易"是一项基于市场手段的环境经济政策，旨在满足环境质量要求的条件下，建立排污企业合法的污染物排放权，允许企业对其拥有产权，并允许排污富余指标作为商品在市场上买卖。

不过，记者在采访中却发现，至今在国内有关"排污权交易"的构想多、成熟的范例少。由于各地政策、法律、观念等方面的区别，加之环保职能的分辖管理，给交易造成了难度。

"粤港在排污权交易上的合作得到政府部门的支持，但在具体合作中，观念、体制、法律等不一致都会暴露出来，最终影响交易的促成。"林健表示："从行政管控到市场化运作的过程，并不是成立了环交所就

能解决的，而是需要各方面的综合因素促成，特别是国家的宏观政策环境。"

他举例说，在 20 世纪 80 年代，上海就已经有排污权交易的研究和范例。在 1987 年，上海闵行吴泾地区的企业就曾开展过二氧化硫的排污权企业之间的成功交易，开创了中国排污权交易的先河，但后来由于国家宏观政策和上海地方的种种原因并没有推行下去。

记者在采访中了解到，很多专家也认为，正是在党中央、国务院提出关于节能减排硬性指标的背景下，各地环交所的成立才逐渐显得"很有必要"。在林健看来，国家提出节能减排目的是中国可持续发展的需要，在未来客观上会形成一个很大的产业。由于节能减排是一个考核的硬指标，政府企业就会有压力，进而带动技术革新，并使得相关环保设备需要发展，从而形成了环保企业的成长。而这又推动投融资环境的形成，最终需要建立一个金融业态，而环境交易所就成为这个业态中的一个重要环节。

二、管辖权分割成市场化"交易瓶颈"

上海环交所成立的目标被认为是"希望通过体制机制创新推进节能减排、进而推动经济发展方式转变的重大举措，作为对原有以行政手段为主推进节能减排的有益补充和探索。"

那么，环交所这种"市场手段"将如何补充"行政手段"呢？林健坦言："现在很多人认为，在市场化平台建立问题上应该有一种激进的做法，中国很快就能像美国那样能够交易，但就目前中国国情而言，必须面对现实开展工作。任何激进的做法都会给现有的管理体系造成冲击，混乱不是我们想看到的情况，我们需要一个循序渐显的方式进行工作。"

环保部总量控制司副司长刘炳江认为，当前行政手段过多、经济手段不足，造成排污权交易的过高成本。如何建立公开、集中的市场交易平台，促进环境权益交易规范化、透明化地进行，显得尤为迫切。

在林健看来，上海环交所目前所努力的，正是想把从前20年的一些构想在向现实层面推进。然而，他也认为，虽然在20年间，中国民众的思维观念、法律环境在不断完善过程中，但依然存在不少不完善的地方，包括发证制度、排污费的收取问题，依然依靠行政命令来执行。不过，这一系列的问题最终牵涉的是管辖权将如何协调问题。

以2007年举国震惊的"太湖蓝藻"事件为例，太湖流域的环保职能牵涉到江苏、浙江、上海两省一市。而在具体操作层面所牵涉到的企业就更为复杂。林健表示："无论上海也好，江苏也好，浙江也好，在中国大地上都遇到一个问题，企业所属管辖系统不同，一些问题会同时涉及央企、地方政府企业或者其他系统下属企业之间的利益，的确会存在协调上的难度和利益冲突的问题。"

据了解，由于经济发达，工业化程度较高，如何解决污染物减排的问题客观上促成了珠三角、长三角地区的一些省市正在探索如何寻求解决方案。林健认为，目前，在全国范围内尚未形成相关的统一市场，以行政区内的地方性局部交易为主。政府未来应该通过完善和支持环境能源交易平台、建立相应的激励机制、维护市场秩序等措施来建立和培育统一的环境能源交易市场，从而推动交易机制的完善与创新。

三、环交所不应"一哄而上"

2008年8月5日，上海、北京两地的环境能源交易所相继挂牌开张。之后，武汉、江苏等省市纷纷提出要建立环境能源交易所、节能减排交易所、排污权交易所等交易平台。一些业内人士认为，虽然众多城市建立环交所是有利于竞争的，但就中国目前的情况来看，也可能会由于平台职能重叠，而造成浪费。

环保部环境规划院副院长王金南教授指出，现有排放指标转让，多是政府部门"拉郎配"。避免各自为政，人为分割市场，可以采用"1+3+N"模式设立交易平台，即一个国家性的、三个区域性和多个地方性的交易平台。

"中国建立环境能源交易所不应一哄而上，据我所了解，王金南教授看法是一种影响决策层的主流看法。"林健向《中国经济周刊》表示，"政府应该要积极培育统一的环境能源交易市场，一方面可以保障市场效率，另一方面也能保证行政对交易所管理。只有在统一的市场中，环境能源交易机制才能不断完善和实现创新，资源整合，经验借鉴，从而发挥机制最大的功用。"

林健还认为，成熟的地方"先行先试"已经在决策层中形成了主流意见。交易平台与一些需要充分竞争的行业属性是有所不同的，相对集中的交易平台、出台较为一致的地方政策对于中央政府来说掌控管理企业相对容易，这也是一件具有战略意义的事情。目前，几个直辖市监管体系较为完备、金融集中度较高、社会公众对于新事物的接受程度、舆论导向等方面都有利于平台的建立。

第四编

绿色消费与生态文明

导读：绿色消费、低碳生活，建设生态文明是目前应对全球气候变化的根本策略，也是人类文明发展的不二选择。在绿色、低碳理念引导下，经济社会的发展模式需要做出重大调整，人类的生活理念需要有一个质的飞跃，并从人类中心主义向人类与自然和谐发展过渡。

☞ 发展低碳经济促进绿色消费

商务部市场运行调节司司长　王炳南

进入 21 世纪，在能源安全、气候变化等多种因素的共同作用下，发展低碳经济促进绿色消费已经成为各国政府、国际组织，研究机构、专家学者共同关注的焦点，为实现人与自然和谐共处，经济与社会可持续发展，世界各国正步入低碳经济时代。发展低碳经济，促进绿色消费必须要市场自发引导，也需要政府的大力推动，商务部从职能出发，高度重视低碳经济和绿色消费的推动工作，积极采取措施，鼓励科学消费和可持续消费，通过市场的推动和企业的共同努力，低碳经济的发展模式和绿色消费观念已经日益深入民心。

一、促进绿色消费成为我国经济可持续发展的内在要求

发展低碳经济促进绿色消费是人类社会可持续发展的必然选择，随着全球人口和经济规模的不断增长，能源过度消费所造成的环境问题不断被人类所认识，全球性气候变暖对全球人类的生存发展带来严峻的挑战，据有关机构研究，1750 年以来全球累计排放 1 万多亿吨二氧化碳，气温明显上升，1981 到 1990 年期间，全球平均气温比一百年前上升了0.48 度，全球变暖导致气候恶劣，台风、龙卷风、暴风雨、冰雪天气等自然灾害时有发生。

自然系统的生态平衡和人类的生存发展面临着严峻的挑战，全球人类基金会数据显示，全球气候变化每年造成 30 多万人死亡，1250 亿美元的经济损失，预计到 2030 年，因自然灾害死亡人数可能超过 50 万人，经济损失将达到 3 千亿美元，发展低碳经济促进绿色消费已成为人

类社会可持续发展的必然选择。

改革开放以来，我国经济保持了持续快速发展，经济总量已经跃居世界第三位，但是在经济高速发展的同时，也存在着能源结构不合理，能源利用率偏低，产业结构中重工业占比过重等问题，2008年，我国一次能源中煤炭消费约占70%，而主要发达国家能源以石油为主，占能源消耗总量的30%，煤炭仅占10%到20%，我国单位GDP能耗比发达国家平均水平至少高出了两倍以上，其中钢、水泥等产品单位能耗分别比发达国家高出50%到60%，发展低碳经济，促进绿色消费已经成为我国经济可持续发展的内在要求。

近几年来，国家高度重视节能减排资源节约工作，积极采取措施，发展低碳经济，促进绿色消费，党的十七大报告中明确提出，到2020年全面建设小康社会的目标之一是建设生态文明，基本形成节约能源资源和保护生态环境的产业结构、增长方式、消费模式。2009年上半年六大高耗能行业规模以上增加值同比仅增加4.2%，增幅同比回落了10个百分点，同时2008年四季度至2009年安排到三批中央投资中，节能减排和生态环境建设投资高达224亿元，在各级政府高度重视下，2009年上半年单位GDP能耗下降3.35个百分点，加速同比提高0.47个百分点，其中规模以上单位增加值能耗同比降低了11.35%。

二、从流通和消费角度促进低碳经济发展

发展低碳经济，促进绿色消费必须要市场自发引导，也需要政府的大力推动，商务部从职能出发，高度重视低碳经济和绿色消费的推动工作，积极采取措施，鼓励科学消费和可持续消费，目前主要开展以下工作。

（一）加快再生资源的回收体系建设。再生资源回收是提高资源利用率，减少污染的重要举措，每回收利用1万吨废旧物质可以节约1.4万吨标准煤，目前我国矿产总资源回收率大约为30%，比国外的先进水平低了20个百分点。

针对这种情况，商务部2006年出台了再生资源回收管理办法，要求规范促进再生资源回收工作，经过近几年的快速发展，我国再生资源回收企业已经达到5万多家，回收网点达到了16万个，回收加工工厂达到了2万家，再生资源回收总值已经达到了2000多亿元，今年在12个省市区开展了再生资源回收试点工作中，已经支持和建设了1.2万社区回收站和40个分解中心，提升再生资源利用回收水平。

（二）开展汽车家电以旧换新工作。据专家测算，老旧汽车油耗比新车高5%到10%，老旧家电电耗比新家电电耗高20%到30%，实现以旧换新，有利于提高家电汽车能耗水平，减少碳排放。2009年国家安排70亿财政资金开展汽车、家电以旧换新工作，截止到11月17日，试点省市共回收旧家电达到239万台，汽车以旧换新也正在快速地推进中。另外今年还计划对24个省区市汽车报废市场进行升级改造。

（三）推动流通领域的节能降耗工作。根据有关专家的研究、调查，批发零售和餐饮服务业的能源消耗占总支出的40%，为了推动流通领域的节能降耗工作，商务部采取措施，推进塑料购物袋有偿使用，开展零售业节能行动，倡导零售业企业适度包装，引导生产企业绿色包装。

（四）实施绿色市场。2006年以来商务部联合有关部门，深入开展三绿工厂，培养绿色消费，开辟绿色通道，严格市场准入制度，致力于促进资源节约和环境保护，到目前为止，全国共培育四千多家争创绿色单位的试点和示范单位，280多家得到认证，批发市场达到86家，零售市场达到195家。

发展绿色经济，促进低碳经济是我国贯彻科学发展观的重要举措，下一步我们围绕以上四个方面做工作，从流通和消费角度促进低碳经济的发展，在政府的领导下，通过市场的推动和企业的共同努力，低碳经济的发展模式和绿色消费观念将日益深入民心，为子孙后代创造更加美好的未来。

☞ 全面实施生态战略走林区可持续发展之路

大兴安岭行政公署

大兴安岭是国家重点国有林区，有林地面积653.2万公顷，占全省的37.1%，占全国的4.1%。1998年"天保工程"实施以来，我们提出了"实施生态战略，发展特色经济，推动林区可持续发展"的科学理念，先后出台了一系列保护生态、科学发展的举措，闯出了一条"在保护中发展，在发展中保护"的生态保护与经济增长协调发展之路，各项事业得到了长足的发展。2008年，实现地区生产总值69.7亿元，提前两年完成"十一五"规划目标，建区以来首次超过全省平均增速；财政收入增长39.2%，比2005年翻了一番；城镇固定资产投资增长25.6%，投资规模达到历史最好水平。

一、生态保护与经济转型的基本情况

（一）坚持生态优先，在资源管育上多措并举。森林资源是大兴安岭的生存之基、发展之本、力量之源。我们始终把保护培育好森林资源作为第一位任务、第一项职责。全面禁止了樟子松采伐，停止了加格达奇林业局、呼玛县的主伐生产，在没有相关配套政策支持、每年减收近亿元的情况下，三年累计主动调减活立木产量202.7万立方米，减少森林资源经营性消耗298.4万立方米。全面开展砂金禁采行动，共清理采金船1987条，从根本上遏制了砂金开采对嫩江源头生态环境的破坏。超常规推进"以煤代木"工程和殡葬改革，每年节约森林资源消耗99.6万立方米，减少林地占用11.5万平方米，干成了几代人想干而没有干成的烧柴革命，结束了林区开发建设40多年的土葬历史。率先实施营林工程化管理，推行项目法人制、招投标制和监理制，彻底根治了由于主体不明、责任不清、监管不力而导致的营林生产质量低下的顽疾。切实强化后备森林资源培育，累计投入资金 4.87 亿元用于生态建设，完成矿区治理 1582 公顷，退耕还林 2.9 万亩，火烧区植被恢复 19.1 万亩。加快推进自然保护区建设，先后建成国家级和省部级自然保护区 9 处，总面积达 112 万公顷，占全区总面积的 13.42%。健全完善林火防控体系，三年累计投资达 1.03 亿元，林火防控能力显著提升，连续三年得到国家林业局、省委省政府的充分肯定。2008 年，我区被国家环保部正式命名为国家级生态示范区。

（二）坚持发展至上，在产业培育上多轮驱动。作为以林为主的资源型地区，要想从根本上保护好森林资源，就必须加快调整产业结构，大力培育接续产业，彻底改变经济发展对森林资源的依赖。我们坚持以基地带产业的发展战略，全力打造生态休闲旅游、绿色（有机）食品生产加工、林木产品精深加工等五大基地，接续产业发展方兴未艾，生态旅游、绿色食品、林产工业、矿产开发等六大产业连续三年保持 20% 以上的增长速度，林区经济对林木资源的依存度已由"天保工程"实施初期的 90% 下降到现在的 52.9%。全面启动了大兴安岭对俄经贸合作园区建设，目前已引进入园项目 21 个，有 12 个项目相继进入生产和试生产阶段，为产业集聚、资金流入搭建了广阔平台。深入实施大项目带动战略，重点推进 46 个产业项目，有 28 个项目已经建成投产或试生产。2008 年我们又启动了 10 个基础设施项目、10 个产业项目和 10 个民生项目的"三个十工程"，这些项目建成投产后将进一步改善我区基础设施条件，促进产业快速发展，增强区域经济发展后劲。

（三）坚持改革开放，在体制创新上多点突破。加快生态建设，必须创新管理体制、大力发展外向型经济，切实增强自我发展能力。我们重点推进了国有森工企业管理体制的综合配套改革，在改革难度大、风险大，没有任何成功模式可以借鉴的情况下，启动了以十八站林业局为试点的林业体制改革，十八站林业局第一阶段改革任务已顺利完成，在职能调整、机关瘦身、公司组建和用人分配等方面进行了改革创新，初步实现了政企、事企和资源管理与利用模拟分开运营，林业局由生产经营型向生态管护型、区域发展由单一的林业经济向多元的林区经济、林业职工由伐木人向护林人的战略转变，同时，我区其他林业局的体制改革工作目前已全面启动。不断加大国有林场改革力度，推动林场由以木材生产为主向以生态管护为主转型，到 2008 年末，全区共撤并林场、经营所和贮木场 55 个，撤并比重达 40.1%。全力开展招商引资活动，主动到南方发达地区和内蒙古等经济发展较快的地区招商引资，三年累计到位资金 45.6 亿元，特别是今年我们成功举办了中国大兴安岭首届国际蓝莓节暨山特产品交易会，签订实质性贸易合同 1.3 亿元。不断扩大对外开放，积极拓展以对俄为主的经贸合作新领域，在俄建设阿玛扎尔 40 万吨纸浆项目已取得重大进展，2008 年对俄森林资源开发 50.02 万立方米，比 2005 年增长 1.43 倍；2009 年上半年，在全省乃至全国进出口总额普遍下滑的情况下，我区外贸进出口总额增长 2.5 倍。

（四）坚持以人为本，在改善民生上多办实事。解决民生问题是贯彻落实科学发展观的根本要求，也是我们一切工作的出发点和落脚点。我们始终坚持把改善民生摆在首位，每年都为林区百姓办好 10 件看得见、摸得着的实事，最大限度地使林区职工群众更多的分享生态建设和经济发展成果。优先发展林区教育事业，三年累计投入资金 1 亿元用于改善办学条件，全部免除了义务教育阶段学杂费，贫困学生和住宿学生补助率达到 100%。努力提高百姓生活水平，城镇居民人均可支配收入和农民人均纯收入分别达到 8427 元、4611.6 元，比 2005 年分别增长 28.1% 和 29.8%。切实改善群众生活环境，2008 年，我们启动并完成了 20 万平方米的棚户区改造试点工程，今年又全面启动了 110.5 万平方米棚户区改造工程，目前已完成投资 1.13 亿元。建立健全社会保障体系，失业、工伤、生育和医疗保险实现了地级统筹，养老保险实现了省级统筹，新型农村合作医疗参合率达到 99.89%，覆盖城乡居民的社会保障体系进一步完善。

二、生态保护与经济转型的思路及对策

当前和今后一个时期，我们将深入贯彻落实科学发展观，进一步巩固生态建设和经济发展所取得的阶段性成果，从维护国家生态安全的高度出发，以生态功能保护区建设为首要目标，以加快经济转型步伐为第一要务，充分发挥政策、资源、区位和环境四大优势，重点发展林产工业、矿产开发、生态旅游、绿色食品、特色养殖、兴安北药六大产业，精心打造生态休闲旅游、绿色（有机）食品生产加工、外向型对俄经济贸易合作、林木产品精深加工、环保型有色金属冶炼及能源转化五大基地，把我区建设成为国家粮食安全的保障区、资源枯竭城市转型的示范区、对俄经贸科技合作的延伸区、能源及有色金属环保开发的实验区。力争到2020年把大兴安岭林区建设成为森林生态体系比较完备、林业产业体系比较发达和生态文化体系比较繁荣的社会主义新林区，与全国人民一道同步迈入全面小康社会；到2050年力争使森林资源和生态功能恢复到开发初期水平，真正走出一条在保护中发展、在发展中保护的生态经济发展之路，实现人口、经济和资源环境的协调发展。

（一）以实施"六大工程"为重点，着力构建完备森林生态体系。针对大兴安岭生态系统易破坏、恢复难、周期长的特点，采取抓工程、建体系、保生态的办法，严格按照建设大兴安岭生态功能区的要求和部署，稳步实施"六大工程"，把大兴安岭林区建设成为国家生态安全的重要保障区和后备森林资源的战略储备区。一是实施森林植被恢复工程。对火烧迹地、采金迹地和采矿迹地进行综合治理，利用5年左右时间全面完成火烧迹地清理和恢复任务，利用10年左右的时间对砂金过采迹地实施矿山综合治理。二是实施森林后备资源培育工程。重点推进封山育林项目、森林抚育工程、森林改培工程以及防火阻燃林工程项目建设。全面推进植树造林和城乡绿化工作，大力实施村屯、乡镇及周边区域的造林绿化工程，加快建设具有大兴安岭地域特色的生态景观森林带。三是实施"两江"流域治理工程。实施呼尔达河源头水源涵养项

目建设,加快嫩江上游生态功能区项目建设,切实增强"两江"源头生态保护功能。在黑龙江源头及流域内水土流失严重区,实施界江护岸、堤防工程和界江防护林项目。四是实施生态移民工程。从加强森林资源管理和森林防火出发,调整林业生产力布局,对生态功能区内的居民点和深山腹地少于 30 户的村屯,对采伐任务小于 5000 立方米的林场和经营所,实施整合撤并,人员向县、区、林业局等中心城镇集中,减少人类活动对生态环境的破坏。五是实施自然保护区及湿地建设工程。以保护寒温带针叶林生态系统、湿地生态系统和生物多样性为重点,构建布局合理、类型齐全、功能完善的自然保护区体系。推进湿地植被恢复、野生动植物栖息地改造、湿地保护及恢复等项目建设,促进湿地及生物多样性保护。六是实施森林资源保护工程。全面加强"三总量"管理,严厉打击各类破环资源的违法行为,探索"远封近包"、"林农联合管护"和"管、育、用"一体化森林经营新机制,认真做好森林防火工作,强化火源管理,健全森林火险预警响应运行机制,实施重点火险区综合治理,建立森林防火长效机制。

（二）以打造"五大基地"为核心,着力构建发达森林业产业体系。坚持走以项目带动经济发展的道路,切实转变经济发展方式,大力发展生态产业,进一步调整产业结构,增强林区经济发展实力,实现单一的"独木支撑"向多元的产业格局、林木经济向林区经济的根本性转变。一是建设世界知名的生态休闲旅游基地。以漠河机场通航为契机,着力发展生态旅游业,重点加快以漠河为龙头的神州北极旅游度假区建设,高起点、高标准规划,加快道路等旅游基础设施建设,集中建设一批具有冲击力、震撼力的景点景区,打造精品旅游线路,完善旅游服务设施,叫响"神州北极村,中国龙江源"旅游品牌。二是建设国家重要的绿色（有机）食品生产加工基地。充分利用林下资源和冷凉型气候优势,坚持政府推动、市场运作的有效形式,引进和培育加工龙头,逐步壮大绿色食品产业,不断提高绿色食品的科技含量,以食用菌、野生浆果等为重点,加强野生基地保护和标准化养殖、种植基地建设，逐步形成企业＋基地＋种养采集户的发展模式，叫响全国知名的绿色（有机）食品品牌。三是建设外向型对俄经贸合作基地。充分发挥独特的区位优势，积极开展对俄经贸合作，全面提升大兴安岭对俄经贸合作园区整体功能，加快推进洛古河界江公路大桥项目建设，推进在俄建设阿玛扎尔40万吨纸浆项目，重点加快漠河和呼玛口岸建设步伐，全力打造对俄合作开发的前沿和桥头堡。四是建设国内重要的林木产品精深加工基地。根据林木资源承载能力和原料供给能力，着力发展林木产品精深加工业，搞好现有林产工业精深加工企业的整合和重组，加大科技投入和产品研发力度，提高产品质量和品牌意识，积极开发终端产品，重点抓好以华驿人造板、宜家木业等13个林产工业精深加工项目建设，形成上下游产品吃配产业链。2009年年底前实现"可加工原木不出区"的目标。五是建设环保型有色金属冶炼及能源转化基地。抓住国土资源部把大兴安岭成矿带确定为全国三大重要找矿靶区之一的机遇，鼓励和支持地勘单位和企业进行矿产资源勘察，采取开矿建厂与生态建设同步、矿产开采与加工利用配套的办法，建立起矿山环境恢复治理有效运行机制，积极推进环保矿业试验区建设，实现矿产资源开发与生态环境保护良性循环协调发展。

（三）以建设"三型社会"为目标，着力构建繁荣的生态文化体系。坚持走以人为本推动社会发展的道路，加快建设资源节约型、环境友好型和生态文明型社会，形成人与自然和谐的生产和生活方式。一是发展生态环保型能源项目。充分利用水能、风能、太阳能、生物能等可再生能源，重点推进塔林西、三间房水电站等水利建设项目，有效发挥防洪、发电和生态保护等多重功能。大力发展循环经济和碳汇经济，积极推进生物质能源项目和清洁发展机制，建立可再生能源试验区，促进生物产业快速发展。二是加强生态文化基础设施建设。以自然、人文、历史为主线，加大十八站古驿站、雅克萨古战场等重点文化遗址的挖掘和保护力度，积极推进寒温带植物园、知青博物馆、地区文体中心等项目建设，发挥大兴安岭资源馆、"5·6"火灾纪念馆等生态文化培育基地的作用，挖掘生态、旅游和教育等方面的价值，不断增强公众的生态文明意识。三是塑造生态文化精品。加强古战争文化、淘金文化、知青文化等历史文化体系建设，深入挖掘和开发鄂伦春族民俗文化，组织开展以森林、湿地等为题材的版画创作，弘扬具有地方特色的生态文化产品。继续办好国际蓝莓节暨山特产品交易会、国际冰雪汽车越野拉力赛、冬泳邀请赛、北极光节等节庆赛事，集中展示独具魅力的地域文化、冰雪文化，促进生态文明兴安建设。

经过实践，大兴安岭林区的生态环境得到初步改善，经济发展步伐加快，呈现出了生态保护与经济建设同步发展的良好局面，不仅更加坚定了林区人民加快推进林区生态建设和经济转型的信心和决心，而且使我们对林区经济社会发展规律有了更加理性的认识。大兴安岭作为以林为主的资源型地区，生态建设依赖于产业发展，如果经济发展上不去，接续产业培育不起来，获取经济效益的单一途径不改变，森林资源就难以从根本上得到保护，生态建设也就无从谈起。因此，我们必须始终站在建设国家级生态功能区的高度，牢牢把握发展这个第一要务不动摇，加快推进产业结构战略调整，大力培育林区接续产业，努力把林区的资源优势转化为经济优势，用经济的大发展、快发展来反哺生态建设，为推动林区生态保护与经济转型做出应有贡献。

☞ 坚持科学发展思想加快生态地区建设
——论林芝生态地区建设

　　林芝地区位于西藏自治区东南部、雅鲁藏布江中下游，有林地面积607万公顷，占地区总面积的53％，活立木蓄积量达12.1亿立方米，是全国最大的原始林区之一，森林面积占西藏全区的70％，占全国的8％，对整个西藏乃至全国和东南亚地区发挥着重要的气候源和生态源作用。为深入贯彻落实科学发展观，建设生态文明，实现人与自然和谐发展，构筑西藏高原生态安全屏障，林芝地区作出了建设生态地区的决定，并正在积极采取措施，大力推进生态地区建设。

一、建设生态地区意义重大

　　（一）加快生态地区建设，是贯彻中央和自治区重大决策部署的重要体现。党的十七大明确提出了生态文明建设理念，把生态环境保护工作的重要性提高到了新的高度，这为我们做好生态环境保护工作指明了前进方向，提供了有力指导。就林芝地区而言，生态环境保护的任务尤为艰巨、尤为重要。由于林芝特殊的地理位置和自然气候，中央、自治区各级领导对林芝的生态环境保护工作密切关注，要求我们把它作为神圣责任，以对子孙后代高度负责的态度，切实保护好这片碧水蓝天。因此，加强生态环境保护，加快建设生态地区，不仅是我们义不容辞的重要职责，而且是我们责无旁贷的政治任务，是我们坚决贯彻中央和自治区重要决策部署的具体行动。

　　（二）加快生态地区建设，是构建西藏生态安全屏障的重要内容。中央《关于进一步做好西藏发展稳定工作的意见》中明确指出，将西

面对中国转型——绿色·新政
mian dui zhong guo zhuan xing lu se xin zheng

藏纳入国家生态环境重点治理区域，构建西藏高原生态安全屏障。2009年2月18日，温家宝总理主持召开国务院常务会议，通过了《西藏生态安全屏障保护与建设规划》。构建西藏生态安全屏障，包括藏东南和藏东以森林生态系统为主体的屏障区。林芝地区作为藏东南和藏东森林生态系统的主体屏障区，是整个西藏生态安全屏障的重要组成部分。我们将按照西藏自治区的总体规划要求，积极实施生态环境保护，加强生态地区建设，充分发挥生态安全屏障的区域作用。

（三）加快生态地区建设，是坚持科学发展、实现经济与环境相协调的重要途径。科学发展观追求的发展模式是由投入资源、制成产品、再生利用、新型产品构成的循环发展模式，旨在建设资源节约型、环境友好型社会，促进人与自然更加和谐。林芝拥有得天独厚的自然资源禀赋，既承担着保护生态环境的历史使命，又承担着加快经济社会发展的重要职责，这就要求我们必须牢固树立生态文明理念，坚持科学发展，坚持走生产发展、生活富裕、生态良好的文明发展道路，使发展速度与结构质量效益相统一，与资源环境承载力相适应，与人口资源环境相协调。

（四）加快生态地区建设，是实施生态立地、生态兴地、生态强地战略，建设西藏经济强地的重要基础。由于特殊的自然、地理条件，林芝地区生态系统具有不稳定、敏感、易变等脆弱性特征，环境承载力较低，一旦破坏，很难恢复，甚至不可逆转。近年来，为了加快经济发展，林芝地区立足资源优势，正在大力发展特色农牧业、生态旅游业、藏医藏药业、水力能源业。这些产业的发展基础都离不开良好的自然生态，如果生态环境遭到破坏，所谓的优势产业、特色产业，也就失去了它的特、优之处，将会是无源之水、无本之木。正因如此，林芝地区于去年底作出了建设生态地区的重大决定，明确提出用10年时间，将林芝建设成为国家级生态地区。我们将坚持生态立地、生态兴地、生态强地，扎实推进生态地区建设，为加快经济社会发展、建设西藏经济强地奠定重要的基础。

（五）加快生态地区建设，是维护社会和谐稳定的一项重要举措。近年来，达赖集团和国际敌对势力无视西藏生态建设和环境保护事业不断发展的客观事实，在国际上到处散布谣言，指责中国政府"破坏西藏生态环境"，"掠夺西藏自然资源"，"剥夺西藏人的生存权"等等，其实质是打着关于西藏生态环境保护的幌子，妄图阻碍西藏的社会发展进步，为其在西藏图谋恢复黑暗落后的封建农奴制统治和实现分裂祖国的政治目的制造舆论。因此，我们必须保持高度的政治敏锐性，从战略全局的高度，充分认识建设生态地区的重大意义，切实保护好和建设好林芝的自然生态环境，粉碎达赖集团及西方敌对势力的蓄意歪曲攻击，维护国家安全和社会稳定。

二、林芝地区生态环境保护与建设的现状

（一）自然生态基本情况。林芝地区地域宽广，植被类型复杂多样，有热带、亚热带、温带直至高山寒带的各类植被，既有水平地带分布，又有明显的垂直地带分布，主要植被类型有高山稀疏垫状植被、草甸植被、针叶林、硬叶常绿林、落叶阔叶林、亚热带阔叶林、热带山地常绿雨林与热带季雨林，河谷草地、灌丛及灌丛草原等植被类型。目前已建立雅鲁藏布江大峡谷国家级自然保护区、察隅慈巴沟国家级自然保护区、工布自治区级自然保护区，巴松错、色季拉 2 个国家森林公园，易贡国家地质公园，巴结湿地生态功能保护区，保护区总面积达 322 万公顷，占地区实际控制国土面积的 41.7%。

（二）生态环境保护与建设情况。长期以来，林芝地委、行署认真贯彻落实中央和西藏自治区党委、政府关于生态环境保护与建设的一系列决策部署，提出了生态立地、生态兴地、生态强地战略，切实加强生态环境保护与建设，取得了明显成效。

1. 加强天然林保护。大力实施天然林保护工程，实行限额采伐，将商品材采伐量从以前的每年 8 万立方米，调减到现在的每年 5 万立方米。高度重视林政管理，严厉打击乱砍滥伐行为。全面加强森林防火工

作，加大森防设施投入力度，有效预防和减少了森林火灾的发生。认真落实生态效益补偿金，自2005年以来，有4461.88万亩公益林被纳入国家森林生态效益补偿范围，年补偿金达1.34亿元，提高了农牧民群众保护森林的自觉性和积极性。

2. 加强营林造林。广泛开展植树造林活动，在城镇、交通沿线、"三荒"地带大力开展营林造林工作，自1986年地区恢复成立至今，共植树85万亩，退耕还林1168万亩。

3. 加强野生动物保护。严格按照《野生动物保护法》等法律法规，加大了野生动物保护力度，禁止一切形式的捕杀，严厉打击各种非法盗猎、出售野生保护动物的活动。

4. 加强草原和湿地管理。全面落实了草场承包责任制，调整畜牧业结构和生产方式，积极推行牧草种植、秸秆饲料和颗粒高效饲料，有效保护了草原。设立了巴结湿地生态功能保护区，加大湿地保护力度，严格控制湿地资源开发，使其净化水质、美化环境、维护生态平衡的重要作用得到了充分发挥。

5. 加强国土资源管理。认真贯彻落实《土地管理法》、《水土保护法》和《基本农田保护条例》，积极开展土地资源保护工作。严守耕地保护红线，合理利用耕地资源。加强建设用地管理，推行集约节约用地。根据《矿产资源法》和《西藏自治区矿产资源管理条例》等法律法规，规范采矿登记审批程序和采矿行为，严格控制矿产资源开发。加强地质环境监测，积极做好地质灾害防灾减灾工作。

6. 加强生态环境项目建设。通过大力实施生态环境保护与建设项目，不断加强生态环境保护。实施的重点项目主要有雅鲁藏布大峡谷自然保护区一期、二期建设工程，察隅慈巴沟自然保护区一期、二期建设工程，工布自然保护区建设工程，藏东南防沙治沙工程，八一镇垃圾填埋场。大力实施农村沼气工程，累计建成沼气池10974口，每年减少采伐薪材8万多方。

7. 加强城镇环境保护。坚持因地制宜、突出特色、合理规划，既

143

传承民族特色，又突出时代特点，建设了工布民族特色街、林芝花园、福建公寓、青年公寓等花园式住宅小区，实施了工布映象、八一大道、八一镇排水管网改造等市政工程，体现了人与自然的和谐相处。加快城市绿化美化进程，城镇绿化覆盖率已达41%，人均占有公共绿化面积29.7平方米。加强城市环境综合整治，使城市保持了干净整洁有序。通过不懈努力，八一镇先后获得了全国园林绿化先进城市称号和人居环境范例奖。

8. 加强环境执法监察。严格落实环境影响评价制度，对行业发展、开发规划、工程项目等都按照规定程序进行环境影响评价，凡不符合国家产业政策、不按环境保护要求设计的项目，绝不批准环评报告书；对没有达到环保"三同时"要求的，绝不允许开工建设；对建成后环保设施不能达标运行的，或运行后严重破坏生态环境的，坚决予以整顿治理。

9. 加强生态产业体系建设。重点围绕做大做强特色农牧业、生态旅游业、藏医藏药业和水电能源业作文章，努力建设以循环经济为主导的生态产业体系。通过发展特色产业，既促进了地区经济发展，又拓宽了群众增收渠道，调动了生态环境保护的积极性，实现了经济发展与生态环境保护的双赢。

三、建设生态地区中存在的主要问题

（一）社会各界的环保意识有待增强。农牧民群众受"靠山吃山、靠水吃水"的思想观念束缚，对建设生态地区的认识还不到位，参与热情还不高。个别领导干部"重发展、轻保护，重眼前、轻长远"的观念仍然不同程度存在，在具体工作中只顾眼前利益、局部利益。一些企业的生产经营行为，片面地追求经济利益，漠视生态效益，致使对生态环境造成了一定的破坏。

（二）群众不文明的生产生活方式对生态环境造成了一定的破坏。多数农牧民群众仍以木材为燃料，就近砍柴，对村庄周边的林木资源破坏较大；墨脱县群众原始落后的刀耕火种方式，每年都要砍伐大量林地（轮休地）；一些群众随意丢弃生活垃圾、建筑垃圾，在村庄周边、交通沿线造成了严重的彩色垃圾；还有燃烧秸秆、烧荒、随意采砂取土等，这些都不同程度地对生态环境造成了破坏。

矿产资源开发对生态环境造成了一定的破坏。小型企业和个体采矿企业大多设备落后，技术陈旧，人员素质低，往往受经济利益驱使，滥采乱挖、野蛮开采，浪费、破坏资源、破坏生态环境的现象仍然存在。

林芝地区自然灾害较多，灾害类型主要有干旱、洪水、霜冻、冰雹、雪崩、地震、山体滑坡、泥石流等，对生态景观、环境资源和自然遗产破坏较大。

（五）生态环境保护的基础设施薄弱。目前，全地区只有八一镇有一个垃圾填埋场，地区和各县都没有污水处理厂。濒危物种的抢救保护工程、重点流域的防沙治沙工程、饮用水源地保护工程、畜禽养殖污染治理工程、清洁能源工程等严重滞后。环境监测站点不足，监测设备紧缺，难以有效地开展环境监督检查。乡镇及农村环保基础设施建设总体上处于空白状态，乡镇及农村环境污染治理任务相当艰巨。

（六）生态环境保护与建设的体制机制不健全。在林芝地区恢复成立之时，没有设置专门的环境保护机构。1996年，地区成立了城乡建设环境保护委员会。2002年，在全区地市机构改革过程中，地区组建成立了环境保护局，环境保护工作开始逐步走向正常管理。但环保机构人员编制偏少，整个地区环保队伍只有40人，其中地区环保局26人，各县环保局14人。各县、乡没有成立独立的环保机构，一些环保措施难以真正落到实处。部门联动机制尚未真正形成，影响了执法监察活动的正常开展。

四、加快建设生态地区的对策措施

（一）建设生态地区，必须狠抓宣传，增强全民环保意识。坚持不懈地开展生态文明观和文明发展观教育，引导广大干部群众树立生态文明理念，增强环境保护意识，调动群众参与环境保护的积极性和主动性，营造环境保护人人有责、人人参与环境保护的良好氛围。倡导健康文明的生产、生活和消费方式，使生态意识上升为全地区各族各界群众的共同意识。

（二）建设生态地区，必须明确方向，始终坚持四条原则。一是坚持以人为本原则。构建协调发展的生态效益型经济、永续利用的资源保障、自然和谐的城镇人居环境、良性循环的农业生态环境，使经济社会与环境保护同步发展，优化人居环境，改善群众生产生活质量与水平，最终实现人的全面发展。二是坚持持续发展原则。大力发展生态经济、循环经济，确保经济发展质量，提高资源、能源利用效率，延长产业链，实现全面、协调、持续稳定地发展，并在可持续发展中达到动态平衡和整体优化。三是坚持保护优先原则。按照近期与长期统一、局部和全局兼顾的要求，科学合理开发和利用各类资源。四是坚持生态强地原则。坚持生态立地、生态兴地、生态强地，打特色牌、唱特色戏，发挥优势、扬长避短，做大做强特色产业。

（三）建设生态地区，必须创新思路，努力做到两个转变。一是进一步转变发展观念。创新思路，从思想上突破阻碍科学发展的思维定式，突破影响科学发展的工作模式，坚持在保护中促进开发、开发中加强保护，促进环境与经济密切融合。二是进一步转变经济增长方式。以提高质量效益为中心，以节约资源、保护环境为目标，以科技进步为支撑，大力发展循环经济，实现生态效益、经济效益和社会效益相统一，真正实现又好又快发展。

（四）建设生态地区，必须统筹兼顾，着力构建六大体系。在林芝地委、行署去年出台的关于建设生态地区的决定中，明确提出了建设生态地区的主要任务，即建设生态产业体系、资源保障体系、生态环境体系、人居环境体系、生态文化体系、能力保障体系。这六大体系，是建设生态地区的重要组织部分，相互联系，相辅相成，只有统筹兼顾，协调发展，才能实现建设生态地区的目标。

（五）建设生态地区，必须强基固本，认真抓好九大工程。一是抓好环境污染治理工程。抓好八一镇排水管网、米林县和波密县的垃圾填埋场等项目建设，争取八一镇污水处理厂和其它县垃圾填埋场项目早日上马。实施好农村小康环保行动计划，加强农村环境保护基础设施建设。二是抓好天然林保护工程。切实保护好天然林，实施好国家生态效益补偿基金工程，搞好集体林权制度改革。三是抓好原生植被保护和恢复工程。加强对以森林为主体的原生植被、湿地资源、野生植物资源和生物多样性的保护与管理，加快速成丰产林、后续用材林工程建设，积极实施迹地更新、防护林建设工程。四是抓好经济林建设工程。充分发挥朗县、米林、林芝瓜果产业带、察隅县油桐种植等项目的示范带动作用，把种植经济林同"三荒"造林、退耕还林、道路河岸绿化、城镇周边绿化、防沙治沙、村庄附近的零星荒地及田边梯坎植树有机结合起来，扩大经济林种植规模。五是抓好森林防火体系建设工程。加大资金投入，加强队伍建设，完善物资装备，提高森林火灾预防和扑救能力，防止森林火灾发生。六是抓好自然保护区和国家森林公园建设工程。实施好工布自然保护区建设工程、察隅县慈巴沟自然保护区二期工程、雅鲁藏布大峡谷自然保护区三期建设工程，充分发挥自然保护区和国家森林公园对生态建设的作用。七是抓好防沙治沙工程。加强藏东南防沙治沙工程建设，并争取上一些新的项目，采取综合措施，整治荒漠化土地。八是抓好城镇园林绿化工程。以八一镇和各县城为重点，辐射318国道、306省道沿线各乡镇，加大绿化投入，扩大绿化面积，美化居住环境，提升城镇形象。九是抓好能源替代工程。积极实施好农村沼气建设工程，大力提倡、推荐使用太阳能、电能、天然气等清洁能源，减少燃料对木材的需求。

（六）建设生态地区，必须依法行政，全面加强生态环境执法监察。严格实行环境影响评价和"三同时"制度，把好"审批关"，坚决杜绝各类污染企业在林芝境内上马建设，严禁淘汰落后的生产设备和生产工艺转入林芝地区。不断强化执法管理，继续开展部门协同的专项监

147

察行动，依照有关法律法规，严厉打击各种环境违法行为。

（七）建设生态地区，必须强化领导，建立健全工作机制。按照"各级党政一把手亲自抓、负总责，全面落实目标管理责任制"的要求，进一步健全和完善各级党委领导，政府负责，人大政协监督，各有关部门分工负责，环保部门统一监督管理，全社会共同参与的环保工作机制。建设生态地区，不仅事关林芝人民群众的切身利益，更是事关林芝长远发展的根本大计。我们一定本着对国家、对人民、对子孙后代高度负责的精神，坚持不懈地抓好生态环境保护，实现林芝成为真正意义上的生态地区。

☞ 增创生态新优势建设生态文明城

广东省河源市人民政府市长　刘小华

随着经济的快速增长，经济发展与资源环境的矛盾日趋突出。如何促进经济发展与生态建设相统一，成为国家长治久安的战略决策。几年来，河源深入落实科学发展观，坚持"既要金山银山、更要绿水青山"的发展理念，把环境保护作为经济社会建设的生命线，大力推进节能减排，高度重视生态建设，实现了经济发展与生态保护"双赢"。

一、达成一个"共识"：良好的生态是河源最大的优势

河源地处广东省东北部、东江中上游，是广东省重要的生态屏障和饮用水源地。境内的新丰江水库和枫树坝水库是华南地区最大的两座水库，肩负着香港地区和东江中下游4000多万人民饮水安全的光荣使命，关系着广东的发展大局和香港的繁荣稳定。长期以来，河源人民一直牢记使命和责任，几十年如一日保护青山绿水，使河源生态环境一直保持优良，全市江河水质常年保持国家地表水Ⅰ—Ⅱ类标准，空气质量常年保持在一级水平，森林覆盖率达70.6%，是广东省唯一没有酸雨的地级市，是全国为数不多的同时拥有一流水质、一流空气、一流森林的地级市。河源人民坚信良好的生态就是河源最大的优势，全市上下达成一致共识：只有良好的生态环境才能增强河源综合实力；只有提升环境比较优势才能实现产业结构优化升级；只有营造优良生态环境才能不断提高满足人民生活质量和需求。实践证明，环境就是生产力。河源经济开始步入快车道，2003年至2008年，GDP年均增长19.5%，规模以上工业增加值年均增长45.1%，地方财政一般预算收入年均增长31.4%；

先后被评为"中国优秀旅游城市"、"全国生态环境保护最佳范例城市"、"全国卫生先进城市"、"广东省园林城市"、"广东省文明城市"和"中国十大休闲旅游特色城市"。2007年和2008年，在全国294个城市竞争力评比中，河源综合增长竞争力排名分别居全国第二位和第一位。2008年，河源市委市政府被广东省委省政府评为"广东省环境保护先进集体"。

二、打造一个"载体"：创建生态工业示范园区和循环经济示范园区

坚定不移走"园区式、用地省、低污染、好效益"的新型工业化道路，在全市高起点规划建设了四个产业转移工业园区，科学选择"三高一低"（即高技术、高成长、高效益、低污染）产业作为主导产业重点培育，实行集约开发、统一管理、集中治污、优化配置，创建生态工业示范园区和循环经济示范园区，大力推进经济发展方式转变。一是严把项目准入关。建立完善以能耗和排放作为主要标准的产业准入体系，积极推动招商引资向招商选资转变，落实建设项目环境评价、环保"三同时"和环保"一票否决"制度，杜绝污染重、难管理的项目落户。目前，河源已初步形成了以手机为主的电子信息、以模具为主的机械制造、以薄膜非晶硅电池为主的太阳能光伏、以优质饮用水为主的食品饮料等主导产业。二是加快淘汰落后产能。坚决依法关闭落后产能，淘汰和改造严重耗费能源资源和污染环境的落后生产能力，全面完成省下达的淘汰落后产能任务，为优势产业和重大项目腾出环境容量。三是大力发展循环经济。鼓励扶持企业采用节能减排的新技术、新工艺、新装备，通过政策引导和强制企业实行清洁生产，大力发展循环经济，实现由末端治理向污染预防和生产全过程控制转变，促进能源和废弃物"减量化、再利用、资源化"，减少污染物排放，提高资源利用率。近年来，全市先后拒绝了300多个投资总额达400多亿元的有污染项目落户，淘汰落后钢铁产能362万吨，落后水泥产能40万吨；产业转移园区已经

成为承接珠三角产业转移的坚实平台、拉动全市经济发展的增长点。其中，与中山市政府合作共建的中山（河源）产业转移工业园成为广东省首批示范性转移园，两次竞标成功获得共 10 亿元竞争性扶持资金，为河源加快发展注入了强大动力。

三、做大一个"蛋糕"：将生态优势转化为经济优势

按照科学、依法、有序的原则，对丰富的自然资源进行保护性开发，努力将生态优势转化为经济优势。一是发展生态工业。着力培育和做大新电子、新能源、新材料、新医药等"四新"产业，把河源建设成为广东新兴高端制造业基地。重点加快手机的生产、销售、服务和研发，打造年产 3000 万部以上的广东省手机生产基地；以龙记模具集团为龙头，打造全球最大的精密机械模具制造基地；以广东汉能薄膜太阳能电池项目为龙头，打造亚洲最大的太阳能光伏生产基地。二是发展生态农业。大力发展特色农业、绿色农业和品牌农业，发展无公害、绿色和有机农产品，打造优质稻、蔬菜、水果、茶叶、茶油、南药、商品林和畜牧水产养殖等特色主导产业，把河源建设成为珠三角绿色农副产品生产加工基地。特别是充分发挥得天独厚的水资源优势，加强与东江下游城市合作，大力推进河源万绿湖直饮水直供珠三角城市工程。三是发展生态旅游业。进一步擦亮"客家古邑、万绿河源、温泉之都、恐龙故乡"四大旅游品牌，把河源打造成最适宜人居旅游创业的山水园林城市、珠三角后花园、广东生态旅游示范区和泛珠三角著名的休闲旅游度假基地，并以旅游业为龙头，辐射带动服务业、文化产业等第三产业发展。

四、完善一个"体系"：促进可持续发展

完善有利于节约能源资源和保护生态环境的设施、管理和机制，促进经济社会可持续发展。一是加快环保基础设施建设。按照适度超前、量力而行的原则，以创建国家卫生城市和国家环保模范城市为契机，全

力加快环保基础设施建设。目前，全市已建成医疗废弃物和危险废弃物集中处置中心各 1 座，废弃物收集率和处置率达到 100%；已建成生活垃圾填埋场 6 个，垃圾无害化处理率达到 100%；已建成污水处理厂 3 座，日处理污水总量 12.5 万吨；正在兴建各县（区）11 座污水处理厂（日处理能力共 36.18 万吨），将于 2010 年底全面竣工使用。二是强化环境监管和环保执法。全面开展林业生态市建设，在全省率先完成林业体制改革，在全市范围内实行封山育林，加大营林、管林、护林力度，严厉打击纵火烧山、乱砍滥伐等行为。加强对已关闭非法开采矿山的监管，加快矿山生态恢复。严格要求企业遵守环保法律法规和减排指标，落实目标责任，强化管理措施，实现达标排放。加强对污染源的日常监管，深入开展环保专项行动，严肃查处违法违规现象。三是突出抓好重点产业、行业和企业。加大督促、检查和指导力度，使企业走上自觉、自愿节能减排的良性发展道路。加强交通、建筑等行业节能，严格执行建筑节能强制性技术标准，新建建筑必须严格实施和达到节能 50% 的设计标准。加强对污水处理厂、火电厂脱硫工程、陶瓷厂脱硫工程、国控和省控重点污染源在线监控设施等重点减排项目的监管，实现污染物稳定达标排放。

五、营造一个"氛围"：全民参与生态文明建

认真组织每年一度的全国节能宣传周、全国城市节水宣传周及世界环境日、地球日、水宣传日等活动，积极宣传节约资源和保护环境的重要意义，大力培育全民生态保护意识，不断强化全民生态文明观念，使环境友好型社会和资源节约型社会的理念成为全民共识。以申报"全国低碳经济示范区"、编制《河源市低碳经济发展行动纲要》为契机，举办低碳经济系列讲座，在全体市民尤其是各级干部中普及低碳经济意识。把节能减排责任落实到县区党政领导和有关部门领导，实行年度考核和"一票否决"制，要求各级各部门把节能减排工作摆在更加突出的位置抓紧抓好。广泛动员和组织企业、学校、社区等单位和社会团

体，开展以节能减排为主要内容的全民行动，组织开展创建节约型和环保型机关、学校、社区等活动，建立崇尚节约和环保的社会风尚和生活方式。进一步健全城市环境卫生管理长效机制，加强农业面源污染治理，开展生态示范村镇及卫生村（居委会）、镇（街道）创建活动。加强节能减排舆论宣传和引导，在电视台、电台、报纸等新闻媒体播放或刊登节能减排的公益广告，营造全民参与生态文明建设的良好社会氛围。

☞ 坚持科学发展构建生态文明

——生态经济伦理与实践初探

安徽省池州市人民政府市长　方西屏

党的十七大报告提出，"建设生态文明，基本形成节约能源资源和保护生态环境的产业结构、增长方式、消费模式。循环经济形成较大规模，可再生能源比重显著上升。主要污染物排放得到有效控制，生态环境质量明显改善。生态文明观念在全社会牢固树立。"

"生态文明"首次写入党代会的报告，是我国坚持可持续发展道路的理论概括和实践总结，也是人类对人与自然关系所取得的重要认识成果的继承和发展。确立生态文明理念，是我党特有的历史主动精神、实事求是作风和科学发展观念的集中体现，对中华民族的生存发展具有里程碑意义。本文试从社会主义的生态经济本质和生态社会主义理论角度，在科学分析生态文明发展形态的基础上，就池州如何建设生态文明，走出一条符合自身实际的绿色现代化之路进行初步探索。

一、环境危机与生态社会主义理论的衍生

自工业革命以来，尤其是 20 世纪后 50 年，全球环境遭到严重污染和破坏，世界环境相继出现"温室效应"、大气臭氧层破坏、酸雨污染、有毒化学物质扩散、人口爆炸、土壤侵蚀、森林锐减、陆地沙漠化扩大、水资源污染和短缺、生物多样性逐步下降等十大全球性环境问题。这些现象被一些生态学家、政治学家称为 20 世纪人类做出的三大愚蠢行为之一和"第三次世界大战"。一系列全球性生态危机说明，地球这个我们赖以生存的唯一家园已经不堪重负，再无支持工业文明继续发展的能力。面对生态危机的出现，传统社会主义难以从价值观与实践

上予以回应，生态社会主义应运而生。

生态社会主义产生于 20 世纪 70 年代，西方一些左翼学者在对环境主义、生态主义、生态伦理、后现代主义等生态理论进行批判地吸收后，把生态危机的根源归结于资本主义制度本身，试图用马克思主义来引导生态运动，为社会主义寻找新的出路，这是西方生态运动和社会主义思潮相结合的产物，是当今世界十大马克思主义流派之一。该理论的主要观点是：造成全球生态危机的根本原因是资本主义制度；生态危机已经成为资本主义转移经济危机的新手法；解决生态环境问题必须改变由资本主义发达国家操纵的国际秩序；用可持续发展的生态理性取代追求利益最大化的经济理性；未来社会应是一个经济效率、社会公正、生态和谐相统一的新型社会，而社会主义制度正是目标实现的根本保证。

综观生态社会主义理论，其核心有三个方面：一是可持续发展，二是对资本主义本质的批判，三是对社会主义本质新的阐述。这从另一个视角大大印证了我们党坚持科学发展观、构建社会主义和谐社会的伟大意义。

尽管生态社会主义存在认识上和理论上的不足，特别是对科学社会主义基本理论正确性的全面否定，但通过对其理论进行"扬弃"，也能给我们的社会主义建设以许多有益的启迪。最大的启示主要在思想文化方面，即社会主义的内在本质要求它必须领导全世界从工业文明向新型文明的伟大转型。这个新型文明就是生态文明。

二、生态文明是人类文明发展的新兴历史阶段

生态文明，是指人类遵循人、自然、社会和谐发展这一客观规律而取得的物质与精神成果的总和；是指以人与自然、人与人、人与社会和谐共生、良性循环、全面发展、持续繁荣为基本宗旨的文化伦理形态。

（一）生态文明的文化伦理形态与发展内涵。

1. 生态文明的文化伦理形态。《周易》说："见龙在田，天下文明"，又言"大哉乾元，万物资始，乃统天"、"至哉坤元，万物资生，

乃顺承天"。就是说，天地自然是养人的"父母"，人对待天地要奉养他、敬重他、爱护他，这是人对天地父母应该的道德规范。孟子认为人天相通，"尽其心者，知其性也；知其性，则知天矣"。庄子认为，"天地与我并生，而万物与我为一"。董仲舒强调天人以类相合，"天人之际，合而为一"。尽管中国古代思想家想法不一，但从现代意义上去理解，都是把人和自然的关系视为一个整体，重视"自然的和谐"、"人与自然的和谐"、"人与人的和谐"；强调"天道"和"人道"的合一，或"自然"和"人为"的合一等"天人合一"的哲学境界。整体直觉是思维方式所构成的古老中华文化传统，对重建生态文明社会、构建社会主义和谐社会提供了智慧之源。

2. 生态文明的发展内涵。人类文明经历了原始文明、农业文明和工业文明三个发展阶段。如果说农业文明是"黄色文明"，工业文明是"黑色文明"，那么能够延续人类生存的新型文明形态——生态文明就是"绿色文明"。生态文明的产生是基于人类对于长期以来主导人类社会的物质文明的反思，它的崛起是一场涉及生产方式、生活方式和价值观念的世界性革命，是不可逆转的世界潮流，无疑会使人类社会形态发生根本转变。一是在伦理价值观方面，工业文明强调人是一切的主体，其他生命和自然界是人利用的对象；只有人有价值，其他生命和自然界没有价值。因此只能对人讲道德，无需对其他生命和自然界讲道德。这是人统治自然的哲学基础。生态文明认为人与自然都是主体，都有价值，都有主动性；不仅人依靠自然，所有生命都依靠自然。因而人类要尊重生命和自然界，人与其他生命共享一个地球。这是一个人性与生态性全面统一的社会形态，其所凸显的以人为本的生态和谐原则即是每个人全面发展的前提。二是在生产和生活方式方面，工业文明的生产方式，从原料到产品到废弃物，是一个非循环的生产；生活方式以物质主义为原则，以高消费为特征，认为更多地消费资源就是对经济发展的贡献。生态文明则致力于构造一个以环境资源承载力为基础、以自然规律为准则、以可持续社会经济文化政策为手段的资源节约型、环境友好型社会。种种情况表明，生态文明是人类文明和社会发展的必然历史阶段。

（二）生态文明与中华文明一脉相承。

中华文明的基本精神与生态文明的内在要求基本一致，生态伦理思想本来就是中国传统文化的主要内涵之一。儒家的核心精神就是"天人合一"，实现人与自然的和谐统一。中国道家提出"道法自然"，强调人要以尊重自然规律为最高准则，强调人必须顺应自然，达到"天地与我并生，而万物与我为一"的境界。庄子把一种物中有我、我中有物、物我合一的境界称为"物化"，也是主客体的相融。这与现代环境友好意识相通，与现代生态伦理学相合。可以说，中华文明精神是解决生态危机、超越工业文明、建设生态文明的文化基础。

（三）生态文明与社会主义原则基本一致。

生态文明作为对工业文明的超越，代表了一种更为高级的人类文明形态；社会主义思想作为对资本主义的超越，代表了一种更为美好的社会和谐理想。两者内在的一致性使得它们能够互为基础，互为发展。生态文明为各派社会主义理论在更高层次的融合提供了发展空间，社会主义为生态文明的实现提供了制度保障。特别是在社会主义大国的中国，中国共产党从历史和现实的高度，提出了科学发展观、建设社会主义和谐社会等一系列新的政治理念，完全与生态社会主义、世界可持续发展理念和中国传统文化相融合，必将促成中国特色社会主义生态文明，必将促成人的全面发展和人类社会的和谐进步。

三、池州建设生态文明的若干思考

（一）理论支点。

在选择池州生态文明建设的最佳路径时，我们应首先运用生态系统的基本特征及其方法论来指导分析问题。一是热力学中的"熵增原则"，意指一个封闭的系统内其自发的演化过程中，系统的熵只能增加不会减少。根据这一理论，生态文明建设中要更多利用区域生态系统的开放性特点，从外界和环境输入负熵流（即输入物质、能量和信息），同时提高资源的利用效益，重视资源再生利用，维护生态平衡，以减少系统内的熵增。二是共生系统的共进化与共演化规律。按照共生理论，区域可持续发展实质上就是一个对称性互惠共生的特殊生态系统，系统中资源、环境与经济、社会的物质、能量和信息交换是协同的、激励相容的，从而实现了资源环境保护与经济社会发展的协调。然而对于一个有人参与的共生系统，由于人的理性行为的利益动机影响，资源环境保护与经济社会发展又常常会发生矛盾和冲突，从而产生一种非协调现象。要化解这种矛盾与冲突，在系统内就必须要有激励、相容、协同和共进化的激励因素与创新机制。

（二）发展原则。

1. 可持续发展原则。把经济系统的运行控制在生态系统的承载范围之内，实现经济系统与生态系统的良性互动与协调发展，保持人与自然的和谐发展，实现自然资源的永续利用和社会的永续发展。

2. 平等公正原则。按照代际公平原则科学制定发展规划，既要实现当代人在利用自然资源以及满足自身利益上谋求机会平等、责任平等，又要考虑当代人与后代人对自然资源的享有权力上的机会均等。

3. 整体性原则。把区域人口及社会发展放在整个社会的大环境下去考虑，并作为国家的一个部分、方面或环节来看待，用整体的观点看待社会发展各要素之间的相互关系，从而正确地评价池州的社会发展和进步。

围绕上述原则，结合池州实际，必须注重处理好以下关系：一是正确处理矿产资源开发与资源保护之间的关系。池州市矿产资源品种较为齐全，特别是非金属矿储量丰富，具有很高的开采价值。近年来，为促进经济发展，各地都将优质矿产资源作为招商引资的首选，有力地推动了矿山采掘和加工业的发展，并已成为池州的支柱产业。但开采和加工工艺还是低水平，不仅浪费了资源，而且还造成了一定的环境污染，这并不是我们的目标选择。因此，我们要痛下决心，转变观念，按照"矿产换产业、产业配资源，资源配项目"的发展思路，推进矿产资源开采的规模化、集约化和产品加工的精深化，推进高新技术、优势企业与优势资源的联接，不断提高产品的附加值和资源的利用水平、利用率。要进一步加强矿产资源管理，有效制止和杜绝乱挖滥采，保持有序、适度的开采规模，防止资源开采加工过程中的资源浪费、生态破坏和环境污染。二是正确处理招商引资和防止污染转移之间的关系。按照科学发展观的要求，调整和完善招商思路，创新招商方式，设定绿色门槛，严防将污染源项目和淘汰落后项目引进来，避免造成新的生态破坏和环境污染，变粗放的招商引资为集约的招商选资和招商增资，不断提高招商引资的质量和水平。三是正确处理旅游资源开发与保护之间的关系。坚持旅游资源开发服从保护原则，在保护的前提下进行适度开发，将保护置于优先考虑的地位。特别是在旅游景区的开发上，应坚持统筹规划、合理利用、有序推进，将科学保护和持续发展的理念和能力培育融入到旅游开发的全过程，使旅游开发中的经济效益、社会效益和生态环境效益协调统一。四是正确处理城市发展与环境质量提高之间的关系。在加快城市化进程中，必须坚持生态理念，既要加快现有城市基础设施建设，又要高度重视城市环境质量，着力提升城市形象和品位。要坚持"一城五区、滨江环湖"发展思路不动摇，大力推行环境综合整治，调整、复原水系经络，严防水源污染，控制污染排放，将城市发展置于生态文明坐标之中。五是正确处理工业发展与生态环境保护之间的关系。实施工业强市战略，是池州崛起的根本保证。但在加快工业发展的同时，要将环境保护作为先决条件，既要金山银山，又要绿水青山。现有企业要严格执行"一控双达标"，污染环境、浪费资源的企业不能限期转变则予以叫停。同时要集约使用土地，优化工业布局，摒弃各自为阵，谋划握指成拳，加快开发区和各类工业园区建设，实现产业集聚发展。六是正确处理生态保护与农业发展之间的关系。在生态建设中，不仅要使山绿起来、水清起来，更要使老百姓富起来。要大力发展无公害、绿色和有机农业，建立以市场为导向的现代农业发展模式，发展以产业化为基础的生态农业，推进生态家园富民工程，保持农业高产、高效、持续发展，达到生态与经济的良性互动，从而实现农业的全面发展和农民收入的持续增长。

（三）发展路径。

池州是华东地区唯一拥有 10 多万亩原始森林、次森林的地区，也是华东地区最大的国家级湿地保护区，并于 1996 年被国家环保局批准为第一个生态经济示范区，这是池州的特色所在。池州沿长江岸线总长 162 公里，占皖江的 21%，这是池州的优势所在。作为生态经济示范区，生态是首位，但这并不是说不要发展经济，而是要在保护好生态的基础上发展经济，努力走出一条适合池州实际的统筹发展的绿色现代化之路，最终的目的是要把池州建设成为生态城市、宜居城市、历史文化内涵丰富的城市、产业结构比较合理的城市和高标准的旅游目的地城市。

围绕新时期池州发展的新"坐标"，市委、市政府在牢固树立"生态立市"战略基础地位不动摇的同时，统筹生态环境保护与实现跨越发展的关系，以生态文明理念统领经济社会发展，在"又好又快"的要求下，要按照"开发一线，保护一片"的思路进一步确立新的"展路径。

1. 开发"一线"，构建经济隆起带。池洲港是长江最西一个深水良港，岸线资源富集，适于布建高密度产业带。开发"一线"，就是依托沿江岸线资源，大力发展岸线经济。普利高津（I. Progogine）的耗散结构理论、松巴特（Werner Sombart）的点轴开发理论和科斯（Ronald Coase）定理告诉我们，作为稀缺资源的沿江岸线是池州发展的主要平台，它是一个耗散结构系统，是一个典型的增长极，是一个协调内外部经济关系，实现港城一体化发展的"牛鼻子"。从实证角度也可以看出，世界发达国家均善于利用江海岸线优越的自然条件，以大型水、空港口为核心，大力发展临江、临港、临海经济，从而带动区域乃至全国发展。池州地处沿江经济开发的前沿区域，经济腹地辽阔，但目前池州岸线的综合资源利用率仅为 30%，资源优势远未充分发挥。随着池州交通基础设施条件的全面改善，池州深水岸线资源面临着不可多得的发展机遇，发展岸线经济的黄金时机已经到来。下一步，我们在战略定位上，就是依托岸线资源优势，发挥水、空港口辐射带动功能，以市场为导向，以资本为纽带，整合各类资源要素，大力发展临港工业、商贸业和物流业，力求把我市沿江区域打造成为重要的临港工业集聚中心、功能完善的区域性航运物流中心、富有特色的国际化生态旅游区和长江中下游重要的港口城市。

（1）发展思路。坚持"以港（江港、空港）兴市，以市促港"的市港联动发展理念，创新型工业化道路，立足区位、资源优势和现实产业基础，着力构建"滨江环湖"的生态城市和沿江高密度产业带。争取到 2015 年，基本建成一个中等发达的"滨江环湖、组团布局、传承文化、体现生态"、"城在山水中、山水在城中"的生态园林城市；沿江经济在全市经济发展中处于主导地位，临港经济对全市 GDP 贡献率达到 70% 以上。

（2）发展措施。一是构筑城市发展平台，建成宜居中等发达城市。将 20 余平方公里省级风景名胜"齐山—平天湖"纳入城中，形成休闲度假功能区；将火车站、轻轨站站前区建成现代化的商贸物流区。二是大力发展临港工业，构筑沿江经济隆起带。在沿江一带重点发展非金属材料、二次能源、化工、有色金属和轻纺服装、农副产品深加工、船舶制造等临港工业。同时加快建设临港物流基地，积极构筑以现代综合交通体系为主的物流运输平台，从而形成以市域物流为重点、区域经济为支撑、国际物流为导向的综合物流体系。三是加快集疏运系统建设。尽快形成以铜九铁路、沿江城际铁路为主干线的铁路运输网，努力构建以沿江高速、合黄高速、京福高速为主干线的公路运输网。四是加快投资经营主体多元化进程。通过政府招商、媒体宣传、对外推介等多种形式，推出一批对区域经济发展影响大的港口、物流等基础设施投资项目，吸纳国资、民资、外资参与开发建设。

2. 保护"一片"，唱响生态主品牌。所为保护"一片"，就是要保护好池州广阔腹地的生态环境。池州生态环境有五个基本特征：一是幅员辽阔，人均资源占有量相对丰富，人与环境比较和谐。全市国土总面积8272平方公里，而人口只有156万。二是森林覆盖率高达57%，淡水资源十分丰富，生态基础好。三是受保护资源面积较大，种类多。共有国家级和省级自然保护区4个，国家级和省级森林公园2个，国家级和省级风景名胜区4个，保护面积1000平方公里以上，兼有森林、地质、湿地、风景名胜和文化遗产等受保护资源。四是动植物种群资源多，共有各类植物千余种，各类动物430余种，其中国家级野生动植物保护区——牯牛降被誉为"华东动植物基因宝库"。可以说，良好的生态环境是池州最大的优势、最响的品牌和最重要的生命线，是池州的立市之本、兴市之基、富民之源。保护发展好这些优势，池州就大有希望。因此，"生态立市"是池州可持续发展的最重要的战略。我们要牢固树立建设生态就是保护和发展生产力的发展理念，保护发展好生态腹地，深入实施生态战略。

一是加强生态教育，提高全民的生态文明观念。建立完善的生态教育机制，大力培育全民生态道德意识，形成良好的"崇尚自然、热爱生态、关爱生物、善待生命"的道德情操。广泛宣传有关生态文明建设的科普知识，将生态文明的理念渗透到生产、生活各个层面，增强全民的生态忧患意识、参与意识和责任意识。

二是立足腹地生态，发展生态产业，转变生产方式。按照建立资源节约型和环境友好型社会的要求，以资本为纽带，以现代农业为依托，以市场为导向，以新农村建设为契机，大力推进农村城镇化、农业企业化。通过循环经济试点、示范，加大产业结构、布局的战略性调整，推进传统产业的优化升级，大力发展高新技术产业，实现循环利用，带动无公害食品、绿色食品和有机食品的开发，加快生态茶园、果林、蚕桑、蔬菜、中药材和优质粮、棉、水产品基地建设。积极推进生态家园富民工程建设，以沼气为纽带，前促养殖业，后带种植业，进一步搞好生态庭院经济和生态庄园经济，真正把池州建设成为国家级生态家园富民工程示范市。

三是推进节能减排，促进生态经济循环发展。切实加强工业节能工作，推动重点行业和企业节能管理，推进节能设备技改、推广节能新技术和新产品的应用。围绕预期能耗目标，严把能耗增长的源头关，从严控制新开工建设的高能耗项目；严格执行固定资产投资项目节能评估、审查标准，遏制高耗能行业过快增长；加大对小水泥、小煤矿、小化工、小轮窑等退出力度，进一步淘汰落后产能。

四是实施生态工程，推进生态环境的保护和治理。重点解决危害人民群众身体健康、社会最为关注的环境问题：一要推行清洁生产，严控污染源进入生态腹地。二要加强城乡饮用水水源保护，加强工业废水和城市污水的生态处理，抓好重点流域、区域的污染防治工作。三要抓好退耕还林还草和植树造林工程，特别是天然林保护和沿江防护林等生态工程建设。四要在鼓励使用可再生资源的同时，全面推进生态环境的保护和治理。

我们同处一个地球，构建生态文明是人类肩负的共同使命，尤其作为文明之邦的中华民族，更应以此为己任，率先觉醒、率先起步，以党的十七大精神为指针，领导世界生态文明建设新潮流。

163

☞ 中国首个低碳节能工业园落户襄樊

《中国经济周刊》记者　宋雪莲/湖北襄樊报道

中国首个低碳节能工业园区——湖北襄樊节能产业园（中国节能谷）2009 年 10 月 28 日奠基，"园区从建设到生产的全过程都将遵循低碳的特色，以期推动节能产业发展，形成节能产业集群，为节能共性技术和通用设备大规模产业化提供优势平台。"襄樊节能产业园董事长王少宏在接受《中国经济周刊》采访时说，新能源、清洁能源、清洁技术产业已经成为未来世界经济一个重要的增长点和竞争领域。中国节能市场巨大，且技术上与发达国家相比并不处于劣势，希望襄樊节能产业园能够成为中国节能产业发展的促进因素。

一、产业园年产值将达 300 亿元以上

作为国家发改委/世界银行/GEF 中国节能促进项目投资咨询机构 SEMC 投资促进中心主任，王少宏此前一直在为节能产业园寻找最佳落户地，北京的亦庄开发区也曾表示热烈欢迎，但最终未能成行。因为亦庄开发区是已经建成的"老"园区，无法改造成王少宏心里设想的、可以在整个生产过程中体现低成本的节能产业园。

最终，王少宏把目光投向襄樊，做整体的 CDM（清洁发展机制）项目将是襄樊节能产业园的最大亮点。

据介绍，定位为国家级节能装备制造、创新发展产业基地和低碳经济产业示范区的襄樊节能产业园，计划 3 年引进节能装备企业 50～60 家，孵化节能高新技术企业 30 家，建成一个节能产业化中心、一个节

能产品检测工程中心、一个国家级节能重点实验室，年工业产值达 300 亿以上人民币；再利用 5 年时间做成一个产业设施配套齐全、产业链完善、具有大批核心知识产权的世界级低碳经济产业园。

"襄樊节能产业园投资总额将高达 80 亿~100 亿元人民币，绝对是一个一次性投资成本相对高出 10%~20% 的产业园。"王少宏告诉《中国经济周刊》。而如何吸引更多的企业进园？除了好的发展前景以外，采取各种手段降低投资成本成了王少宏最大的任务。

王少宏介绍说："我们目前已累计投资 28 亿元人民币左右。"资金来自于国家相关部委、世界银行等相关机构、SEMC 节能投资促进中心、中金盟能源投资有限公司、中金盟湖北节能环保产业发展有限公司以及入园的企业等，其中中金盟的投融资已达 15 亿元，入园企业也投入了 5 个亿。

"我们还要通过银行融资解决一部分资金，为此，我们已经建立了相应的担保体系，土地的抵押利用也是我们融资的手段之一。

"节能减排的确需要各个方面的支持，没有社会资源的支持，做大做强是不可能的。"王少宏说。

二、园区拒绝企业各自为政

"建筑成本低、生产成本低、能耗低、余热可以再利用。"这是入园企业英国可再生能源有限公司首席代表张殿军给记者描绘的前景。目前，他们正在制作节能产业园的低碳能源规划与资源评估。

"我们已经形成了一些想法。"张殿军说，"节能产业园必须走低碳发展的道路，源头上要实现从碳基向低碳与氢基的转化；过程低碳化将实现产品的低能耗、清洁生产、循环经济等；应用端低碳化则是交通节能、建筑节能、消费市场节能以及生活方式的低碳化；末端低碳化则可能考虑碳捕捉与封存。

"比如襄樊地区是很好的粮食产区，但还没有规划生物发电厂，我们可以考虑在产业园里建。"张殿军说。

"面临前所未有的低碳化挑战，中国的企业无法置身事外。"张殿军对《中国经济周刊》说，"节能产业园的建设一定要杜绝各自为政的状况。如果我们的节能产业园每家每户都要建个锅炉房，而且每家都在冒烟，那就是一种失败。"

第五编

科技创新与新能源产业

导读：毫无疑问，新能源将成为未来世界能源的主要支撑，新能源领域的科技创新必然引领人类能源革命。在可以预见的未来，能源问题将带给世界严峻的考验，科技创新是唯一能够解决能源问题的关键。

☞ 科技将决定能源未来科技将创造未来能源

国家能源专家咨询委员会主任、国务院参事　徐锭明

2005 年 11 月 17 日，胡锦涛同志在 APEC 釜山会议讲话中指出："纵观人类社会发展的历史，人类文明的每一次重大进步都伴随着能源的改进和更替。"

2006 年 1 月 9 日，胡锦涛同志在全国科技大会重要讲话中强调："能源科技将进一步为化解世界性能源和环境问题开辟途径"。

回顾能源百年历史，展望能源发展未来，胡锦涛同志的科学论断将指引我国能源事业朝着正确的方向前进，建立完整的具有中国特色的稳定经济清洁安全的能源保障体系，为全面建设小康社会和实现现代化，提供时代所需的可持续的绿色的多品种的能源，以满足人们日益提高的物质和精神生活的需要。

在人类发展的进程中，能源使用先后经历了木材时代、煤炭时代和石油时代。进入新千年后，大多数国家的能源专家、经济学家、外交家、政治家乃至军事家们，都不同程度地介入了未来能源发展方向的研究和讨论，"后石油时代"已经成为世人一个新的耳熟能详的名词。回顾历史、展望未来，这些研究和讨论可以归结为一句话，那就是"科技将决定能源未来、科技将创造未来能源"。

一、科技创造了能源历

火的利用是人类摆脱动物界的标志，是人类第一项伟大的发明，是人类历史上第一次技术革命，也是人类能源利用的开始。从那时开始，经过 6000 多年的不断奋斗，人类学会并运用更加有效的方法来驾驭越

来越多的能源为人类自身的发展而服务。从漫长的能源发展历史看，人类发展史上每一次能源技术的转换都伴随着剧烈的阵痛。从木柴到煤炭，从煤炭到石油，都是如此。历史也告诉我们，能源技术的改进和更替是一个相对缓慢的过程，需要持续好几十年甚至上百年。

（一）第一次能源革命（从薪柴到煤炭的转变）。

人类最早使用的能源是薪柴，从钻木到取火用了多长时间已无从考证，但人类薪柴历史大约经历了万余年的时间。据专家估算，从公元开始到1850年止，人类总共消耗了3000亿吨标煤的能源，其中绝大部分是薪柴。

钢铁冶炼技术进步带来了煤炭的大规模利用。1709年，英国的冶铁工匠在冶铁技术上取得重大突破，解决了煤的杂质使炼出来的铁变脆这一技术难题，给冶铁中利用煤炭资源开辟了道路。

1712年，机械发明师托马斯·纽可门，成功地发明了以煤为燃料的"热能引擎"，可将水从160英尺的深井中很快的抽上来。这项发明大大提高了矿井排水能力，大大促进了英国煤矿和金属矿开采发展。纽可门这台机器可代替50匹马的劳动，大大降低了生产成本。之后20年内，英国和欧洲大陆先后有100多台纽可门"热能引擎"投入使用，大批被水淹没煤矿生产得到恢复，煤炭产量在不断飙升。仅在英国，煤炭产量就从1712年的300万吨提高到1750年的约600万吨，到18世纪末已经达到1000万吨。煤炭产量的快速增长，使英国从一个岛国发展成为世界第一个能源经济大国。纽可门的发明是人类现代能源利用的开始。尽管19世纪末木柴和其它生物质能仍然是重要的燃料资源，但真正改变西方经济社会发展的是煤炭。因为煤炭的大规模利用有效地提高了劳动生产力，促进西方国家迅速从农业社会过渡到工业社会。

第一次能源转变是从薪柴转向煤炭，如果从1709年用焦炭炼铁开始，到1920年煤炭消费占世界能源结构的87%，前后经历了200余年。从1860年到1920年，世界煤产量由1.36亿吨增至12.50亿吨。1701年，英国平均每人每年使用煤炭不到半吨。到1850年时，人均使用量几乎达到了 3 吨。随后，蒸汽机的发明和使用，进一步提高了工效，全方位地推动了煤炭的使用，这是人类第一次具有驾驭大量能源的潜能，为能源使用开拓了广阔前景。

从木柴到煤炭的过渡，改变了世界的经济、政治和文化，引发一场我们现在所认识的能源革命。专家们认为，随着纽可门发明的机器将矿井里的水抽到了地面，煤炭时代真正开始了。

（二）第二次能源革命（从煤炭到油气的转变）。

1859 年 8 月 27 日，宾夕法尼亚州第一口井出油，成为世界石油工业的开端。有专家认为，在人类能源发展历史上宣告煤炭时代终结、石油时代开始的时刻，是 1901 年 1 月 10 日。石油自 19 世纪中叶开始商业化开采，但直到 1901 年，世界的石油行业仍然很小，主要生产供照明用的煤油。当时，有一些地质家认为，石油产量绝对达不到足以和煤相竞争的地步。1901 年 1 月 10 日上午，得克萨斯州博蒙特郊外，斯潘德尔托普小山上，十点半，阿尔·哈米尔从井上下来，正当他绝望地对其兄弟说，新钻的井井下没有石油时，突然发生了井喷。从 1100 英尺深处喷出了高产油流。当时，世界上大多数油井每天生产 50～100 桶石油，俄罗斯最高产的油井日产为 5000 桶。斯潘德尔托普的油井每小时 5000 桶，每天达到 10 万桶。人类的石油时代开始了。

继发现斯潘德尔托普油田后，得克萨斯、俄克拉何马、墨西哥和委内瑞拉等地又陆续发现了更大规模的油田。从此，石油源源不断地推向市场，给新生的工业得到了转换能源的契机。铁路、航运开始更换燃料，石油使用逐步扩大。石油时代的真正开始得益于汽车工业。1903 年，亨利·福特推出汽油汽车，汽油引擎展示出其优势和前景。1913 年，美国和欧洲行使的 100 多万辆轿车和卡车中，大多数已经用汽油或柴油作燃料了。随着汽车工业的到来，石油取得了垄断地位。1895 年到 1915 年 20 年间，美国和其他工业化国家人均能源消费几乎增长了一倍，而增长的很大部分是石油。进入 20 世纪，世界石油消费开始快速增长。1900 年石油消费量为 50 万桶/日，1915 年达到 125 万桶/日，

1929 年则达到了 400 万桶/日。与此同时，美国陆续发现大型油田，保证了美国石油产量在世界上的霸主地位。洛克菲勒的美孚石油公司成为世界上最大的石油公司，是现代巨型能源公司的样板（后由于洛克菲勒触犯了反垄断法被分解）。

在石油利用方面，1908 年英国率先走出了勇敢的一步，把整个海军军舰的燃料由煤炭转换为石油燃料。这一决策为英国在第一次世界大战中取得对德国海军优势奠定了基础。当时英国国内有丰富的煤炭，却没有一滴石油，转换燃料无疑是一种冒险和赌博。这一决策使英国国家安全与国外的石油捆在了一起。随着第二次世界大战爆发，石油很快就成了国际地缘政治的核心。正如 19 世纪帝国主义列强竞争抢夺优质糖、茶叶和奴隶的殖民地一样，20 世纪的工业列强全力抢夺最好的产油地区。世界主要产油地区成了欧洲和美国外交官们关注的地缘政治重心。法国一位外交官说："谁拥有了石油谁就拥有了世界。"西方发达国家一方面需要石油来发动战争，另一方面在为石油而战。石油在战争时期至关重要，在战后的经济发展中起着关键的作用。煤炭尽管在供热和发电市场上保持着巨大分额，但远达不到石油那样在政治和经济的重要程度。若想成为世界强国，一个国家就必须或是拥有石油，或有钱去购买石油。

第二次能源转换从煤炭转向石油、天然气，如果从 1858 年在美国打出一口油井开始，到 1959 年石油、天然气在世界商品能源构成的 50%，首次超过煤炭而占第一位，前后经历了 100 年。

（三）第三次能源革命（从油气到新能源和可再生能源的转换）。

第三次能源革命从何时开始计算，目前能源界尚无明确的说法。笔者认为，不妨以 1973 年第一次石油危机为起始点。因为 1973 年危机之后，世界各国，尤其是主要发达国家在开展节约能源和石油储备工程同时，兴起了新能源和可再生能源研究开发热潮。

从能源发展的历史看，第一次能源转换经历了 200 年，第二次能源转换用了 100 年。第三次能源转换要用多少时间现在还很难定论。1997

年出版的《能源百科全书》说，"世界能源结构转变到可再生为主，将是一个漫长的过程。从现在起大约要经历100多年的时间。"它的估计是要到21世纪末，即2100年可再生能源占世界商品能源结构的50%。原能源部部长黄毅诚在《能源百科全书》前言中说：科学家们预计，100年以后，核聚变发电，太阳能发电以及风能、海洋能、地热能、生物质能等新能源和可再生能源登上消费舞台，将为人们提供充足的取之不竭的清洁能源。

专家指出：全球的第三次能源大转换是没有疑问的，但是第三次能源大转换与前两次能源大转换有许多不同的特点。从研发的现状和投入应用的成果看，目前还没有一种替代能源，从技术上、经济上、适用上可以全面替代现有的主导能源。所以，当前应加强对可再生能源、新能源利用技术的研究和开发力度，积极促进第三次能源革命的进程。可以断言，第三次能源转换所需时间将不会比第二次能源转换更长，科技进步将过渡期大大缩短至50年到70年是完全有可能的。2020年到2040年将是第三次能源转换的关键时期和能源新科技的突破期。

二、科技将决定能源未来，科技将创造未来能源

木材时代走向煤炭时代，煤炭时代走向石油时代，除了开发和利用技术、经济、市场等条件外，客观上还有一个重要的因素，那就是可有效和经济利用的资源的大规模的发现。泥炭和荷兰的黄金时代，煤炭和英国的工业化时代，石油和美国世纪的发展历史已经充分证明了这个事实。同时能源发展的历史还告诉世人，谁占有能源资源，谁就占据能源发展的天时、地利。没有资源优势的国家，就只能依赖于他人、受制于他人，经济的发展乃至工业体系甚至国防体系的建立都会因此受到影响。

后石油时代迎来的将是什么样的能源？全世界关心能源的人们在思考，专家学者在预测，科学工作者在研究，然而到目前还没有明确的、肯定的答案。

美国学者，约翰·R·麦克尼尔先生在北京大学的一次演讲中说，"在未来的 20 或 40 年里，世界能源图谱将发生变化，化石燃料发挥的作用将会越来越小。一些无法预料的事情将会发生，或许是新技术，或许是新的燃料资源，或许是其他什么"，总的来看"世界能源将会更加多样化，将会有许多种不同的燃料。"任何国家想要重演历史上曾经有过的那样，独享廉价的能源资源优势是很困难的一件事。他指出，"假定有个国家梦想成真，那么它很可能不是因为在能源供应上占有优势，而是在创建新的能源体的技术上取得了优势。控制新技术将比控制燃料本身更为重要。"约翰·R·麦克尼尔说："未来的燃料可能是阳光和风力。没有人能够控制风和阳光，但有人能够首先发明新技术，能够用新技术把这些共有的资源转化为经济优势和军事优势。"

人类看好的太阳能、风能发展势头强劲，拥有核能力的主要国家正在联手攻关可控核聚变，新一代生物质能源有望不久实现商业化，氢能开发利用的步伐也在加快。不难看出，这些能源有一个共同的、显著的特征，它们的资源来源与煤炭、石油、天然气等相比较更广泛、更普遍、更加便于采取，也就是说更少受到地域的制约，特别是国土面积的限制。不论是大国还是小国，发达国家还是发展中国家，内陆国家还是沿海国家，谁拥有这类能源开发利用的先进科学技术，谁就能拥有这类能源开发利用的权利，谁就掌握并拥有了这类能源的资源。这些能源的开发利用，很有可能使人类彻底摆脱煤炭、石油等受自然资源地理分布不均、禀赋差异带来的困扰和不平等。解决替代能源无疑是未来 50 年内人类面临的所有问题中最紧迫的问题之一。甚至有人认为，今后的世界格局，谁最先彻底解决新能源问题，谁将主宰世界能源。

（一）关于应对气候变暖问题。

化石能源消费是二氧化碳排放的主要排放源，所以如何减缓化石能源消费排放的二氧化碳是降低温室气体排放的关键。2004 年二氧化碳排放量占全球温室气体排放总量的 76.7%，其中化石能源消费导致的二氧化碳排放量占全球温室气体排放总量的 60%。

能源行业应对气候变暖的核心是科学技术。在人类第三次能源转换时期，化石能源仍然占有很大比重。对于我国来讲，煤炭还将长期占据主导地位。减少二氧化碳的排放关键是能源的清洁利用、循环利用、高效利用。

碳捕获与埋存技术（carbon capture and storage "CCS"）在帮助减少温室气体排放方面具有巨大的潜力。二氧化碳隔离技术，是一种捕集和储存二氧化碳的技术。通常的捕集方法是将含有二氧化碳的废气通过一个装有三维网筛的烟囱，废气在上升的过程中与从上方喷淋下来的化学溶剂相遇，二氧化碳被溶剂吸收，随后再将其从溶剂中提取出来进行压缩，然后用泵注入地下储存。最好的储存方式是地质储存，比如储存在废弃的油气田、盐田深层以及难以开采的煤矿层中，都在地下几百米甚至上千米深处。政府间气候变化专门委员会专家萨雷·本森认为："我们需要上千个这样的项目，但前提是在全球范围内要有一个明确的政策，这是最重要的。估计 20 年内，二氧化碳隔离技术将成为一项成熟的工业技术。"碳捕获与埋存技术可以应用在发电站和石油及天然气生产过程中的脱碳工艺中。关键的问题是技术的新突破和成本商业化。在未来四年内，随着碳捕获与埋存技术的不断改进，成本将不断降低，技术也将会标准化，很可能在世界范围内得到广泛应用。

技术的突破，成本的减低是碳捕获与埋存技术能否得到应用和推广直至商业化的核心问题。总之，未来能源的发展和因能源使用带来的环境及气候变暖问题，唯一的出路只能是依靠科学技术来解决。

（二）科技是第一生产力。

马克思主义基本原理表明，生产力是社会存在和发展的最一般条件，是推动人类发展的决定力量，是社会由低级形态向高级形态发展的最终原因。社会主义的本质就是解放生产力、发展生产力。

在《政治经济学批判大纲》中，马克思说："生产力里面也包括科技在内。"科技是生产力是马克思主义的基本观点。

马克思在《机器。自然力和科学的应用》中指出："科学获得的使命是：成为生产财富的手段，成为致富的手段。"

邓小平在《科学技术是第一生产力》重要讲话中说："马克思说过，科学技术是生产力，事实证明这话讲得很好。依我看，科学技术是第一生产力。"

随着新能源和可再生能源的开发利用，我们越来越清楚地认识到：人类所使用的能源是一个由高碳走向低碳，进而期待着走向无碳的发展方向；能源的使用从低效走向高效、从不清洁走向清洁；能源利用设备和装置将从小型走向大型进而形成大型和小型相结合的格局、从分散走向集中进而形成集中与分散相结合的格局；人类将从一个高能耗型社会走向低能耗型社会，建设资源节约型社会和环境友好型社会。同时，科技日新月异的发展，正在预示着人类将从能源资源型社会走向能源科技型社会。总而言之，人类能源发展是从不可持续逐步走向可持续的历史过程，是一个不依人类意志为转移的客观的发展过程。

"科学技术是第一生产力"。在进一步理解"科学技术是第一生产力"的深刻含义的基础上，结合未来的能源发展方向，我认为可以这样说：科技就是未来的能源。为此，在能源战略中，我们应该将能源科技战略摆在更加突出的位置，把科技在能源中的决定性作用更充分的发挥出来，让科技为我们创造新的未来的能源。这是我在学习科学发展观中逐步形成的一个认识，是否正确将有待于实践的检验。

☞ 光伏产业"过剩"争论背后的政策缺位

北京工商大学　宋彬

科技部质疑工信部认为太阳能新能源产业过剩的说法，引起各方关注。其中，对于光伏产业是否过剩，外界也是各抒己见。

据了解，继科技部组织调研小组之后，工信部和发改委也已派出了调研团队，实地了解和掌握了目前国内的光伏产能。

近年来，我国光伏产业发展迅速，目前已成为全球最大的光伏电池生产国。不过，光伏产业在快速扩张的同时，确实积累了一些不容忽视的问题，但这些问题绝非一个"过剩"所能概括，在看似"过剩"的表象背后，是更为复杂和严峻的产业规划和产业体系等政策难题。

一、我国光伏产业"四大病"

盲目投资、项目产能过剩、技术落后、标准不一等问题，不仅影响到我国光伏产业的健康发展，而且有可能使我们失去利用已形成的产业基础尽快抢占世界新能源产业制高点的难得机遇。

（一）盲目投资，重复建设。自 2006 年以来，国内光伏产业的投资急剧扩张。即使是在全球金融危机发生后，该领域的投资依然逆势增长。初步估计，2009—2010 年新增投资预计超过 1500 亿元。

目前，仍有很多地方将发展光伏产业列为当地"一号工程"。据不完全统计，国内有 14 个省市提出将光伏产业培育成新兴支柱产业。江西把光伏产业纳入本省"三个千亿工程"之一。仅江苏一省，就至少有 6 个地市提出要打造全国性的光伏产业基地。6 月 26 日，宁夏举行了11 个大型太阳能光伏并网发电项目集中开工仪式，这是迄今为止全国一次性开工数量最多、规模最大的太阳能光伏并网发电项目，而这些并网发电项目均未得到国家发改委对其上网电价的批准。此外，青海、河北也大上项目。

（二）产能过剩，亏损严重。光伏产业一哄而上和各自为政不仅带来浪费和环境污染，而且造成项目产能过剩和恶性竞争。目前国内在建或是拟建的多晶硅项目产能高达 14 万吨，而预计全球 2010 年多晶硅的需求仅为 8 万吨左右。另外，随着国内外市场的急剧萎缩，国内光伏组件和电池生产领域的产能过剩更为严重，多数企业陷入困境。据初步统计，自 2008 年第四季度以来，国内光伏组件企业已有 300 多家倒闭，有一半左右的光伏企业处于停产半停产状态。多家光伏上市公司财务状况恶化，部分企业负债率超过 50%，有的甚至接近 70%。

（三）技术落后，污染环境。目前我国光伏产业尚未建立研发和创新体系，基础研究工作薄弱，从整体上看，我国在多晶硅提纯、电池转换率、系统集成等关键技术和工艺上，在基础科学和未来新技术研发上，与国外有较大差距。目前我国太阳能光伏产业仍未完全摆脱"低水平扩张的出口依赖型产业"特征。目前，国内大多数多晶硅企业生产流程还不能做到闭环运行，产生大量废液废气，带来较为严重的环境污染。

（四）行业标准不一，政策支持不足。目前，光伏制造业缺乏统一的行业标准，导致光伏产业链上的名词、设计、制造、建筑一体化标准差异较大。目前相关的电网调度技术标准和管理规程又很缺乏，使得电力部门不愿接受光伏发电上网。我国已建成的光伏并网发电示范项目都处于试验性并网状态，不允许光伏电力通过电力变压器向高压电网反送电，只允许在低压侧自发自用，严重制约了光伏产业的发展。目前，与《可再生能源法》相匹配的全国性光伏产业调控机制和具体实施政策尚未出台，一些支持政策不能落到实处。

二、我国光伏产业出路何在

近年来，发达国家从战略高度出台支持政策，抢占光伏产业技术前沿。我国应高度重视并及时解决发展中存在的问题，推动光伏产业有序健康发展。

（一）制定《太阳能产业促进法》。建议在《可再生能源法》等有关能源法的基础上，制定《太阳能产业促进法》，并抓紧出台《加快光伏产业发展的若干意见》，从技术创新、产业发展、推广应用等方面构筑完善的政策支持体系。当前，应强化光伏产品的政府采购，明确光伏发电强制性市场份额政策，提高光伏发电的使用比例和相应的电价与补贴政策；明确对光伏独立系统和光伏并网系统给予立项、贷款、税收及财政补贴等方面的支持。

（二）启动国内市场。在国内光伏产业全面发展的同时，光伏市场发展却严重滞后。目前国内生产的95%以上的太阳能电池出口，国内市场开拓十分困难，市场份额提高异常缓慢。近期应在难以建设电网或水电站的无电地区加快建设光伏电站和推广户用光伏系统；中期应随着光伏发电成本趋近销售电价，首先扩大建筑屋顶和建筑一体化并网光伏市场，并稳步建设地面并网光伏系统；远期应随着光伏发电成本接近常规发电成本，全面扩大各类并网光伏市场。

（三）健全行业标准，加强投资引导。加快建立光伏产品和发电系统的技术标准和监管体系，将一些有重大影响的企业标准及时转化为国家强制性标准，并积极参与国际相关标准的制定。尽快实施光伏产品的质量认证制度，优先支持符合标准的产品和企业。

政府应择优支持有条件的企业自主研发，走可持续发展道路，并严格限制技术落后的、高能耗和可能造成对环境严重污染的企业盲目上马，已上项目应限期改进工艺技术。立足提高资源配置效率，加快推进跨地区、跨行业、跨所有制的兼并重组，支持优势企业并购落后企业和困难企业，鼓励强强联合和上下游一体化经营，优化产业布局，提高光伏产业集中度和资源利用效率。

☞ 借助区位优势力促锦州迈向
"绿色能源之都"

辽宁省锦州市市长　王文权

锦州地处辽宁省西南部，下辖 5 个市辖区、4 个县（市），面积 10301 平方公里，人口 310 万。

近几年来，锦州市坚持把节能减排作为落实科学发展观、调整经济结构、转变发展方式的切入点和突破口，摆在了更加突出的位置，全面落实节能减排目标考核责任制，积极推进节能减排工程建设和新技术应用，加快淘汰落后产能。在全力推进减排的过程中，该市逐渐探索建立起目标考核、区域限批、污染补偿等管理体制和工作机制，并以严格的执法保证各项政策和举措的高效实施。"十一五"前三年，锦州市单位 GDP 能耗已累计降低了 15.9% 以上。到 2009 年底，有望超额完成"十一五"期间单位 GDP 能耗降低 21.8% 的约束性指标。

一、制订切实可行方案，建立起完整的节能减排制度体系

锦州市不仅成立了由市长任组长的节能减排工作领导小组，而且市政府还先后制定出台了《锦州市节能减排工作实施方案》、《锦州市工业固定资产投资项目节能评估和审查工作暂行办法》、《锦州市单位 GDP 能耗考核体系实施方案》等一系列政策文件，构成了比较完整的节能减排制度体系，全市节能减排工作逐步走上了规范化、制度化的轨道。与此同时，进一步建立健全了节能减排目标责任工作机制，将节能减排工作纳入了各级政府的工作核心和年度考核重点，实行严格的问责制和"一票否决"制。加强对高能耗、高污染的重点行业和重点企业的监督管理力度，开展了年耗能 1000 吨标煤以上的重点耗能企业能源

审计和循环经济试点工作，对锦州华龙铁合金厂钼系产品深精加工等11个项目进行了节能评估和审查，并对1个高耗能、高污染项目予以否决。

二、强化财政资金支持，加大企业节能减排技改投入力度

锦州市始终把推进技术进步作为确保"十一五"节能目标完成的重要举措，加大节能技术改造项目的投入力度。通过国家、省"以奖代补"的形式为企业注入节能资金，共为中信锦州铁合金股份有限公司电炉煤气综合利用、锦州宏丰印染厂有限公司拉绒布节能技术改造等12个重点节能项目注入资金6000万元，解决了企业项目建设资金不足的实际问题，大大提高了企业实施节能技术改造的积极性和主动性。为加强生态环境保护工作，锦州市还加大工作和资金投入力度，确保了锦凌水库的如期开工建设。该项目不仅有效解决了全市水资源短缺、城区和沈山线铁路防洪标准过低等问题，而且切实改善了地下水环境现状，将从源头上解决未来面临的地下水环境恶化问题。

三、发挥区位比较优势，奋力迈向"绿色能源之都"

借助辽宁"五点一线"沿海经济带重要一点的地位优势，锦州把绿色、环保、科技含量高的光伏产业作为新兴支柱产业，加快建立低成本多晶硅、单晶硅及硅片、太阳能电池及组件等硅材料生产基地。几年来，锦州市委、市政府咬定目标不松劲，通过体制创新、科技创新、服务创新，推动全市光伏产业集群式发展，形成了在全国最具竞争优势的比较完整的光伏产业链条，开创了相互依托、相互配套的园区加基地建设的产业布局。目前，全市光伏产业发展已经呈现出规模化、集约化、集群化的发展态势，光伏产业产值已从2005年的不足5亿元发展到2008年的30亿元。300千瓦光伏发电站的投产并网发电，更是标志着锦州太阳能产业进入了快速发展的新阶段。不远的将来，光伏产业必将成为锦州的支柱产业，锦州也将真正成为辽宁的"绿色能源之都"。

四、把握增减有法原则，稳步推进产业结构调整

针对以重化工业为主、排放强度大的市情，锦州市不断加大对新能源和可再生能源的投入，对能耗高、效率低的行业采取淘汰机制，通过增加新能源、削减落后产能来转变经济增长方式，稳步推进能源结构调整。具体工作中，通过产业政策引导等措施，鼓励企业走绿色之路，淘汰技术落后、浪费资源、污染严重的产品，从源头上控制高耗能行业。近几年来，相继淘汰了铁合金行业落后生产工艺的反射炉 70 台（套），新建回转窑 27 台（套）。华润电力（锦州）有限公司积极启动"上大压小"发展战略，准备拆除现有的 6 台 200MW 火电机组，上马 2 台单机容量最大、能耗水平最低的 1000MW 火电机组。锦州市还依托集中供热项目，对耗能高、污染重的分散热源实施联并网改造，淘汰小锅炉，使全市集中供热普及率达到 85%，所辖 4 个县城也全部实现集中供热，既减少了烟尘排放和扬尘污染，又实现了供热节能。市政府还集中对全市造纸企业进行全面整治，金城造纸股份有限公司、黑山永丰造纸有限公司被勒令停产治理，13 家小造纸企业被关闭。对 6 家市管重点二氧化硫排放单位下达限期治理通知，减少二氧化硫排放量 4 万余吨/年。凡是对节能减排有利的项目，锦州市都给予积极支持，不仅开辟了优先进行环评和环保审批的"绿色通道"，而且还在环保专项资金的补贴上给予倾力支持。

五、注重资源综合利用，加快循环经济和清洁生产发展

围绕"减量化、再利用、资源化、无害化"原则，锦州市认真贯彻落实国家资源综合利用的优惠政策，鼓励发电厂、热电厂、企业自备电站和供暖公司对排放的粉煤灰、炉渣等固体废弃物进行回收，推进资源综合利用工作。加大对获得省综合利用认定项目的监管力度，对申报企业产品进行抽样检测，不符合认定条件的，限期整改；不符合有关规定的，不得享受资源综合利用优惠政策，取消其认定资格。组织实施了

黑山国能发电厂生物质发电、北镇五峰米业稻壳发电等 26 个资源综合利用项目，资源综合利用年创产值 6.7 亿元，销售收入 6.9 亿元。市环保局会同市水资源办、市节能中心、市节水办制定了《锦州市工业企业水平衡测试计划》，截止目前共为 34 家企业进行了水平衡测试。推进了沈宏公司、锦州铁合金股份有限公司、辽宁西洋特肥股份有限公司、锦州石化公司等 32 家重点企业循环经济和资源节约项目的实施。特别是一些铁合金企业摒弃落后工艺，加快结构调整，通过研发、引进和应用先进的布袋收尘技术、二氧化硫回收技术等，使冶炼的回收率达到 98% 以上，二氧化硫的回收率达到 99%。

六、开展专项整治行动，加大重点治污项目的督办力度

为重点整治超标排污和超总量排污的违法行为，市环保局与相关部门密切配合，开展了"清理整顿违法排污企业，保障群众健康"专项行动，出动执法人员 1256 人次，检查企业 453 家次，对存在问题的 82 家企业，按照相关的法律法规依上限严厉处罚，有效地打击了环境违法行为，切实解决了一批群众关心的热点、难点问题。市环保局投资 440 万元建设了污染源自动监控中心并已投入使用，启动了在线监控系统，对企业污染治理设施运行情况进行监控。目前已安装完成 20 家企业污水处理厂的在线监视设备以及 5 个高空烟尘监视设备。同时，市政府投资 160.8 万元、10 家国控重点企业投资 321.6 万元安装了在线监测仪器，并实现与省市环保局联网。锦州市 5 座县域污水处理厂全部建成并投入运行，全市形成了日新增污水集中处理 10.5 万吨、年减排化学需氧量 3800 吨的能力。

七、树立全民节约意识，推动节能减排工作向纵深发展

推进节能减排，仅靠政府的推动引导和企业的狠抓落实是不够的，还需要社会各界特别是全体城乡居民的支持和参与。市政府号召全市党政机关带头节能减排，制订出台了《锦州市党政机关节能减排工作方

案》，在省内率先完成市政府办公大楼能源审计工作，为全市节能减排起到了重要的示范带动作用。市环保局、市妇联等部门联合举办了"建设滨海新锦州，节能减排家庭社区行动"启动仪式。社区妇女志愿者代表发出"节能减排倡议"，呼吁全市妇女姐妹积极行动起来，从家庭生活中的小事做起，养成使用节水器具、节能电器、菜篮子、布袋子以及注意一水多用等良好习惯。同时，还大力开展财政补贴高效照明产品推广工作，在市内设置了定点销售和售后服务商业网点，先后在《锦州晚报》刊登了 18 篇相关文章，对节能灯推广工作进行跟踪报道，极大地激发了广大市民购买节能灯的热情，仅 3 个月时间全市就发售节能灯7.5 万支。锦州市节能减排的成功做法和显著成果受到各级新闻媒体的高度关注，《光明日报》、《辽宁日报》、《锦州日报》等先后刊发 20 余篇文章，对此跟踪报道。其中，在《辽宁日报》大篇幅发表的《增减锦州能源结构调整稳步推进》、《锦州工业发展信守"绿色思维"》在社会上引起强烈反响。

☞ 大力开展农村可再生能源
开发建设推动农业经济可持续发展

——道里区农村可再生能源开发利用经验材料
哈尔滨市道里区人民政府

近年来，我区在市委、市政府的正确领导下，大力开展农村可再生能源开发建设，积极推进节能减排工作，使农村经济得到了健康快速发展。

一、科学规划、典型示范，是做好新农村可再生能源工作的重要前提

道里区农村位于哈市西郊，幅员面积 440.6 平方公里，耕地 23.4 万亩。是农业部命名的全国首批百个无公害农产品生产基地和全省绿色食品十强县（区）之一，奶牛存栏量位居哈尔滨市城区第一，具备推进农村可再生能源建设的基础。为此我们着重抓了以下几点工作。一是抓技术培训。派人参加沼气技术培训班，并有 50 多人取得了《沼气生产工》资格证书，为区沼气建设奠定了人才基础。二是超前规划。我区先后聘请了省农科院、省、市能源办等方面的专家领导，在深入调研、征求民意、反复论证的基础上，制定了城郊特色鲜明的农村可再生能源建设规划，做到规划一步到位，建设分步实施。在全区农村可再生能源建设目标定位上，确定以实施沼气国债项目为依托，综合开发太阳能、沼气、生物质能等能源，加快污水净化处理的综合利用，努力打造全市郊区农村可再生能源建设的大区。在试点镇规划上，确定了太平镇能源建设示范镇、立功村太阳能及沼气开发利用示范村、万家村节能减排示范村的镇村目标定位，形成了"推广农村'四位一体'沼气池、燃池技术、日光节能温室和新建阳光塑料大棚、建设太阳房"的分步规划。

二、增"增收、增加投入，是做好新农村可再生能源工作的物质基础

一是注重培育循环经济链，实现农产品增值增效。我区菜、奶、菌等主导产业已具规模，具有延伸粪—沼—肥，即养—沼—种循环经济链的基础条件。为此，投资80多万元，在新农镇新兴村标准化温室内新建了14个沼气池，同时进行"一池三改"，建设猪舍、厕所和厨房。通过对沼气的综合开发利用，取得良好的经济效益、生态效益和社会效益。目前，有8个企业引进了沼气和粪肥处理等农村可再生能源项目，实现了增产增效。

二是注重标准化能源基地建设，扩大沼气生产规模。我区奶牛存栏3.3万多头，发展沼气粪肥资源十分丰富。为此，我区在养牛最多的立权奶牛小区，建设了一处容积为600立方米的大型沼气池，同时配套建设年产0.5万吨有机肥加工厂以及一个功能齐全的沼气教学实验基地。该有机肥加工厂年可处理2万多吨牛粪，相当于立权村年牛粪产量的70%以上。按每立方米原料产沼气1立方米计，每年可生产沼气22万立方米。

三是注重引进能源专业企业，开辟农民增收新途径。为提高沼气能源建设的市场化程度，我区引进了专门从事农村沼气和大中型沼气工程施工建设的专业企业——哈尔滨惠民新能源有限公司，并且把沼气预制构件厂落户在立权村，从四川引进了钢筋混凝土沼气预制板材生产工艺，生产加工各种规格的农村户用水压式沼气池所用的全套预制构件。同时，在望哈村建设了寒地乡村太阳能沼气生产示范装置和太阳能沼气综合利用生态酒店，年吸纳30多名农民务工，开辟了农民增收的新渠道。

三、改善环境、强化基础，是做好新农村能源工作的有效途径

农村可再生能源建设的成果要更多地惠及广大农民，就要不断地加强与农民生活息息相关的能源设施建设，做到"三个到户"。

一是能源小区示范入户。今年我区首次在新农镇万家村示范建设了一处多能互补、综合利用太阳能、沼气、生物质能的能源小区。聘请了哈市规划设计院负责规划设计，首期在新农镇万家村投资 1000 多万元，基本建成总占地面积 1.4 万平方米的高标准太阳能与沼气、生物质能、污水净化处理的综合利用农村能源的能源示范生态小区，该小区已经建成太阳房住宅 13 栋，可供 26 户农民居住使用。

二是能源成果转化到户。积极利用太阳能采暖技术，300 多户房屋采用被动式太阳能采暖房配套安装太阳能热水器；对 31 个太阳能路灯进行了维修改造；利用沼气技术，新建了 1190 个"一池三改"沼气池；建设了 80 个管节能炉，50 个小型秸秆汽化炉和 60 个小型风力发电机等。

三是能源技术指导到户。为解决沼气后期物业管理问题，我们在立权村建设了一处标准化农村沼气服务站，在站内配置多套进出料设备（农用三轮车、粉碎机、真空泵和沼液储罐等）和一套甲烷检测及维修设备。沼气服务站按照市场化运行方式，既可为太平镇全镇沼气用户服务，还解除了周边沼气用户后顾之忧。

四、创新机制、严格管理，是做好新农村能源工作的根本保障

一是构建了三级组织推进机制。不断调整完善区农村能源建设工作机构，形成了区、镇、村三级农村能源工作力量。并把农村可再生能源建设工作列为全区 50 个重点推进大项目之一，党政领导包保推进，同时把农村可再生能源建设纳入镇村干部业绩考核范围，按年度细化分解任务，实行目标动态管理。

二是构建了项目管理机制。严格按照《农村沼气建设国债项目管理办法》要求，对国家下达计划的建设内容、建设标准、建设规模和建设地点认真组织实施，在财务管理上推行"专户存储、专款专用、专人管理、封闭运行"的管理方式，保证了项目建设资金专款专用，发挥了国

债资金的最大效益。

　　三是加大农村可再生能源资金投入。为充分调动农民开发可再生能源的积极性。我区加大政府投入，先行垫付资金，示范建设了一些附带 4 乘 6 平方米小型温室的沼气池和 5 个 100 立方米的中型沼气池。太平镇立功村还划拨部分资金推广沼气项目。在村党支部的带领下，全村 670 多户居民全部发动起来，主动出资投劳，已建成标准沼气池 200 多个，同时建成全省第一条太阳能路灯村，建设达到了试点村的建设水平。

☞ 新能源产业是不足而非过剩
5 年内将爆发式增长

《中国经济周刊》记者　王红茹　实习生　张嘉佳/北京报道

新能源产业过剩了吗？

随着国家发改委将钢铁、水泥、平板玻璃、煤化工、多晶硅、风电设备六大行业列入重点调控目录，新能源产业是否过剩，这一问题正在引发热烈的讨论。而工信部和科技部截然相反的判断，更成为讨论焦点之一。

本刊记者就"过剩"与否采访了发改委、科技部等部门相关专家。

一、发改委：中国产能过剩是全面性的

产能过剩的矛盾由来已久。国家发改委宏观经济研究院副院长马晓河接受《中国经济周刊》采访时认为，目前产能过剩的不仅是上述六大行业，中国的产能过剩是全面性的，工业和工业相关的行业都过剩，比如服装、鞋帽、手机、彩电、冰箱、洗衣机、摩托车等。

"主要是因为中国的产业是外向型的，对外依存度高达 60% 以上，尤其是随着金融危机的爆发，外需骤然减少，出口甚至出现了负增长，无形中大大增加了国内的压力。而国内又消耗不了，产能过剩问题就凸显出来。"马晓河说。

毫无疑问，对钢铁、水泥等过剩传统产业的调整和限制是适时和必须的。

但是，中国科学技术发展战略研究院专家调研后认为，新能源产业才刚刚起步。从长远看，新能源产业不是过剩问题，而是远远不足的，市场对新能源产业的需求在未来 3—5 年会出现爆发式增长。

二、科技部调研：多晶硅缺口 2 万吨

多晶硅是半导体产业、信息产业和太阳能光伏发电产业最基础的原材料。近年来，随着全球太阳能光伏产业的快速发展，全球晶硅市场出现了爆炸性增长。但是 2008 年以来，受国际金融危机冲击，国外太阳能电池需求严重萎缩，多晶硅价格大幅度回落，直接影响了我国多晶硅产业的发展。

那么，多晶硅真的过剩了吗？

为了摸底光伏产能，中国科学技术发展战略研究院课题组不久前对国内风电和多晶硅生产厂家进行了调研。由此得出判断：多晶硅和风电这两个新能源产业依然是应该大力、快速发展的行业，目前的问题是怎样推动这两个行业更好更快地发展，而不是简单地抑制。

主持调研的中国科学技术发展战略研究院产业所所长刘峰认为："虽然我国晶硅产能扩张很快，但是由于建设周期以及市场波动的原因，晶硅产业一直存在供不应求的现象。目前我国在现实需求上还有缺口，多晶硅依然需要进口。"

刘峰告诉《中国经济周刊》，他们在进行了一系列调研后得知，2008 年，我国多晶硅环节产量为 4500 吨，多晶硅需求已超过 20000 吨，这就意味着 3/4 左右的需求还需依靠进口来满足。如果 2009 年国内的光伏电池产量即使保持在 2008 年的水平（2300 兆瓦），按照每兆瓦光伏电池需要 12 吨晶硅的行业平均水平计算，共需 28000 吨多晶硅。估计 2009 年国内的多晶硅产量有可能突破 1 万吨，这意味着 2009 年还将至少进口近 2 万吨多晶硅，才能满足国内的生产需求。

"由于多晶硅属于高耗能和高污染产品，在国家节能减排的大背景下，对其进行规制是应该的。但是宏观调控应该本着促进行业技术升级的角度，否则会对民间投资起到抑制作用。"刘峰向《中国经济周刊》提醒，多晶硅是否过剩，要从整个能源发展的方向和整个产业链的布局进行总体分析，要用发展的和更宏观的眼光看待，而不是用相对静态的

眼光来看。

毋庸置疑，太阳能光伏产业是我国发展新能源、推动经济结构调整、培育战略性新兴产业的重要方向，而目前，这个产业正处于发展的重要时期。

"太阳能光伏产业的发展反映了新兴产业发展初期的阶段性特点，是发展中的问题，只能通过发展的办法来解决。我们应该科学把握晶硅产业的发展规律，着力解决发展面临的问题，推动太阳能光伏产业更好更快发展，而不是限制。"中国科学技术发展，战略研究院常务副院长王元告诉《中国经济周刊》。

三、风电产能过剩"被夸大了"

根据官方统计，全国的风能电站，大概30%左右是在"晒太阳"，没有运转。

"这个问题看怎么理解。一些研究者理解'产能过剩'，往往把产能认为是现存生产能力、在建生产能力和规划生产能力的总和大于实际消费能力的总和，就是产能过剩。我们认为，就风电产业看，规划产能（包括在建产能）等都是未（完全）实现的生产能力，即使完全建成，也要有 1－2 年的低产期。如果把这些都计入实际生产能力，无疑会夸大市场的供求失衡。"参与调研的陈志博士说。

中国科学技术发展战略研究院不久前调研了解到，目前在我国风机领域，第一梯队是华锐、金风和东汽三家，几年前就已具备批量生产能力。第二梯队是上海电气、明阳、湘电等不到 10 家企业，从 2008 年开始进入批量生产阶段。第三梯队包括华创、汉维等 20 多家企业，刚刚生产出样机或正在进行小批量试制。第四梯队的几家企业刚进入行业，还没有推出产品。此外，还有一些企业也提出了风机制造规划，但还没有实际动作。而目前真正具有产能的是前两个梯队的企业，其中又以第一梯队的三家企业为主。

"因此，把可能的或规划上的产能都计入实际产能，对'产能过剩'的估计显然是夸大了。"陈志博士说。

风能是未来可以发展的一个方向，在刘峰看来，当前存在一定的风能过剩，主要是由于电网建设和风电场建设不协调，造成部分风电场不能及时并网或并网后出电受限，现行的调度机构对风电场也缺乏调度经验和技术手段。

"相当于产品生产出来卖不出去，没人买就显得过剩了。国家电网首先要允许上网，才能上网去销售。"刘峰告诉《中国经济周刊》。

目前，电网瓶颈成为新能源发展中的一个突出问题。

"目前以风能、太阳能为代表的新兴产业出现的'产能过剩'，实际上是一种典型的阶段性和瓶颈性过剩。如果要使新能源行业向前发展，当务之急是赶紧把后头的那只脚迈出去，而不是把迈出去的那只脚再收回来，要完善电网，而不是抑制风能。我们绝不能因噎废食，错过驱动未来发展和抢占全球竞争制高点的大好时机。"王元进一步强调说。

191

四、美国 First Solar 公司与鄂尔多斯市就 2 千兆瓦太阳能光伏项目签署合作框架协议

中国经济周刊 2009 年 11 月 17 日讯（记者宋雪莲）今天，美国 First Solar 公司与中国政府就合作建设位于内蒙古自治区的太阳能光伏发电厂项目签署了合作框架协议。至此，双方在建设这一世界上最大的太阳能光伏发电项目的合作上迈出了关键的一步。

First Solar 公司总裁 Bruce Sohn（宋博思）及鄂尔多斯市市长云光中共同签署了关于建设 2 千兆瓦太阳能光伏发电厂的合作框架协议。该协议进一步细化了该项目的落实与执行，以及定于 2010 年 6 月 1 日启动的 30 兆瓦第一期示范工程的具体细节及本地支持。除此之外，First Solar 和鄂尔多斯市达成协议，将分别建立两个工作委员会以保证该项目的成功实施并协助鄂尔多斯建立新能源产业。中国国务院副总理李克强、国家能源局副局长刘琦及美国能源部部长朱棣文出席了签约仪式。

First Solar 首席执行官 Rob Gillette 表示："作为世界上最宏大的可

再生能源项目之一，该合作框架协议的签订得到了中国能源局的支持，这标志着鄂尔多斯项目在审批过程中取得的关键性的进展。这一合作的深化再次表明了中国政府、鄂尔多斯市政府以及 First Solar 公司的承诺与决心：为推动中国太阳能产业的健康发展及减少温室气体排放做出应有的贡献。"

据悉，此次签字仪式是中美高峰论坛的重要组成部分。美国总统巴拉克·奥巴马与中国国家主席胡锦涛针对清洁能源等议题进行了探讨。Rob Gillette 表示："奥巴马总统的北京之行将进一步巩固中美双边关系。First Solar 希望通过这次合作框架协议的签订为两国的商务交流做出进一步贡献。"

鄂尔多斯市市长云光中表示："太阳能在实现中国低碳经济未来扮演着重要的角色。我们为携手全球太阳能行业领军者，合作建设这一世界领先的太阳能光伏项目而感到由衷的高兴。"

《中国经济周刊》获析，该项目将分期完成，一期工程为 2010 年 6 月 1 日开工建设的一个 30 兆瓦的示范项目；二期、三期和四期项目分别为 100 兆瓦、870 兆瓦和 1000 兆瓦。二期和三期将在 2014 年完成，而四期工程将于 2019 年完工。这座太阳能光伏发电站位于内蒙古鄂尔多斯市的新能源产业示范园区。该园区按规划建成后将拥有 11950 兆瓦的产能，包括太阳能、风能、水能和生物质能，为包括中国首都北京在内的地区供应可靠的可再生能源。

而此前一天，宋博思代表 First Solar 参加了由国家能源局副局长刘琦、美国能源部部长朱棣文、商务部部长骆家辉、美国贸易代表柯克以及中美企业代表出席的中美清洁能源圆桌会议。期间，宋博思发表演讲阐述了可再生能源的重要性。宋博思表示：中国在支持太阳能的发展及鄂尔多斯项目中的远见卓识将"为世界树立可再生能源发电的典范"。鄂尔多斯项目以其规模效应将大幅降低成本，在不远的将来真正实现对太阳能的可持续应用。通过与中国的合作伙伴分享 First Solar 全球领先的光伏技术及项目经验并专注于不断降低成本，保护环境，First Solar

承诺将努力为协助中国建立一个可持续的太阳能行业并实现低碳经济未来尽一臂之力。

　　据悉，谅解备忘录阐述了各相关方就项目本身及有关事宜达成的共识。双方的最终协议将以具体合同的谈判和执行为准。

☞ 非粮木薯变身"燃料乙醇"
替代石油成为可能?

中国经济周刊 记者 宋雪莲

一种普遍产于我国南方的长年生高产植物木薯,经过加工变成燃料乙醇,便可将其作为绿色能源替代汽油使用。"木薯"摇身一变,成为了紧俏的可再生绿色能源。

天津大学石油化工技术开发中心的一项技术,应用于广西中粮生物质能源有限公司年产20万吨木薯燃料乙醇装置中,它的成功运行揭开了我国继以玉米等粮食作物作为原料生产燃料乙醇后,以非粮为原料生产燃料乙醇的序幕。据天津大学石化中心教授张敏华介绍,在世界能源短缺的今天,发展替代石油新能源是当今世界的一种潮流,也是关系到我国能源和经济安全的重大战略。而随着世界燃料乙醇产业的快速发展,玉米等农作物的用量以及价格的与日俱增,粮食原料成为制约燃料乙醇产业进一步发展的瓶颈,发展"非粮"生物乙醇已成为世界范围内生物乙醇技术的发展趋势。

一、乙醇汽油消费量已占全国汽油消费量的20%

据悉,生物质能源是通过绿色植物、藻类和光合细菌的光合作用贮存于生物质中的能量,是太阳能的有机贮存。在所有的生物质能源中,技术最成熟,推广量最大,最有发展前景的产品就是生物燃料乙醇。有关部门检测表明,使用10%(v/v)掺混比例的燃料乙醇汽油,可使汽车尾气中的CO、CH化合物的排放量分别下降30.8%和13.4%。

2007年,世界燃料乙醇产量已近4000万吨。我国对推广使用车用乙醇汽油的工作非常重视,2001年4月发布了《变性燃料乙醇》及

《车用乙醇汽油》两项强制性国家标准。2008 年，我国生产燃料乙醇产品约 153 万吨，乙醇汽油消费量约占全国汽油消费量的 20%，目前，中国已经成为世界第三大生物燃料乙醇生产国和应用国。

木薯（Cassava）是一种多年生植物，植株高 2～3m，茎杆直径 5cm，广泛产于热带和亚热带地区的丘陵地带。该作物适应性强，四季都可种植，有利于全年供应原料。我国木薯的主要产地是广东、广西、福建和台湾，仅广西鲜木薯年产量就达 700 万吨左右。发展以干木薯或鲜木薯为原料的木薯燃料乙醇产业符合我国《"十一五"规划纲要》有关生物质能源的指导思想和要求，制得的乙醇产品与汽油按一定比例混配成车用乙醇汽油，即可替代汽油使用。

广西中粮生物质能源有限公司"年产 20 万吨木薯燃料乙醇生产示范工程"是我国"十一五"批准的第一家以非粮为原料生产燃料乙醇产品的示范工程，也是目前世界上单套规模最大的木薯燃料乙醇生产装置。该工程装置总投资额为 75256 万元人民币，于 2007 年 12 月一次投料试车成功；从 2008 年 3 月至 2009 年生产燃料乙醇 19.36 万吨，实现了新增税收 3403 万元，新增利润 7044 万元。

示范装置建成投产后，引起世界多个国家的广泛关注，包括美国、巴西、哥伦比亚、尼日利亚、印度尼西亚、马来西亚、泰国、越南、老挝、韩国、日本等国的政要和企业代表纷纷前来参观，寻求与我国在木薯燃料乙醇生产技术领域的合作机会，目前，天津大学已就出口该成果的成套生产技术及装备的有关事宜同国外一些公司达成了多个合作意向。中粮集团公司已计划将继续采用该技术建设"梧州年产 30 万吨木薯燃料乙醇生产装置"。该成果作为支撑大规模非粮燃料乙醇产业发展的平台技术，对于我国正在推进的薯类、木质纤维素和甜高粱等非粮燃料乙醇生产技术的发展起到了积极的推动作用。

二、木薯燃料乙醇汽油的生态路径

天津大学石化中心教授张敏华领导的科研团队多年来开展了燃料乙

醇原料多元化、关键工艺、大型装备以及过程集成与强化的研究工作，经过一系列科技攻关工作，突破了制约我国燃料乙醇产业发展的关键技术难题，并在技术创新上实现了跨越式发展，形成了具有自主知识产权的木薯燃料乙醇成套技术。目前该成果已申请了 12 项国家专利，9 项已获得授权，并形成多项专有技术；2008 年，"燃料乙醇生产方法"获第十届中国专利优秀奖；对生产装置的建设和试车提供了全面技术指导，为全面提升我国木薯燃料乙醇生产技术水平、建设和发展我国非粮燃料乙醇产业作出了重要贡献。

天津大学石化中心还依托生物质能源领域的技术优势，与中粮集团建立了长期合作关系，从 1996 年开始与中粮生物质能源（肇东）公司前身——黑龙江华润酒精公司进行了卓有成效的合作，建成了当时中国最大生产规模的年产 20 万吨优级食用酒精生产装置，完成了我国第一套燃料乙醇脱水示范装置项目。

广西中粮"年产 20 万吨木薯燃料乙醇生产示范工程"的技术开发、工程化及装置亦是产学研合作的成功典范，该合作充分发挥了学校和企业的各自优势，建立了跨行业、跨学科、多层面的研究及工程化体系，在取得重大科研成果的同时，企业也获得了新的经济增长点，据悉，该工程年需鲜木薯约 150 万吨，鲜薯价格已经由原来的 350 元/吨提高至 450 元/吨，每亩产量由原来的 1.3 吨提高至 1.8 吨，全年可带动农民增收 3.55 亿元，并可以提供 650 个就业岗位。此外，木薯燃料乙醇汽油的推广使用，替代了部分燃油，减少了污染物排放，促进了社会经济发展和农民增收，取得了显著的社会效益和生态效益。

第六编

制度建设与产业结构优化

导读：制度建设是经济社会的全面转型、产业结构调整、绿色增长与生态文明建设运行机制方面的重要保障，也是经济社会发展模式的一种定位。科学发展理念、科学运行机制、现实可操作的执行方案三位一体，构成了推动传统经济发展模式向现代经济发展模式转变不可或缺的重要元素。

☞ 循环经济立法研究与节能减排制度安排

国务院参事　冯之浚

新世纪新阶段，中国以科学发展观统领全局，坚持科学发展，促进社会和谐，提出要转变发展观念，创新发展模式，提高发展质量，把科学发展理念落实到"十一五"规划的各个方面和全过程，建设资源节约、环境友好、经济优质、自主创新、社会和谐的小康社会。发展循环经济是落实科学发展观、实现经济发展方式根本性转变的重要途径。如果不大力发展循环经济，转变经济发展方式、社会消费方式和文化思维方式，我国的资源能源将难以支撑，生态环境将难以承受，国家竞争力将难以持续，国家安全也将难以保证。

一、循环经济是一种发展模式

循环经济是一种新的经济发展模式。所谓循环经济，就是按照自然生态物质循环方式运行的经济模式，它要求遵循生态学规律，合理利用自然资源和环境容量，在物质不断循环利用的基础上发展经济，使经济系统和谐地纳入到自然生态系统的物质循环过程中，实现经济活动的生态化。其本质上是一种生态经济，倡导的是一种与环境和谐的经济发展模式，遵循"减量化、再利用、资源化"原则，采用全过程处理模式，以达到减少进入生产流程的物质量、以不同方式多次反复使用某种物品和废弃物的资源化目的，是一个"资源——产品——再生资源"的闭环反馈式循环过程，实现从"排除废物"到"净化废物"再到"利用废物"的过程，达到"最佳生产，最适消费，最少废弃"。

人类社会在经济发展过程中经历了三种模式，代表了三个不同的层次。第一种是传统经济模式。它对人类与环境关系的处理模式是，人类从自然中获取资源，又不加任何处理地向环境排放废弃物，是一种"资源－产品－污染排放"的单向线性开放式经济过程。在早期阶段，由于人类对自然的开发能力有限，以及环境本身的自净能力还较强，所以人类活动对环境的影响并不凸显。但是，后来随着工业的发展、生产规模的扩大和人口的增长，环境的自净能力削弱乃至丧失，这种发展模式导致的环境问题日益严重，资源短缺的危机愈发突出。这是不考虑环境的代价的必然结果。第二种是"生产过程末端治理"模式。它开始注意环境问题，但其具体做法是"先污染，后治理"，强调在生产过程的末端采取措施治理污染。这种办法在遏制污染过程中起到了一定的作用，但是随着经济规模的不断扩大，治理的技术难度也增大，不但是治理成本畸高，而且生态恶化难以遏制，经济效益、社会效益和生态效益都很难达到预期目的。第三种就是循环经济模式，也称为全过程治理模式。

在现实操作中，循环经济遵循的基本指导原则包括减量化原则、再利用原则、资源化原则。减量化原则要求在生产、流通和消费等过程中，尽可能减少资源消耗和废物产生。再利用原则要求将再生资源直接作为产品或者经修复、翻新、再制造后继续作为产品使用，或者将再生资源的全部或者部分作为其他产品的组件或者部件予以使用。资源化原则，即资源综合利用原则，包括在矿产资源开采过程中对共生、伴生等矿产进行综合开发与合理利用；对生产过程中产生的产业废物进行回收和合理利用；对流通、消费后废弃的产品进行回收和再生利用。循环经济立法中所指的循环经济，是指在生产、流通和消费等过程中进行的减量化、再利用、资源化活动的总称，也就是资源节约和循环利用活动的总称。实践证明，循环经济是对传统经济发展理念、资源利用模式和环境治理方式的重大变革。发展循环经济，有利于提高经济增长质量、节约资源能源和改善生态环境，是建设资源节约型、环境友好型社会的重要途径，是落实科学发展观、实现可持续发展的必然要求。

二、我国循环经济立法的特色

我国循环经济立法要贯彻科学发展观，坚持自己的特色。凡事都要将时代特征、中国特色、行业特点和自身特长有机结合，以特色为主，兼顾其他。循环经济立法，一方面要总结国内外大量的实践经验，另一方面要借鉴国外有益的作法，形成有特色的循环经济立法。由于我国所处的社会经济发展阶段不同，面临的环境与可持续发展问题不同，因此，我国的循环经济法与其它国家的循环经济法相比有着自己的特征。

（一）我国的循环经济法是一部综合管理法。

综观我国循环经济法的制定过程，可以看出它具有符合国情的鲜明特点。它是一部综合管理法，不是单项法。国外关于循环经济的立法，多由经济专门机构负责，往往带有很重的单项法的色彩，而我国在立法时，是由全国人大环资委牵头，协同全国人大法律委、财经委、常委会法工委、国家发改委和国家环保总局的有关部门共同参加法律的起草工作，层次高，立意深，表明我国的循环经济法并非单一法，而是涉及众多相关部门的综合性管理法律。立法的目的是为了实现"投入最小化、废物资源化、环境无害化"，达到以最小发展成本获取最大经济效益、社会效益和环境效益的综合目的。

与其他国家循环经济法的发展历程相比较，能更清楚地了解，我国循环经济法的这一显著特征。如日本的循环经济立法从孕育、产生到不断健全和完善，都体现出了明显的环境保护色彩。1994 年，日本内阁制定环境基本计划，首次提出"实现以循环为基调的经济社会体制"。《环境白皮书》提出"环境立国"的新战略，将环境保护提到了国家战略的重要地位。尽管已经做出上述努力，但是由生产和消费产生的废弃物仍然是日本面临的主要国内问题之一。为此，在 1996 年的《环境基本法》之下，日本于 2000 年召开"环保国会"，参众两院表决通过和修订了《促进资源有效利用法》等多项法规，并相继颁布实施了废弃物处理、资源有效利用、政府绿色采购以及涉及容器包装、家电、建筑材料、食品和汽车再生利用等八部专门法。显而易见，日本的循环经济立法起源于废弃物问题，以解决环境污染问题为目标，旨在解决整个社会发展进程中面临的环境问题，基本上是以环境保护为中心的法律。

（二）我国的循环经济法是一部减量化优先的全过程治理法。

由于世界各国发展阶段的不同，发达国家的循环经济立法多强调"资源化"而比较轻视"减量化"，多强调"环境保护"而比较轻视"综合效应"。而我国循环经济立法遵循"减量化是循环经济第一法则"的要求，重点强调"减量化"，从而保证在发展的源头上实现资源节约，在发展的过程中实现多重利用，在发展的结果里实现综合效益。

德国的循环经济立法与实践在世界上广受好评，被公认为领先国家之一。德国是一个矿产资源并不丰富的国家，经过工业化的大量消耗，不可再生的矿产资源所剩无几，与此同时，"堆积如山"的废弃物中却有大量的废旧物资，如废钢铁、老旧汽车、废家电等，这在客观上就要求对废弃物进行再生利用，以降低经济发展的成本。此外，由消费带来的日益增加的垃圾（包括工业和消费领域的废弃物），也成为德国面临的最大国内环境问题之一。到上世纪中后期，德国意识到，简单的垃圾末端处理并不能从根本上解决问题。于是，德国在1996年制定了《循环经济和废弃物管理法》。该法的目的是彻底改造垃圾处理体系，建立产品责任（延伸）制度，要求在产品的生产和使用过程中尽量减少垃圾的产生，在使用后要安全处置或重新被利用。因此，德国的循环经济立法是由垃圾问题而起，重点是"垃圾经济"（3R和最终安全处置），并向生产体系（企业）中的资源循环利用延伸。

我国制定循环经济法的出发点在于转变当前落后的经济发展模式，建设资源节约型、环境友好型社会。我国目前正处在工业化加速发展阶段，不仅面临因人口增加和生活水平提高而来自消费环节的大量废物问题，更面临由于经济高速增长中生产经营粗放、资源能源利用效率较低、污染产生排放严重所引发的资源环境问题。我国的循环经济立法将着力解决能耗物耗过高、资源浪费严重、前端减量化潜力大的问题，实现资源的高效利用和节约使用。为此，我国循环经济立法遵循：发展循环经济应当在技术可行、经济合理和环境友好的条件下，以减量化优先为原则的指导思想开展工作。强调减量化比再利用和资源化优先的原则，包括了生产、流通和消费领域内所有的减量化活动。比如，不仅对"减量化"有一些原则性的特殊规定，还分别对"生产过程中的减量化"和"流通、消费过程中的减量化"提出了具体要求，突显了"减量化"在生产、流通、消费领域的重要地位；同时提出要在"减量化"的前提下，做到"再利用和资源化"。可以说，这是一部减量化优先与资源综合利用相结合的全过程治理法。

（三）我国的循环经济法是一部既有总体框架，又重点突出的法律。

我国的循环经济法既有一般综合法的框架，又突出主要工业行业和重点企业，着力解决影响我国循环经济发展的重大问题。比如，考虑到我国目前正处在工业化加速发展的阶段，钢铁、有色金属、煤炭、电力、石油石化、化工、建材、建筑、造纸、纺织、食品等主要工业行业资源消耗高，资源利用效率低，污染物排放量大，其中的大企业在资源消耗中又占很大比重。为了保证节能减排各项规划目标得以实现，当前和今后一个时期就应当对重点行业的高耗能、高耗水企业实行重点管理，抓住了这些重点企业，就等于抓住了资源节约和循环利用的关键。因此，我国循环经济法专门设立了重点企业管理制度，明确提出节能减排的强制要求。国家对钢铁、有色金属、煤炭、电力、石油石化、化工、建材、建筑、造纸、纺织、食品等行业内，年综合能耗和水耗超过国家规定总量的重点企业，实行重点管理，要求这些企业制定严于国家标准的能耗和水耗企业标准，并定期进行审核。

从实际出发，突出重点，着力解决主要矛盾，是我国循环经济立法的重要指导思想之一。通过解决主要矛盾和问题，逐步健全发展循环经济的法律制度。在今后的实施过程中，不断总结经验，及时地修改、补充和完善，以充分体现经济发展、资源节约、环境友好、人与自然和谐四者的相互协调和有机统一。

（四）我国的循环经济法是一部法律文本与配套法规有机结合的法律。

我国的循环经济法既要普遍适用于全国不同地区，又要涵盖从资源开采到废物最终处置的整个经济过程，还要突出重点行业和企业，解决当前资源节约、循环利用和环境保护的突出问题。因此，在循环经济法立法的同时，将会同有关部门研究制定与之配套，既能普遍适用，又能涵盖全面，还能解决突出问题的政策、法规、规范、制度、标准、技术支撑体系，为循环经济发展提供技术支撑体系的基本框架，为我国循环经济的科学发展提供法律依据、技术保障和行为规范。

目前，已出台的配套文件中，关于基本制度的有十一项，关于减量化的有二十四项，关于再利用和资源化的有十项，关于激励措施的有十六项。比如，与统计、标准等基本制度相配套，与国家质检总局职责相关的有三十多项标准，主要涉及节水、节材、可再生资源、废旧产品及废物的回收利用等四个领域，其中仅节水领域就涉及到《用水单位用水计量器具配备和管理通则》、《水嘴用水效率限额及等级》等十项配套文件。与评价和考核制度相配套的《循环经济评价指标体系及其考核规定》，由国家发改委会同统计局、环保总局等有关部门正在研究制定中。众多配套的规定、办法、标准、规划与循环经济法同步实施，保证了法律条文的严肃性和可操作性。

（五）我国的循环经济法是一部制度安排十分完善的法律。

我国的循环经济法，为循环经济的健康发展设立了多项基本制度，如建立循环经济规划制度，循环经济评价指标体系和考核制度，循环经济的标准、标识、标志和认证制度，以生产者为主的责任延伸制度，对重点企业资源节约和循环利用的定额管理制度，相关产业政策制度，激励制度以及政府、企业和公众责任的有关制度。这些制度规定准确地把握了我国发展循环经济的本质要求，确保权责明确、行为规范、监督有力、高效运转，体现了激励和约束两方面的机制和措施，为循环经济成为真正意义上的法治经济提供了制度保障。

三、节能减排与制度保障

节约能源降低能耗，减少污染物排放，是转变发展思路、创新发展模式、提高发展质量、加快经济结构调整，彻底转变经济发展方式的重要途径，为此，"十一五"规划提出了到 2010 年单位 GDP 能源消耗降低 20%，主要污染物排放总量减少 10%。但 2006 年，全国没能实现年初确定的节能降耗和污染物减排的指标。2007 年一季度，工业特别是高耗能高污染行业增长过快，占全国工业能耗和二氧化碳排放近 70%的电力、钢铁、有色、建材、石油加工、化工等六大行业增长 20.6%，同比加快了 6.6 个百分点，这给节能减排带来了新的压力。造成这种状况的原因是多方面的：经济发展方式转变成效不明显，粗放型的增长仍是主流，导致资源能源利用效率仍然较低、污染物排放量上涨；结构性污染增加了减排压力，高污染、高耗能行业的产能仍在扩张，产业结构调整进展缓慢，导致本该出局的落后企业仍占据市场份额；"十一五"规划主要污染物的约束性指标，是在 GDP 预期年均增长 7.5% 的基础上制定的，而 2006 年 GDP 实际增长比预期高 3.2 个百分点，导致污染物排放量相应增加；"十五"期间的"欠账"使治污项目约 47% 的计划投资没落实，导致重点治污工程未顺利完成，直接影响了减排指标的完成；同时，环境执法力度不够，"不依（法）、不严（格）、不（追）究"的现象时有发生。在节能减排工作中，对认识不到位、责任不明确、措施不配套、政策不完善、投入不落实、协调不得力等问题，必须高度重视认真解决。实现"十一五"期间的两个约束性指标，根本的途径是改变过去高投入、高排放的经济发展方式和末端治理的环境保护机制，关键在于通过完善相关制度安排，实现节能、降耗、减排的目标。主要的制度安排应包括：

（一）节能减排规划制度。

规划是对节能减排发展目标、重点任务和保障措施等进行的安排和部署，是政府绩效评价考核和鼓励、限制或禁止措施实施的基本依据。

应该规定县级以上人民政府在编制国民经济和社会发展总体规划、区域规划以及城乡建设、科学技术发展等专项规划时，要制定节能减排的目标。还应该明确节能减排的大体内容和有关指标，诸如规划目标、适用范围、主要内容、重点任务、保障措施等指标。

（二）节能减排指标体系和考核制度。

为实现节能减排目标，改变各地重经济增长轻资源和环境保护的做法，必须建立切实有效的目标考核制度。国家有关部门应制定实现节能减排的指标体系。上级人民政府可以根据这一评价指标体系，对下级人民政府定期进行考核，并将考核结果作为评价地方人民政府行政领导政绩的重要依据。

（三）节能减排标准和认证制度。

节能减排标准是政府评价节能减排状况的主要依据和手段，国家有关部门要建立节能减排标准体系，制定和完善节能、节水、节材和再生产品标准，并建立和完善产品能效、再生产品、节能建筑等标识制度，开展节能、节材、节水和环境标志产品认证。

（四）以生产者为主的责任延伸制度。

随着资源节约型、环境友好型社会的发展以及理念的推广，生产者不仅要为产品的质量负责，同时还应依法承担产品废弃后的回收、利用、处置等责任。换言之，生产者的责任已经从单纯的生产阶段逐步延伸到产品废弃后的回收、利用和处置环节。这种生产者责任延伸的做法在一些国家立法中得到了确立，并且在实践中证明是有积极意义的。为此，国家有关部门应对以生产者为主的延伸责任作出规定。

（五）重点企业资源节约和循环利用的定额管理制度。

我国目前正处在工业化加速发展的阶段，钢铁、有色金属、煤炭、电力、石油石化、化工、建材、建筑、造纸、纺织、食品等主要工业行业资源消耗高，资源利用效率低，污染物排放量大，其中重点企业在资源消耗中又占很高比重。为了保证节能减排目标得以实现，国家对主要工业行业内的年综合能耗、水耗、物耗总量或者废物产生总量超过国家规定要求的重点企业，要实行定额管理。国家有关部门要按行业，定期公布重点企业资源节约定额指标以及废物再利用和资源化定额指标，重点企业要对定额指标的实现情况进行审核和报告，重点企业在被列入名录后的一定年限内应该达到资源节约定额指标。

（六）产业政策的规范和引导制度。

产业政策不仅是促进产业结构调整的有效手段，更是各级政府规范和引导产业发展的主要依据，对市场准入、淘汰落后技术、工艺、设备和产品也有重要作用。因此，国家产业政策要符合节能减排的要求，限制高消耗、高污染行业的发展。同时，应要求国务院有关部门，定期发布鼓励、限制和淘汰的技术、工艺、设备和产品名录，禁止生产采用列入淘汰名录的技术、工艺、设备和产品。各级地方人民政府有关部门要对这些名录制度的实施情况进行监督，并定期向社会公布。

（七）政策激励制度。

促进节能减排目标的实现，仅靠行政强制手段是不够的，必须依法建立合理的激励机制，调动各行各业的积极性，鼓励走资源节约型、环境友好型社会的发展道路。这些激励政策应该包括，建立节能减排专项资金，对促进节能减排的活动给予税收优惠，资源节约项目的投资倾斜政策，实行有利于节能减排的价格、收费和押金等制度，政府采购和表彰奖励制度等。

（八）政府、企业和公众的责任制度。

政府、企业、公众是实现节能减排目标的三大主体，在推进资源节约型、环境友好型社会发展方面负有不同的责任。为了使这些主体形成合力，国家应对政府、企业、公众在节能减排中的一般性权利、义务或责任作出规定，以充分发挥政府的主导作用、企业的主体作用和公众的参与作用。

"十一五"规划所确定的节能减排目标，是对"十一五"期间五年内的总量控制，但如果存在的问题不及时解决，不仅年度节能减排难以取得明显进展，而且"十一五"规划的目标也难以实现。因此，节能减排既是一项现实紧迫的工作，又是一项长期艰巨的任务。为此，必须统一思想认识，加强组织领导，全面落实责任，搞好协调配合，广泛宣传动员，形成全社会的合力，才能保证目标的最终实现。

☞ 改革环保管理体制是实施节能减排的重要保证

国务院参事　任玉岭

一、实施生态战略是当今城乡建设的重大使命

1972 年，世界环保大会在瑞典的首都斯德哥尔摩举行。那次会议上我国政府派出的代表团作为观察员列席了会议。代表团归来后，在北京"九爷府"召开了汇报会。那时，我有幸从天津赶到北京聆听代表团长的报告。使我记忆犹新的是，在那次会议上，作为我国代表团长的报告人郑重指出："环境污染是资本主义制度的产物"。言外之意，我们作为社会主义国家，环境污染不会在我国发生。这一方面说明了当时我国环境状态的良好，天还蓝，水仍清，人们还没有感到环境污染的严重性。另一方面也说明，我们在 35 年前，作为环保管理方面的负责人，在思想认识上还存在着对环境保护的麻痹性。在全世界已经认识到《地球只有一个》，并已经把环境保护问题提上重要议程日程的时候，我们还处在没有太多惊觉、环保意识还十分淡薄的境况中。

也许，正是主管方面的认识滞后和管理措施不力，才导致我国后来环境污染的严重发生。在环境保护力度欠缺，而又逢上改革开放后经济建设大发展的情况下，于不到 30 年的时间里，我国的环境污染之严重，已为世界之少见。如今我们的农药污染世界第一，二氧化硫污染世界第一，汞污染世界第一，有机物污染世界第一。水体污染、大气污染、垃圾污染、噪声污染已经严重的影响着城乡人民的正常生活及经济社会的顺利发展。

众所周知，生态环境包括了人类所有的生存条件和空间，土壤、空

气、温度、雨水、河流、湖泊、海洋、湿地、林木和生物的多样性都是生态环境的基本组成。由于工业化和城市化的迅速推进，污水、垃圾、有害气体的大量生成和排放，给生态环境产生了严重的破坏和冲击。因此，在工业化与城市化过程中，如果不重视生态环境的保护，不搞好生态卫生建设，发展就会陷入被动。

迄今我国还是一个农业国，农业人口仍占总人口的60%。这同很多发达国家农业人口仅占总人口比重的 2~5% 相比，我国的城市化严重滞后。特别是，中国人均耕地仅相当世界人均耕地水平的1/6，众多的农民每人平均仅有 2 亩地的情况下，要解决中国农民的致富问题，必须要大力推进城镇化和工业化。只有分流农民，减少农民，才能最终致富农民。

近年来，中央提出把"三农"问题作为一切工作的重中之重之后，农村的情况发生了较大改变，走近城市打工的农民数量迅速增多，城镇人口每年增加 1 个百分点。假如 2020 年，中国城镇人口上升到全国总人口的60%，那么我国城镇人口将达 8.6 亿人左右，这同 2000 年城镇总人口约为 4 亿人的状况相比，城镇人口将增长一倍还要多。要把这些进城农民留下来，实行农民向市民的转变，就必须扩大城市规模、增多城市数量。这样，我们也就必须去迎接环境被污染与生态被破坏的严峻挑战。

以前，"先污染、后治理"的理念，已经使我们蒙受了巨大损失。滇池、太湖和淮河治理中花费极大，而收效甚微的教训告诫我们，在进一步的工业化与城市化进程中，我们再也不能走"先污染、后治理"的老路子，一定要未雨绸缪，防患于未然，将生态卫生建设与经济建设摆到同样重要位置，使建设环境友好型社会落到实处。

因此，实施生态战略，不仅有着改善当今城镇污染的现实性、紧迫性，而且也有着很强的战略性和长期性，是保证工业化、城镇化顺利推进的重要使命。

二、城乡生态环境面临的挑战十分严重

近些年来，我每年都要到 20 几个省、区和上百个城市进行调研。在我所到的城镇，除少数山区和边远地区外，几乎是"有水必污"。

根据我的调研和观察，诸多城镇的污染中，有些是自身的发展和管理不善所导致，也有一些，则是外源污染的传播、扩散所造成。以水污染为例子，如果河的上游被污染，河的下游都会普遍受害。面对环境污染的外源性、扩散性，城镇生态建设绝不能仅就一城论一城，还需从宏观和中观两个层面关注污染挑战的严重性。

2002 年，我国工业污水排放量 194 亿吨，其中 45% 未达到排放标准，城市生活污水 221 亿吨很少有处理。这些污水流进江河，造成 80% 的河流受到污染。据 2001 年对长江、黄河、松花江、珠江、辽河、海河、淮河及太湖、巢湖、滇池的断面检测结果，63.1% 的河湖水为四类、五类或更多，失去了饮用水功能，造成我国缺水城市达 300 多座，受影响 1 亿多人。农村则有 3 亿多人饮水不安全，1.9 亿人饮用水有害物质超标，6300 万人饮用高氟水。

京杭大运河曾经在许多人心目中如诗如画，美名远播，然而现在已受到严重污染。无锡人描述大运河有一段歌谣："50 年代淘米洗菜，60 年代水质变坏，70 年代鱼虾绝代，80 年代洗不净马桶盖"。淮河水也是一样，昔日"走千走万不如淮河两岸"的美景，早已淹没在污染的深渊中。九十年代，国家下大力气整治淮河，投入资金数十亿元，关闭了数以千计的工厂，而今仍无大的改变。2006 年 8 月，丰水期检测结果是：70% 左右的水仍然在四类以上。

2008 年 6 月，全国政协常委视察团，从青海、黄河源头至山东黄河入海口，行车近万公里，沿黄河两岸进行了走访。黄河的污染从甘肃开始，水质均劣于三类，很多河段在四类以上。特别是横穿陕西的黄河支流渭河，整个水质都比五类还要劣，在进入黄河时，形成了明显的黄龙与黑龙，渭河沿岸不仅已经不能再由渭河取水饮用和灌溉，而且连地

下水也受到了渭河的污染。

类似的情况还有很多，例如湖北南水北调水源处的将军河，四年前还清沏见底，而因河的上游建起了黄姜皂素加工厂，造成河水变黑，草木不生，鱼虾绝代，腥臭难闻，河两岸 3 万多人无水吃，肝炎、肺病发病率提高 40%。

很多农村和小城镇迄今没有见过国家的环保投入，农村和小城镇环保设施几乎为零。值得注意的是，有些大城市环境的改善正在以牺牲农村环境为代价。大城市的环境改善了，周边农村环境恶化了。城市水质变清了，农村水质污染了。在新疆、河北、陕西、江苏、浙江、四川、河南、广东等省出现数十个癌症村，多是这样引起的。天津郊区两个村，2001 年因化工厂污染水质和土壤，导致 38 人患癌症，2002 年上升至 40 多人，2005 年达 50 多人。

我国还是世界三大酸雨国家之一，年均降雨的 PH 值低于 6.5 的城市占到 70.6%，我国城市空气二氧化碳的许可容量为 1200 万吨（二级空气），而截止 2008 年已达 3900 万吨。许多大城市肺癌死亡率比 70 年代增加 8－10 倍。每年因空气污染还引起 1500 万人患支气管炎，2300 万人死于呼吸道疾病，比死于心脏病患者多出 10000 人。

这些年来，因大量使用化肥，已导致很多地方的地下水硝酸盐严重超标。大量使用农药和除草剂，以及畜牧养殖带来的大量动物粪便，还造成严重的面源污染。

此外，广大城镇、农村缺乏应有的建设规划、房屋乱建、棚铺乱搭，特别是大量的秸秆到处堆放，既影响了环境又影响了卫生。很多村镇用地紧张，为了扩大住房，便"见缝插针"，仅有的树木不得不拔掉，使村镇的生态遭到严重破坏。

以上林林丛丛，表明了中国广大城乡面临的生态卫生问题十分突出，面对的污染挑战十分严重。这时候研究生态战略问题，有着极大的必要性和紧迫性。

三、环境污染严重的原因是不良体制所酿成

2007年发生在无锡的太湖兰藻爆发导致市民无水吃的问题，是我国环境污染日趋严重的一个侧面。"十五"期间我国经济社会发展计划的多种指标都顺利得到实现，而唯独环境方面减排污染的指标，没能完成。直至2005年，国家所提出的减排目标仍然没能实现，而且污水和二氧化硫的排放量还有了明显增长。

为什么中央高度重视环境保护，大力推进环境友好型社会建设的时候，我们的环境污染形势还依然如此严峻，所提任务屡屡不能完成呢？以本人之见认为，一是因为各部门、各地方对中央的政策执行不力，对环境保护工作的认识不到位。二是减排污染的政策不完善、不配套，有一些与实际情况相脱节。三是体制原因导致的执法不得力，除了互相推诿、扯皮外，更严重的是在利益驱使下，尚有腐败滋生。

根据本人的实际观察，我认为减排污染所以困难重重，主要还在于不良体制所酿成。

这些不良体制可概括为以下五方面：

（一）环保机构运行经费来源的自收自支和新近变更的收支两条线，多收多支的作法，造成了环保部门不希望没污染。本来环保部门应是以防止和消除污染为己任的，批准环保部门的存在，就是为了防止和消除污染。但是由于环保部门运作经费的自收自支及多收多支的体制，提高了环保部门工资和奖金等对环保罚款的依赖度。这种情况下，排污企业同环保部门的关系就变成了鼠和猫的关系；鼠越多，猫就越高兴。如果鼠要绝迹了，猫就会无饭可吃。在这种利益驱动下，环保部门为了得到更多的工资和奖金，当然希望污染的企业越多越好。特别在上级部门可对下级"创收"提成的情况下，这种现象就会更严重。

（二）企业治污装备运作费用高，而排污罚款少，在污染成本很低，企业乐于受罚情况下，减排污染就会困难重重。在政府各方面的推动下，很多企业引进了处理污染物的新技术，增设了处理污染物的新装

备，如果都能正常运转起来，减排污染的目的就可达到，减排污染的任务就可完成。但是常常由于处理污染的费用过高，而排放污染的罚款过低，很多企业宁可接受罚款，而不愿做处理污染的开支。如此，便给减排污染带来了大难题。

（三）污染罚款的处理权常常为某个人说了算，在缺乏监督情况下，必然出现权钱交易和腐败，这也严重制约着污染减排目标的实现。我们环保部门在治理污染中，常常是有亲有疏，在处理污染罚款时，又经常是个别人去抽样，个别人说了算。况且污水和废气的排放，往往是一过了之，对当时的情况重复取证比较困难。有些企业为了省大钱，就不惜花小钱去贿赂办案人员，当某些办案人员得到好处后，就会大事化小，小事化了。包括在项目的立项中，在获取排污许可证过程中，类似的情况都会发生。

（四）地方干部政绩考核中，常以 GDP 论英雄，看重的项目引进和立项，轻项目污染的产生和排放，也是污染减排难的重大弊端。长期以来，在对干部政绩进行考核时，往往只重 GDP 的高低，GDP 增长快，就政绩大。这样，就造成很多城市和地方，只重项目引进立项，不重项目的污染排放。有些污染项目是明明知道的，但多是把污染往轻处说，把处理手段向强处讲，一些"可行性"论证，也往往是为了"可批"走过场，这就为污染企业的立项和上马开放了绿灯，增大了污染的排放的可能性。

（五）舆论监督欠缺、司法行政疲软，是污染减排困难的又一根源。从国外的情况看，民间环保组织和新闻舆论的监督推动，对于防止污染和生态建设起着十分重要的作用。而我国为了保障社会稳定，社团组织发育尚不完善，民间环保组织还属缺位状态。新闻舆论近些年来对监督环保、推动生态建设发挥了一定作用，但是由于种种原因，他们的作用发挥也还不很充分。另外，所谓司法行政疲软，主要指在刑事案件处理方面，司法行政部门对造成环境污染企业的处理过于手软和从宽。一些企业对社会带来的污染，造成的损失数以亿计，有的污染甚至投入

213

几十亿、几百亿都无法治理，但却很少见到那个法人或其它企业责任人受到批捕和判刑。有些地方群众因深受污染之害，上访进行利益诉求时，又往往遭到强势群体的打压和拒绝。基于排污企业善于用金钱疏通关系，而极少见到地方信访部门和司法部门支持百姓上访和让排污企业陪尝百姓的案例。

鉴于以上五个方面的体制弊端，已经造成了环境污染的加重和减排污染的困难。因此，要防止污染和搞好生态卫生建设，必须要从改革环保管理体制入手，为可持续发展作出贡献。

四、关于建设五个体系和实施四大工程的建议

（一）建设五个体系。

1. 建设环保管理的财政保障体系。环保管理机关的自收自支或多收多支，是污染减排难以推动的关键。为了从根本上搞好环保监督，一定要下决心铲除自收自支和多收多支。尽快建立环保管理的财政保障体系，用财政拨款保障环保工作的运转。环保管理部门不得随意增设编外人员，即是有需求，也要纳入财政供养范围。坚决杜绝环保部门因靠罚款找饭吃，引发出养"鼠"为患和污染泛滥。

2. 建设和改革与环保相关的政策体系。在我们一方面推进生态建设、保护环境的时候，另一方面确有很多政策与此相"顶牛"。例如，土地"占补平衡"政策引发的填坑塘、占湿地，造成对环境的很大破坏。又如建设森林城市的奖励政策，引发了"大树进城运动"，造成农村的大树大量被移走，破坏了农村生态。还有象激励小水电开发的政策，造成众多河流层层被堵截，河水变少、变臭、干涸、断流。因此，我们必须要改革不利于环保和生态建设的政策体系。并需出台政策，对有关破坏生态、污染环境的现象进行必要的约束。诸如城市修橡皮坝拦截河水问题、高毒农药与除草剂的限产问题（有些品种联合国多年前就提出了限制生产，而今仍在我国广为使用），地下水的无度开采问题以及调整原订水质排放标准问题，都需加强关注和管理。

3. 建设绿色 GDP 核算体系。现行 GDP 的核算没有涵盖对生态环境的破坏。虽然发改委系统已经接受了绿色 GDP 的概念，但在 GDP 的统计运行中，仍然遇到很多困难。为了从源头上解决环境污染不受重视问题，必须要坚持和完善绿色 GDP 核算体系。在 GDP 的核算中，一定要把环境恶化、水质污染、财富报废等，作出价格从 GDP 中扣除。通过完善评估、监督及统计工作程序，将其落到实处。

4. 建设环保工作的群众监督体系。除了支持媒体对环保工作加大监督力度外，还要发展民间生态和环境保护组织。我们很多协会都是各级政府退休的领导主持工作的，建议有关退休领导多关注环保工作，多成立一些推进环保的民间组织，实施对地方环保工作的群众监督。政府和司法部门要认真对待有关环保的群众上访和欢迎与支持民间组织的监督。

5. 建设环保补偿制度体系。污染泛滥与环保补偿不健全直接相关。往往，在污染严重发生后，大受其害的都是百姓。由于补偿制度没建立，受害群众作为弱势群体，常常是叫天不应，叫地不灵。一些排污企业常利用金钱手段与某些官员勾结一起，打压百姓的上访和诉求。无补偿的污染行为，对企业来说，不仅起不到警示作用，而且还会对其再污染产生怂恿。因此，一定要建立环保补偿的制度。污染发生时，所造成的损失被评估后，排污单位应无条件向受损失者进行补偿，那怕是会出现倒闭破产，也不能留情。

（二）实施四大工程。

1. 城市粪便利用工程。为了消除城市人粪便给江河湖海造成的严重污染，并利用好农村堆积如山的秸秆资源，建议弘扬中国农民用人粪作肥料的传统，通过城乡互动，大力推进城市粪便用秸秆吸附并转为肥料的工程。这一工程需从源头开始将粪便同洗脸水、洗澡水、洗菜水、洗碗水分开排放。抽水马桶的排出物，可以首先进入小区或城市的化粪池。然后泵入郊区设置的堆肥加工厂，用粉碎的秸秆粉进行吸收后，加上除臭菌（或光合菌或放线菌）进行堆放，通过高温发酵，除去病菌，提高肥效，再经包装后，向农村推销。

我国农田秸秆每年约在 7 亿吨以上，由于秸秆较少排上用场，造成了收获季节焚烧秸秆污染空气或秸秆在农村乱堆乱放的现象，若能以将其粉碎，同城镇的人粪便融合一起，转化成肥料，将是一举双得，一石二鸟。

现代收集粪便、转运粪便的技术和装备以及用微生物除臭和发酵消毒粪便的菌种和工艺，都较六、七十年代有了很大的进步和保障。因此，实施粪便再利用工程，不仅可以使城镇的生态卫生建设步上现代化的新台阶，而且还可以开发一个新产业。

2. 生态农业工程。农村因化肥、农药、除草剂的大量使用以及畜牧家禽的大规模发展，所带来的面源污染，不仅造成了江河湖泊的富营养化，而且引发了 COD 和重金属的严重污染，并给很多地方造成了吃水困难。为防止面源污染的不断升级，有必要大力实施生态农业工程。应以沼气发酵为纽带，促成和推广以秸秆——青贮——饲料——人畜粪便——沼气发酵——燃料——肥料——作物为内容的产业链。除此外，要从政策和科技投入上，大力扶植有机机肥和微生物农肥和农药的开发与利用，推广生物防治和微生物除臭，并利用微生物制剂，清除和降解土壤中的化学毒物，使土壤得到净化，彻底消除和堵塞面源污染水资源。

3. 节约用水工程。水是生态卫生的血液和源泉，有了水就有了生命，有了水就会有好环境。我国是一个水体分布极不均衡的国家，秦淮以北地区拥有全国 65.5% 的土地，水资源仅占全国 19%，相当于全国平均水量的 1/8。一些地方人均水量同极度缺水的索马里还有很大差距。因此，要把水作为战略资源，加大宣传力度重视水的安全。除了防止污染外，还要重视节约水资源。建议利用市场机制、通过水权转换和水价的级差调控等，减水少资源的浪费，确保水资源的供应。

4. 循环经济工程。发展循环经济就是要把原先作为垃圾扔掉的各种资源再度资源化，使所有可用的物质能以重复再利用。不久前我在鄂尔多斯蒙西高科技开发区和达拉特旗化工厂，看到一些项目的建设中，坚持高起点、高水准、高科技、高效益、高节能、高环保，抓住"大煤炭、大煤电、大化工"，为循环经济的跨跃式发展作出了示范。达拉特旗化工厂，以当地的煤、盐和石灰石、煤矸石为原料，按照循环经济的要求，使废渣全部变成水泥，废气回收作为 PVC 原料，废水经处理循环再利用。所有的废物被吃干榨尽，所有的废水、废气、废物排放为零，展示出了循环经济的巨大威力和美好前景。发展循环经济，还要重视"拾荒者"的权益与作用。现有"拾荒者"230 万人，仅北京就有30 万人，他们住在垃圾村，工作在恶臭的环境中，冒着被毒害、被感染的巨大风险，为循环经济作出了重要贡献。我们要重视他们的作用，改善他们的生活，并防止某些垃圾老板对他们的过度盘剥，使他们的生存更加有保障。

　　总之，节能减排是一项战略任务，也是一项系统工程，只要抓住环保体制的改革，各方面齐心协力努力推进，就一定能使环境友好型社会得以建成。

☞ 节能工作后评价机制研究

中国人民银行机关事务管理局技术管理处处长　辛小光

　　"后评价"作为检验工作效果和综合效益的有效方法，已得到世界各国和国际金融组织越来越广泛的重视和采用，已成为西方发达国家以及一些发展中国家政府管理、投资决策的重要工具。随着我国现代化建设的持续发展，在节能工作中有效开展后评价工作尤为重要。透视节能改造项目，透视节能管理工作，由于对节能工作缺乏一个后评价机制，主观节能与客观效果难以统一。在当前党中央、国务院突出强调节能减排工作的形势下，通过建立科学的管理机制，树立与时俱进的节能意识，采取先进的节能技术措施，参照国际上先进的管理模式，在每个工程项目总结的基础上，对节能目标修订、节能因素识别、设备运行管理、物资采购控制、能源计量与审计等环节的一般方法和途径进行后评价，是可持续地推进节能工作，实现节能减排目标的重要手段。

一、后评价现状

　　后评价起始于20世纪30年代，在60年代美国"向贫困宣战"的规划中使用了巨额国家预算资金投入建设，使项目后评价得到了进一步的发展。到70年代中期后评价才被许多国家和世界银行等双边和多边援助组织在其资助活动中广泛使用。目前，已得到世界各国和国际金融组织越来越广泛的重视与采用，并成为西方发达国家以及一些发展中国家政府管理的必不可少和不可分割的一个组成部分，成为政府计划决策和宏观管理的一种重要工具。美国是国际上后评价设计和方法的领导者，加拿大、英国、丹麦、澳大利亚、马来西亚、韩国等国家都十分重视后评价工作，只是由于制度差异、国情不同，其后评价机构设置及其运行机制等表现出不同的特点。

（一）发达国家的后评价。

在发达国家，后评价主要是对国家的预算、计划和项目进行评价。一般说来，这些国家有评价的法律和系统的规则、明确的管理机构、科学的方法和程序。目前，后评价的发展趋势是将资金预算、监测、审计和评价结合在一起，形成一个有效的和完整的管理循环和评价体系。

美国是后评价做得比较好的国家之一。在过去的 60 年间，为促进社会和经济的发展，美国对两次由政府控制的投资计划进行过后评价。一次是在 20 世纪 30 年代经济大萧条期间所进行的"新分配"（NEW DEAL）计划，当时的后评价仅为少数人的行为。另一次是在 20 世纪 60 年代，在称为"向贫困宣战"（WAY ON POVERTY）的计划中，联邦政府为新建一大批大型公益项目投入了数以亿计的美元，国会和公众对资金的使用、效益和影响表现出极大的关注，于是在计划实施的同时，进行了以投资效益为核心的项目后评价。这种效益评价的原则延续至今，并为各国所接受和采纳。

（二）发展中国家的后评价。

近年来，发展中国家的后评价已经有了很大的发展。据联合国开发署 1992 年的资料介绍，85 个较不发达国家已经成立了中央评价机构。这些机构约 50% 设在计划部门或社会发展部门，16% 设在财政和国家预算部门，12% 设在经济部门，10% 设在外交部门，4% 设在国家审计部门，8% 设在其他部门。但是，上述评价机构大多从属或挂靠政府的下属机构，相对独立的后评价机构和体系尚未真正形成。这些政府机构大都是根据世界银行和亚洲开发银行的外部要求组织相关项目的后评价，但可以统一进行整个国家系统后评价工作的机构尚未建立起来。从总体上看，后评价成果的反馈情况并不令人满意，其主要问题是没有完善的后评价反馈机制。

（三）国际金融组织的后评价。

20世纪70年代以来，越来越多的国际金融组织依靠评价来检查其投资活动的结果。世界银行和亚洲开发银行是开展项目后评价比较早和比较好的国际金融组织，他们均单独设有后评价机构，在长期的后评价实践中，不仅形成了一套完整的管理体系和评价程序，而且逐步形成了一套比较科学的理论和方法，积累了丰富的后评价工作的经验。80年代末，英国海外开发署对包括世界银行和亚洲开发银行，联合国工业开发组织和联合国开发署在内的世界24个多边金融机构的评价系统进行了专门研究，研究报告得出了以下主要结论：

1. 后评价是一种全新的并正在迅速发展的活动。

2. 几乎所有组织都有综合性的项目前评估系统和有组织的监测系统，除两个组织外，其他组织都有后评价管理机构。

3. 调查表明，集中管理的评价组织形式更有利于开展正规的评价工作。

4. 评价目的与各方面的要求不同有所差异，但一般可分为两类，即总结经验教训和通过对项目价值的评价，检查本组织的工作情况。

5. 设立一个高级管理委员会是监督和控制评价成果质量的一种有效方法。同时，评价成果的应用还取决于反馈机制和功能的好坏。

随着后评价工作的发展，很多国家先后制定了后评价政策，完善了后评价机制。特别是许多后评价工作开展较早的西方发达国家基本上形成了各具特色的后评价政策和管理办法，加拿大的后评价政策体系和美国会计总署的后评价质量控制机制是其中较为突出的代表。

二、节能工作存在问题与开展后评价的必要性

"温故而知新"，节能工作发展到今天，虽然取得了长足的进步。但是，实现节能减排目标面临的形势还十分严峻，"十一五"时期单位GDP节能减排阶段性指标还没有落到实处，落实过程中出现的问题需要加以纠正，汲取教训，落实中有值得借鉴的经验，更需要认真总结。只有因地制宜、循序渐进地把握节能工作的客观规律性，才能不断持续

地改进节能工作，有的放矢地推进节能工作开展。

（一）实施"后评价"是节能工作的本质要求。

节能的本质在于提高能效，用有限的资源和最小的能源消费来取得最大的经济和社会效益。从发达国家节能特别是建筑节能历程来看，都经历了以单纯抑制需求到采取终端节能，最后到节能与人居、地球环境相结合的可持续发展的高级阶段的节能行进轨迹。单纯抑制需求，会带来生活、工作质量的下降，违背了工业发展的原本目的，注定不能长久。终端节能因其节能环节的局限，节能的成效大打折扣。可持续发展式的节能理念，是节能观念上的一次飞跃，促使节能转向理性发展。如何实现用同样的能耗或用少许增加量来满足人们健康、舒适的需求，进而提高工作效率和生活的认知程度，需要确定一个参照系，在此基础上搜集历史数据进行全面比较分析，从而提出改进目标与措施。这个结果只有依靠后评价来解决。

节能工作后评价是运用现代系统工程与反馈控制的管理理论，对节能改造项目和节能管理的决策、实施和运作结果作出科学的分析和判定。一个完整的组织系统是由决策系统、执行系统和监督反馈系统组成的。反馈指控制系统的输出信息转变为新的输入信息并影响再输出，从而起到控制作用的过程。从管理学角度讲，反馈信息是一项政策或计划实施以后项目干系人对此的反应，是实施控制的必需信息。事实上，管理是一个借助于反馈信息控制客观过程实现管理目标的过程。节能项目后评价反馈机制是一个表达和扩散后评价成果的动态过程，包含后评价成果的反馈流程和管控机制。通过该机制的有效运作，使后评价成果在新建或已有项目、或其他开发活动中得到采纳和应用，最终使实际结果逼近计划目标，从而实现节能的整体性和持续性。

（二）实施"后评价"是节能工作的内在要求。

节能工作，目前无非是通过两个渠道来实现：一是对以往不节能的问题进行更新改造；二是对新建项目进行节能技术控制。节能改造项目和节能管理工作，看似简单，但实际是一个复杂的系统工程。针对政府机构节能而言，牵扯到建筑、暖通空调、楼宇自动化、建筑电气、给排水、能源审计、合同能源管理和投资管理等专业的内容，并且与诊断测试、重新设计、工程施工等行业密切相关。而在传统的节能管理活动中，节能改造项目当中，一般是根据不同的管理对象选择不同的管理手段，各种管理手段、方式之间不能互有关联，很可能毫不相关，即围绕着某个问题的各个侧面选择相应的解决方法，这也就是"单一完成任务"的方法。但是，要真正实现工程的节能，必须要有系统的观点、整体的观点、全局的观点，如果只局限于某个环节、某个部分、某种材料或某种结构的节能，难免出现个体节能与整体不节能的矛盾和反差。而后评价机制的建立，能够把节能的控制贯穿到工程的各个环节、各个部分，也正是后评价机制的建立，能够真正把各专业、各部门联结起来，实现从建筑材料的低层次节能到合理利用能源、合理使用能源等高层次的节能转变；也正是后评价机制，能够真正建立各行业、各领域的专家组，对项目的节能成效进行评价、反馈意见、提出改进，提高节能的技术含量。

（三）实现"后评价"是节能实践的具体要求。

世界上最大的限制莫过于自筑樊篱的自我限制，而最大的自我限制又莫过于思维限制。从凝滞僵硬的静态与片断思维中"解脱"出来，我们才可能有新的出路。创造性思维能力越强，越容易在更广的范围内优化配置各种资源，就能抢占更多的致胜先机。机制是制度化的方法、模式。当前我国节能减排工作正处于成长期，距国外节能减排、能源管理水平还有差距，还需要借鉴国外的先进模式，形成一种机制。实现节能减排需要政策、技术，还需要形成科学的管理机制，也应是目前节能减排工作的突破口和重要抓手。才能持之以恒，长期坚持下去。

后评价机制对于节能项目实践的意义是非常重大的，主要体现为：一是后评价机制的建立是实现投资项目管理从决策、执行、评价、反馈到决策优化的闭环管理模式的关键环节。后评价的目的是对已完成的项目的目的、执行过程、效益、作用和影响所进行的系统的、客观的分析，通过项目活动实践的检查总结，确定项目预期的目标是否达到，项目或规划是否合理有效，项目的主要效益指标是否实现，通过分析评价找出成功失败的原因，总结经验教训，通过及时有效的信息反馈，为未来新项目的决策和提高完善决策管理水平提出建议，同时也为后评价项目实施运营中出现的问题提供改进意见，从而达到提高投资效益的目的。使项目的决策者、管理者和建设者学习到更加科学合理的方法和策略，提高决策、管理和建设水平。二是根据强化理论和期望理论，建立有效的节能项目后评价反馈机制可以改变人们对项目结果的预期，提升项目决策者、建设者、运营者的工作责任心，从而达到事前控制的目的。三是通过后评价反馈机制的建立并与公司绩效考核体系建立必要的接口，能够约束项目需求单位的行为，增强项目前评估的准确性和可信性，使项目投资决策更加科学。

三、怎样贯彻和形成节能后评价工作机制

毫无疑问，科学的管理模式、管理机制能促进我们科学发展观的形成，也能很好地指导节能工作。通过在央行多年实践，后评价机制确实能够把节能工作改观。

（一）对技术改造效果进行"后评价"。

早在 1997 年即率先在央行进行了一系列节能技术改造，并取得了显著的节能效果，在央行机关建立了"设备运行管理中心"（设备计算机网络管理虚拟中心），实现设备管理系统集成。为了提高设备管理的自动化水平，集中监测不同装置的运行状态，自 1998 年建成"设备运行管理中心"第一个分站开始，每一个项目完成后都作一个全面的后评价，不断总结、深化后评价管理模式，再去指导下一次改造项目。经过十年建设，"设备运行管理中心"于 2006 年 6 月正式启用，实现了运行参数的实时监控和自动记录、故障自动报警、集中管理等功能。设备运行管理中心将建筑设备自动化系统于管理系统、OA 系统有机地结合起来，实现了在线监测，每 5 秒刷新一次，极大地提高了测试诊断的科技

含量，使中心管理人员能够迅速地获取系统运行信息，并为领导的决策提供及时和科学的依据。良好的硬件设施、有效的管理制度、再加上与时俱进的节能意识，不仅提高了设备系统运行的精细化水平，也达到了节约能源、节省资金的目的。为设备能耗数据的记录和监测提供了平台，也为节能工作提供了可靠的技术支持。

（二）对管理控制手段进行"后评价"。

科学管理是节能工作的有效手段。而我们的管理是否科学，必须通过实践的检验。如空调系统的运行控制，通过节能诊断测试结果表明，总行办公大楼的各项能耗指标远远低于政府办公楼参考指标，其中制冷机组 COP 指标更是位居同行前列。由于在空调系统的运行管理中采用自动化程序控制技术，再加上一些创新运行模式的应用，中国人民银行总行机关空调系统的能耗大大低于相应参考政府办公楼的设备。以 2005 年空调系统运行参数计算，总行机关大楼整个空调系统能耗指标 18.3kwh/m²，比相应参考政府办公楼的能耗指标低 16.7kwh/m²，年用电量比参考政府办公楼用电量少 680859 度，节约电费 471291 元。

（三）对设备设施运行进行"后评价"。

如改进冷却塔的运行模式，实现节能降耗。对中央空调系统运行规律进行多年、不间断的跟踪测试，摸索出了一套新的节能运行模式。对新安装的冷却塔进行了技术创新，在空调冷却塔的运行中采用三台风机同时变频的模式。经过清华大学节能小组的指导和检测，冷却塔这种运行模式在整个制冷期间比原来一台冷却塔运行节省 18000 度电，按目前的电费计算，节省电费 12459.6 元。专家鉴定认为：三台冷却塔的风机同步变频措施有效地减少了电耗，在类似工程中具有应用价值，属国内首创，值得肯定和推广。

（四）对各项节能指标进行"后评价"。

改造变配电系统，为分项计量打下坚实基础。为保证总行电力供应的安全可靠，2006 年上半年，对变配电系统进行了改造。充分利用这次设备更新换代的机会，对供电线路进行分类和分项，利用新设备实时监视、远程控制、自动记录等功能为电力系统的分项计量打下了坚实的基础。2006年底变配电系统改造工程通过了鉴定评估，改造后的变配电系统不仅为电量的分项计量工作提供了有力的硬件支持，极大地方便了总行节能诊断工作，为总行下一步的节能工作提供了数据统计平台。

（五）对我们的后评价工作进行"后评价"。

落实节能目标，把好人民银行能耗数据统计关。通过掌握数据统计和变化情况，技术把握节能工作方向。为了将节能目标落实到位，长期、有效、客观地开展节能工作，人民银行成功开发了人民银行能耗统计系统，这套软件为人民银行系统的节能工作提供了客观的评价基础，它不但借鉴了市场上的成熟技术，而且将专业报表系统与能耗统计相结合，为政府节能工作提供了一条新思路。人民银行在全系统推广使用"能耗统计软件"，较好地解决了系统内各种能耗数据的登记、统计问题。使节能诊断工作真正抓准问题的症结，为下一步的节能改造奠定了基础。

实现节能工作的战略转型，并不是突发奇想，是顺应社会发展的趋势，是市场导向。当代科技发展趋势表明，各领域、各学科纵横交错，相互渗透，多种技术的事例已成为节能创新的重要源泉。经济和社会发展形势日益向我们昭示：必须逾越学科和单位的界限，实现多层次的集成。应用现代的科学管理模式，形成后评价机制，才能较好地解决节能减排工作中的关键问题，科学地改善我们的节能工作。"加强节能工作的后评价管理"已经载入《中国人民银行系统节能工程实施方案》之中，作为推动节能工作的保障措施，今后对于节能工作将会发挥较大的作用。

☞ 统筹城乡环保需兼顾全局与细节

安徽淮南市人民政府市长　曹勇

　　淮南市是安徽省省会经济圈的重要成员和国家大型能源基地之一，近年来，在科学发展观的指引下，全市经济社会呈现跨越发展、奋力崛起的良好态势，进入了工业化和城市化快速推进、城乡一体化发展的重要时期。

　　2009年，地区生产总值增长13%以上，工业化率57.3%，城镇化率62.8%。在全面加快建设小康社会的进程中，淮南市坚持走生产发展、生活富裕、生态良好的文明发展之路，大力实施废弃物资源化、工农业生产清洁化、城市建设和村庄发展生态化，努力实现城乡环保一体化。

一、一体化规划

　　淮南市工业区连着农村，城市连着乡镇，这种工农交织、城乡交错的特殊性决定了环境保护的特殊性。为此，淮南市坚持以规划为龙头，加强城乡环保一体化规划。

　　淮南市注重运用和实践"反规划"理论，通过优先进行不建设区域的控制，将城市生态基础设施保护、控制起来，使其不因城市的发展扩张而减少和损坏，从而使城市生态基础设施得以延续和发展，避免走"先污染后治理"的老路。

　　淮南市结合国家生态园林城市和国家环保模范城市创建工作，加快制定"村庄森林化、路渠林阴化、庭院花园化、农田林网化、岗坡林果化"的标准和方案，进行村庄、庭院、道路绿化和农田林网建设，维护

226

面对中国转型——绿色·新政

mian dui zhong guo zhuan xing lü se xin zheng

和强化整体山水格局的连续性和乡土生态系统的多样化，保护和恢复湿地系统，建立乡土植物苗圃基地、非机动车绿色通道和绿色文化遗产廊道，完善城郊防护林体系与城市绿地系统。

一方面，淮南市坚持环保规划实施与工业规划布局协调推进。在实施以"两带"为主线、以"四区"为重点、以"多园"为补充的"T"型工业布局的过程中，推进工业"退城进园"，引导农村地区工业企业向园区集中，强化建设项目环评和"三同时"制度，促进项目集中、产业集聚、土地集约、环保集聚，实现"三废一沉"（废气、废水、废渣和采煤沉陷区）集中治理，变分散节能减排为集中节能减排。

另一方面，淮南市坚持环保规划实施与城镇化建设协调推进。淮南资源丰富，得天独厚。八公山、舜耕山、上窑山三山鼎立，淮河、高塘湖、瓦埠湖三水环绕，东部城区、西部城区、山南新区三城互动。在建设山水园林城市、滨河滨湖城市、宜居宜游宜创业城市的进程中，把环境保护放在城镇化的优先位置，着力解决"水多"、关注"水少"、改善"水脏"、发展"水运"、兴建"水景"，构建"三山为肺、三水为脉、三城为心"的城市发展格局。

二、一体化保护

淮南市实施城乡生态保护优先战略，加强矿产、交通、旅游、水利、林业等资源开发项目的环境管理，防止新的人为生态破坏。

在水资源保护方面，淮南市把保障饮用水水质作为环境保护的首要任务，加强饮用水水源地保护，科学划定饮用水水源保护区，坚决取缔一级保护区内的所有排污口，严禁有毒、有害物质进入饮用水水源保护区。积极推动引江济淮工程，加强瓦埠湖、焦岗湖、高塘湖等重点湖泊水环境的保护。开展农村地下水资源普查，大力实施农村安全饮用水工程。

在山体资源保护方面，淮南市加大禁止非法开山采石、取缔黏土砖等工作的力度，加强八公山、上窑山、舜耕山的保护，发挥它们在保护环境、净化空气、涵养水源、调节气候等方面的作用。

在湿地资源保护方面，保护、利用好十涧湖、淮西湖、蔡城塘等湿地，把它们变成城市的湿地公园和旅游休闲的好去处。

在生物资源保护方面，采取有效措施，严格控制外来物种在农村的引进和蔓延，保护农村地区的生物多样性和农业野生动植物资源，做好城乡古树名木的挂牌保护。

三、一体化治理

淮南市强化环境监测体系和环境执法监督体系建设，确保环境保护与治理得到落实。

（一）统筹城市污染和农村污染治理。开展"五城联创"活动及"环境优美乡镇"、"生态示范村"、"生态示范户"等创建活动，实施农村清洁工程和"一绿、三清、五改"工程，逐步建立组保洁、村收集、镇转运、县处理的农村垃圾处理模式，逐步实现农村垃圾定点存放、定时转运和定点集中处理，不断改善农村卫生条件和人居环境。因地制宜地开展农村生活污水治理，采取集中式污水处理、纳入城市污水收集管网等多种分散与相对集中相结合的处理方式，提高生活污水处理率。加大秸秆还田、秸秆发电及秸秆－沼气、养沼一体化等工作的推进力度，尤其是加大农村户用沼气的发展力度，逐步实现农村废弃物的减量化、资源化和无害化。

（二）统筹工业污染和农业污染治理。以节能减排的倒逼机制促进结构调整，加快产业发展"调高、上大、压小、推新、延伸"的步伐，推动传统产业高新技术化和高新技术产业化，从源头上减少污染物排放。着力推进新型工业化的亿吨煤基地、千万千瓦火电基地和煤化工基地、煤机装备制造业基地、生物医药基地、乳制品基地等建设，推广废弃物资源利用、清洁能源、清洁生产等技术。在抓好工业污染治理的同时，加强农业面源污染防治、畜禽水产养殖污染防治和土壤污染防治，积极发展生态农业、循环农业、观光农业，推进无公害、绿色和有机农产品生产。积极推广农田测土配方施肥，指导、鼓励农民使用有机肥、生物农药或高效、低毒、低残留农药，推广病虫草害综合防治、生物防治、精准施肥，以及缓释、控释化肥等技术。大力推广生态化养殖模式，科学划定畜禽禁养区、限养区和养殖区，引导养殖业适度规模、集中发展、种养结合。科学合理规划水库、湖泊、河流的水产养殖规模和数量，禁止在一级饮用水水源保护区内从事网箱、围栏养殖，对严重污染水体的水产养殖场所进行全面清理、整顿或取缔。加强土壤污染监测，强化对影响土壤环境的重点污染源进行监管，强化农药、化肥等使用的环境管理，确保土壤环境安全。

（三）统筹厂内污染和厂外污染治理，着力改变"厂内环境像欧洲，厂外环境似非洲，厂内污水靠净化，厂外污水靠蒸发"的状况。一方面，完善新建污水处理厂管网建设，提高收水率和处置率；另一方面，探索建立地企共建共享机制，最大限度地降低运行成本。

四、一体化投入

淮南市结合新农村建设"千村百镇"示范工程、土地整理复垦开发工程、农村清洁工程、百镇千村万户生态示范工程以及文明村镇、卫生村镇创建等试点、示范工作，有效整合涉农环保资金，力求产生集聚效应和典型示范作用。

淮南市按照国家"以奖促治"政策的要求，统筹安排环境保护专项资金，建立"企业自筹、政府补助、社会参与"的多渠道投入机制，确保一定比例用于农村环境保护，为城乡环保一体化提供保障，尤其是重点支持饮用水水源地保护、农村生活污水和垃圾治理、畜禽养殖污染治理、土壤污染治理、有机食品基地建设等工程建设。积极探索建立农村生态补偿机制，按照"谁开发谁保护，谁破坏谁恢复，谁受益谁补偿"的原则，研究建立生态补偿方式，鼓励和引导社会力量参与"三废一沉"的治理，形成社会各界积极参与、人人保护环境的良好局面。

☞ 以科学发展观为指导坚持节能
减排打造绿色阿钢

西林钢铁集团阿城钢铁有限公司

自 2005 年重组以来，阿钢始终以科学发展观为指导，坚持节能减排、发展循环经济、打造绿色阿钢的理念，取得了良好的节能降耗效果。为企业的生存发展开拓了更广阔的空间，为经济社会的可持续发展做出了自己的贡献。企业连续两年被哈尔滨市评为节能减排标兵单位。

一、通过技术改造和新技术应用，不断降低能源消耗

（一）电炉炼钢能量系统优化，降低能源消耗。2008 年阿钢以更新炼钢制氧装备为切入点，投资 10975.54 万元实施了炼钢电炉能量系统优化工程，新建 1 套 10000m³/h 空分制氧机及配套的压氧设备，10000m³/h 制氧于 08 年 12 月末投入使用，使平均每炉冶炼时间减少 10 分钟，吨钢冶炼电耗降低 10kwh/t，综合能耗比去年降低 5kg 标煤/吨钢，为公司进一步提质降耗奠定了坚实的基础。

（二）加强余热的回收利用。公司采用电弧炉内排烟气余热回收利用及干法除尘等专利技术，年产蒸汽量 100800 吨，每年节约能源折标煤 1.2 万吨以上。利用蓄热式加热炉尾气余热安装汽包，年产生蒸汽 10000 余吨。利用烧结带冷机尾气余热安装热管余热锅炉，年产生蒸汽 5000 余吨。利用炼铁冲渣水余热采暖，供热面积达 10000m²。连铸坯热送热装，充分利用了钢坯余热节能。使轧钢产能提高了 20%，吨材节约高炉煤气 100m³。公司由此每年共可获益 1579 万元。

（三）生产废水的处理回用。公司投入 3474.81 万元建设生产废水处理回用工程。目前项目一期工程已经投入运行，实现了污水零排放。

吨钢新水消耗由 2006 年的 6.1 吨降到 2.14 吨，达到行业领先水平，由于节省大量的地下水资源消耗，地下水位不断上升。另外，公司还通过电机变频调速节电、中心变 35 千伏系统电炉谐波治理改造、动力水泵 LP 智能化节电设备改造、鱼尾板生产线加热炉改造等方法进行节煤节电，合计年节能 2.64 万吨标准煤，节约资金 1300 万元以上。

二、狠抓制度管理，节能从一点一滴做起

（一）加强节能降耗管理工作，提高节能降耗的思想意识。公司于 2007 年下发了《节能降耗工作方案》及《能源管理办法》，对能源使用、能源计量、统计、考核等各方面都进行了有效的管理，使公司能源管理水平有了较大提高。

（二）完善能源计量设施，实现能源数据信息化管理。公司在 2008 年共投资 17 万元，新安装了氧气流量计 8 台、氮气流量计 5 台，压缩空气流量计 1 台。我们还先后投资 300 多万元建立了包含能源管理系统在内的计算机管理信息系统，通过对各分厂各工序能源消耗情况的及时掌握，为公司指导生产和正确决策提供了科学的依据，极大地提高了产出能效。

（三）控制能源消耗指标，对主要能源指标进行攻关。为进一步降低能源消耗，2008 年初公司在原有能源消耗指标（综合焦比、喷煤比、冶炼电耗、动力电耗、轧钢电耗）攻关的基础上，通过与国内同行业先进指标相比较，制定了适合本企业的指标对标考核体系。通过 46 项指标的完成情况对各单位业绩进行考核，使公司各项能耗指标都有较大幅度降低。为了有效跟踪能源消耗情况，公司还开展了煤气、氧气平衡及固体燃料平衡等工作，每月对各单位能源消耗情况进行分析、总结，达到降低能源消耗的目的。

（四）开展车间在班组节能竞赛活动，对节能效果好的班组和个人进行奖励。对浪费能源现象进行厂内通报批评。为了提高职工节能意识和思想观念，我们还针对性的进行了三次培训教育，使职工素质有明显提高，出现了人人关心节能减排，人人自觉注意节能减排的氛围。

三、大力发展循环经济，实现工业废弃物的资源化

阿钢以"废物就是资源"为理念，实现了工业废物资源化管理，并取得了很好的经济效益。通过磁选、沉降、干选等方式，将高炉、电炉产生的除尘灰、轧钢产生的氧化铁皮、高炉产生的含铁沉泥以及炼钢钢渣中的磁选铁粉和干选富矿粉，直接返回炼铁用作烧结原料。2008年阿钢回收利用含铁70%的氧化铁皮1.3万吨，含铁35%的高炉除尘灰0.88万吨，含铁60%的电炉除尘灰1.47万吨，含铁48%的钢渣、干选富矿粉2.36万吨，含铁70%的磁选铁0.5万吨，合计6.51万吨，折合66%品位的精矿粉5.43万吨，按铁料年平均进价计算节约资金5000万元。各种工业废弃物几乎100%实现了资源化，虽然产能逐年增加，但阿钢不仅没有征地设立废弃物处理厂，原有的厂内小渣山也被"吃平"。随着产能的扩大和铁料价格的猛涨，阿钢从工业废物这个"资源"中的收益也逐年递增。

由于阿钢持之以恒地以节能减排为主线，不断发展循环经济，推进节能减排，使企业能耗不断降低，主要技经指标不断改善，2008年完成吨钢综合能耗452.88kg标煤/吨钢，比2007年的492.90kg标煤/吨钢降低了40.02kg标煤/吨钢，同比降低8.12%；年节能2.64万吨标煤。2008年实现万元产值1.13吨标煤/万元，比2007年的万元产值1.66吨标煤/万元降低了0.53吨标煤/万元，同比降低31.93%，完成了国家"十一五"期间每年万元产值能耗降低4%的节能目标。

实践使我们体会到，节能降耗是企业发展的硬任务，是企业生存的生命线；利废减排是企业的社会责任，也是提高企业效益的根本出路。

打造绿色阿钢是我们永远的信念。

☞ 践行科学发展观创节能环保企业

哈尔滨热电有限公司

多年来，在国家节能减排政策的指导下，在省、市政府的大力支持和帮助下，哈热公司按中国华电集团公司和华电能源股份有限公司的发展战略和具体要求，奋发有为，加快发展，节能工作成效显著。

一、公司基本情况及主要节能减排成绩

哈尔滨热电有限责任公司的前身为哈尔滨热电厂，2001 年 11 月份，改组为哈尔滨热电有限责任公司。公司经过五期改扩建，现有四台发电供热机组，总装机容量为 800MW，供热面积 1200 多万平方米左右，是黑龙江省最大的热电联产企业。

在国务院大力提倡节能减排的大背景下，哈热以积极的态度、理性的思考、强烈的社会责任感，把节能环保意识融入到工作的每一个角落，时刻践行"以节能减排促发展"的经营理念，在节能减排方面收到了明显成效。

2006 年，公司#7、8 机组不仅圆满完成当年投产、当年供热的"双机双投"目标，而且实现了#7、8 脱硫装置、电除尘设备与主体工程同时设计、同时施工、同时投产的"三同时"，实现了环境保护要求，成为黑龙江省第一家安装脱硫装置的企业。新机组投产后，可以替代拆除 187 座分散式小锅炉，拔掉 128 座小烟囱，每年可减少 SO_2 排放 5292 吨，减少烟尘排放量 55500 吨。

2007 年 6 月，公司#1－4 老机组实施关停，比国家规定的期限提前了半年。10 月，中国华电集团公司按《火力发电厂节能评价体系》要

求，对我公司进行了全面的查评工作。经查评专家工作严格查评，我公司以 92.7 分成绩，得到专家组的充分肯定。2008 年 6 月，公司#1-4 机组烟囱成功爆破拆除，在节能减排工作上又扎实地向前推进了一步。

哈热公司由于在节能减排工作中贡献突出，在 2008 年 4 月的哈尔滨市纪念"世界地球日"大会上，被市政府授予"绿色环保企业"称号。在 6 月份举行的黑龙江省及哈尔滨市节能宣传周开幕上，我公司又被市政府授予哈尔滨市节能减排标兵企业称号。

二、我们的主要做法

（一）统一思想，提高认识，高度重视节能减排工作。

哈热公司通过开展组织学习和班组竞赛等活动，提高了全体员工对节能减排工作的认识。同时，充分利用报纸、电视、公司内网、宣传栏等多种形式，营造浓厚的舆论氛围，使广大员工自觉投身到节能减排的行动中来。

（二）制定方案，健全机制，确保节能减排工作落到实处。

针对造成能源极大浪费等问题，公司制定了明确的节能减排工作实施方案，成立了节能减排领导小组，明确了节能减排工作重点，从公司到班组，层层分解任务和指标，并拨付专项资金，积极开展节能减排工作。现已形成设备检修、设备运行和经济指标竞赛奖励等共三十多项节能管理制度。

（三）以精细化管理为抓手开展节能降耗工作。

精细管理是公司实施节能降耗技术创新得以成功的保证。为此，我们从以下几个方面入手，对工作的每个环节进行精分细化。一是精心操作，优化运行，合理分配各台机组的负荷，使厂用电率和煤耗均有所下降。二是积极开展小指标竞赛，加强主要经济指标的考核力度，将奖金与安全生产、经济效益挂钩，要求机组运行各参数向设计值靠拢；机组的各项经济指标压"压红线"运行，达到机组经济运行水平。三是完善燃料全过程、全方面的管理体系，认真做好燃料采购、验收、采样、接卸、存储、配煤掺烧等各个环节的工作，提高经济效益。通过这个精细管理管理，形成了一个管理网络的闭环。

（四）转变理念，重视创新，积极推动节能减排工作。

发电企业提高燃料的利用率有三个途径：

1. 新机组投产，节能成效显著

哈热 2×300MW 供热机组投产运营后，成为节能的主力军。2007年哈热公司完成发电量为 42 亿千瓦时，供热量 481 万吉焦，耗煤 260万吨，耗油（#0 轻质柴油）2400 吨左右，耗水 1300 万吨。与以往同期相比，节能效果明显，按 2007 年发电量 42 亿千瓦时计算，全年节约标准煤使用量 16.62 万吨，节煤效果显著。

2007 年我公司对#8 机组进行了少油点火装置技术改造：装置改造前，启动一次锅炉需耗油 80 吨左右；改造后，#8 锅炉启动一次仅需耗油 15 吨左右。2008 年公司对#7 炉点火装置也更换为少油点火装置，预计 2008 全年公司可节省耗油 800 吨。

近年来，公司还投入千万元资金进行了热网二次系统换热改造、新建污水处理厂等节水工程。不仅实现工业用水回收，而且实现了生活污水回收，全厂达到了污水零排放的节水最高目标。预计全年节水在 50万吨以上。

2. 技术改造，节约能耗

2007 年，组织公司专业技术人员，完成了 300MW 机组制粉设备密封风系统改造，改造前一台炉两台密封风机同时运行，改造后停止两台密封风机运行，按一台炉运行计算，年节电 120 万 kwh，优化了运行方式。公司又先后通过#7、#8 炉少油点火装置改造工程、#6－#8 机组凝泵加装变频装置、#7、#8 机组电除尘器电源柜改造等技改工程，大大降低了机组的耗油、耗电水平。

3. 环保措施，变废为宝

公司积极发展循环经济，在役机组全部完成了电除尘改造，80% 以上的粉煤灰实现干排放，粉煤灰、石膏等副产品全部由社会再利用。对污水处理厂进行改造升级，废水全冲毁回收再利用，达到了"零排放"标准。煤场安装了防尘喷淋系统，建设了两座3万吨级的储煤罐。对灰场采用了水覆盖、土覆盖、防晒布覆盖等多种防扬尘措施，先后实施了三次灰坝加高改造，确保灰不外流。

三、下一步工作打算

节能减排工作任重而道远，哈热公司将遵循"打造节能环保企业"的远景目标，实践"管好五期、建好六期，筹划七期"的发展方向，励精图志、奋发图强，继续加大资金投入，加快节能技术改造进度，将节能减排作为企业新的利润增长点，实现更大的经济效益和社会效益。以绿色环保、节能高效的崭新形象为龙江大地提供充足的电能和热能，为振兴东北老工业基地、为龙江经济的早日腾飞做出新贡献！

☞ 建设节能制度优化产业结构

哈尔滨市发展和改革委员会

2008 年，我市节能工作在国家和省委、省政府的大力支持下，在市委、市政府的正确领导下，取得了明显成效，受到了省和国家的好评。我市 2008 年万元 GDP 能耗 1.316 吨标准煤，比上年下降 5.05%。比计划下降 4.6% 的指标多完成了 0.45 个百分点。2008 年节能目标和节能工作考核得分 95 分，居全省首位，也是唯一列入超额等级的城市，比第二名大庆市高出 6 分。在全省地市级以上城市中只有我市政府获得了全省节能工作先进单位称号。

一、节能工作成绩方面

（一）组织健全，基础工作扎实。

各区、县（市）在"节能制度建设"、"调整和优化产业结构"、"节能投入和重点工程实施"、"重点领域节能工作落实"和"法律法规建设"等方面工作开展得较好。我们按照省、市关于加强节能工作建设的要求成立节能减排工作领导小组及其办公室，并积极开展工作。每年都召开节能工作专题会议（有会议纪要）两次以上，对本地区的节能工作进行研究部署、分解指标。各区、县（市）发改局都设有节能减排专职工作人员，确保责任到人。同时，都根据实际情况编制了适合本地区的工作规划和实施方案。都按市里通知的要求，制定了本级"节能减排综合性工作方案"和"全民节能行动实施方案"，呼兰区还制定执行了《呼兰区公共机构节能规划》，形成政府机关带头节能的良好风尚，成为区、县（市）公共机构节能工作中的一个亮点。特别是平房区对节能工作高度重视，区四大班子都将节能工作纳入议事日程，使该区节能基础工作扎实有效、行之有效。

（二）积极推进，节能项目进展顺利。

2008年，全市各区、县（市）都积极努力，通过多渠道筹措资金，新上了一批科技含量高、节能效果好的节能项目。2008年全市已开工建设总投资在5000万以上的重点节能工程有30项。其中，能量系统优化工程3项，燃煤工业锅炉改造工程4项，余热余压利用工程2项、节约和替代石油工程4项、电机系统节能工程2项、建筑节能工程7项、资源节约与综合利用项目5项、节能监测和技术服务3项。其中，经省市积极汇报争取，获得国家资金支持的项目16个，获得资金补助7660万元，是2007年480万元的16倍。这些项目已有半数以上项目形成了生产能力，在节能降耗工作中发挥了一定示范带动作用。

（三）形式多样，宣传效果明显。

2008年，我市大力开展了节能宣传工作。各区、县（市）继6月20日黑龙江省暨哈尔滨市节能宣传周开幕式活动举办后，都于2008年6月23日至28日广泛开展了节能宣传周活动，并举行了开幕仪式。使我市的节能宣传活动有力地向纵深推进。各区、县（市）开展的节能宣传活动突出表现在以下三个特点：

一是领导重视。在2008年节能宣传周活动中，各区、县（市）领导都都十分重视，亲自参加节能宣传活动。其中，香坊区区长出席会议并讲话；南岗区、呼兰区、道里区、道外区、平房区、松北区、巴彦县、宾县、方正县、双城市、五常市、木兰县、通河县、延寿县、尚志市、依兰县主管节能减排工作的领导到会并讲话。领导的重视不仅确保了节能宣传周活动的顺利开展，也极大地调动了民众参与节能活动的积极性。二是形式多样。各区、县（市）采取制作节能宣传展板、发放节能宣传单和宣传册、发放环保购物袋、悬挂节能宣传条幅、张贴节能宣传海报、有奖知识问答、文艺表演等丰富多彩的形式开展节能宣传活动。南岗区注重多视角抓好节能宣传工作，在节能宣传周启动活动中不仅有大型的国有企业参加，也有 10 几个人组成的家政服务公司参与；同时，还把节能宣传的主会场设在市二职和马家沟小学校，在师生中开展了以"节约能源资源、保护环境"为主题的升旗仪式、节能宣誓和节能作品展示等活动，对培植学生节能理念起到了积极的促进作用。巴彦县在各乡镇分别设立了分会场，有力地推动了节能宣传的普及。依兰县利用漂流节参加群众较多的有利时机，积极宣传节能减排的重要意义。在本次活动中，有 7 个区、县（市）开展了现场节能知识有奖问答和现场签字活动，使节能宣传的互动性进一步增强。双城市、巴彦县、通河县还围绕节能降耗这一个主题进行了节能专场文艺演出，通过扭秧歌、歌曲连唱、相声、小品等内容健康、贴近生活实际的节目表演来突出节能宣传主题。还有的区、县（市）深入街道、社区、车站向过往的行人发放节能宣传单，感召大家"从我做起"加入到节能行动中来，营造了良好的节能宣传氛围。三是宣传广泛。2008 年，在全市节能宣传周的推动下，各区、县（市）宣传周活动纵向推进明显，参加各区、县（市）节能宣传周活动的不仅有区、县（市）直属各部门、街道办事处，而且还有企事业单位、学校、社区、医疗单位、家庭成员。据统计，在本次区、县（市）开展的节能宣传周启动仪式活动中共展出节能宣传展板 190 多块，发放节能宣传册 15860 本、发放节能宣传单 150000 多份、环保购物袋近 40000 个，张贴节能宣传海报 2000 多张、电子滚动屏幕 8 处共滚动标语 120 多条。各地主会场参加代表队数平均在 23 个以上，与会代表队总数接近 420 个；直接与会人数平均在 240 人以上，间接与会人数平均在 950 人以上，总参加人数 20000 人以上；共有 18 个主会场，19 个分会场；活动直接覆盖 8 个区、10 个县、18 个乡镇。

（四）抓大带小，重点行业效果明显。

各区、县（市）工业节能、建筑节能、交通运输节能和农业节能工作开展得深入扎实。工业方面，被列入 2008 年淘汰落后产能的 10 户企业分布于香坊区、阿城区、五常市、双城市、宾县和巴彦县等 6 个区、县（市），通过检查确认这 10 户企业全部按期完成了落后产能淘汰任务或退出机制。全市工业节能技改和节能监察监测工作也得到了有力加强。重点耗能企业都设立了节能办，车间设立了节能管理员和计量员。用能单位能源计量器具实际配备率 95%，次级用能单位能源计量器具实际配备率 90%，主要用能设备能源计量器具配备率 90%；而 2007 年这三项配备率分别为 68%、48% 和 30%。建筑方面，2008 年，各区、县（市）都能按照《公共建筑节能设计标准黑龙江省实施细则》和《黑龙江省居住建筑节能 65% 设计标准》的要求认真执行，确保建筑节能标准的有效实施。2008 年全市各区、县（市）新建居住和公共建筑均已全部达到节能 50% 标准，新建居住建筑开始执行节能 65% 设计标准。各地根据市里下发的相关文件精神也相应地制定了本区、县（市）建筑节能实施细则，并在开展工作中加以落实，效果明显。平房、依兰、尚志建筑节能工作开展相对较好。交通运输方面，全年各区、县（市）共改装 LPG（液化石油汽）/汽油车辆 215 台，新增 LPG 车辆 101 台，更新 LPG 车辆 114 台，交通运输节能区域进一步扩大、体制得到进一步完善。农业方面，农村农业节能发展态势良好。2008 年我市在 15 个项目区、县（市）新建沼气池 9663 户，全市累计建沼气池 31017 户，累计产沼气 1002.8 万立方米（折标煤 7165 吨）。道里、香坊、阿城、五常、依兰、木兰等 6 个区、县（市）安装太阳能路灯延长 8000 米，有力地促进了农村农业节能工作的有效开展。

（五）以点带面，重点企业贡献突出。

2008 年，我们着重抓了重点耗能企业的节能降耗工作。特别是重点抓了中煤龙化哈尔滨煤化工有限公司、中国石油天然气股份公司哈尔滨石化分公司、亚泰集团哈尔滨水泥有限公司、华电能源哈尔滨第三发电厂等 4 户年耗能 18 万吨标准煤以上的国家"千家重点耗能企业"节能降耗工作。这 4 户国家"千家重点耗能企业"通过采取加强管理、能源审计、编制节能规划、进行技术改造等措施，在企业内部深入开展节能活动，成效显著，亚泰哈尔滨水泥有限公司全年节能 11.91 万吨标准煤、中煤龙化哈尔滨煤化工有限公司全年节能 9.995 万吨标准煤、哈三电厂全年节能 2.1 万吨标准煤、哈尔滨石化全年节能 1.184 万吨标准煤，这四户企业 2008 年共节能 25.189 万吨标准煤，全部超额年度节能计划，为我市完成"十一五"节能总目标提供了强有力支撑。

（六）依法节能，严格开展项目管理。

我市在开展节能工作中，始终把依法节能放在重要位置，各区、县（市），各行业主管部门，都认真贯彻执行《中华人民共和国节约能源法》，认真贯彻省市各项节能方针政策，结合本地实际出台了相应地方法规。如：我市 2008 年出台了《哈尔滨市节能降耗统计监测及考核实施方案》，市发改委与市财政局拟定了《哈尔滨节能专项资金管理办法》。同时，加强了国家和地方节能资金的管理力度。一方面，要求项目单位必须专款专用；另一方面，每月要求上报项目进度。使全市重点项目进展顺利。

二、存在问题

（一）责任意识还需加强。个别地区领导没有充分认识到节能对经济可持续发展的积极促进作用，存在着把节能工作和经济发展相对立的认识误区。应付检查，走过场的现象还不同程度地存在。

（二）区、县（市）节能专项资金没有设立。在检查中发现，各区、县（市）普遍没有设立节能专项资金。

（三）节能专业人员配备不全。一是按照市里要求，各区、县（市）统计局要设立专职能源统计员，但在检查中发现多数区、县（市）为兼职统计。二是节能监测队伍不健全，不利于区、县（市）监测工作开展。三是节能计量专业人员少，计量设备简陋，难以承担区域和重点企业的节能工作。

三、下步工作打算

（一）进一步完善节能减排三个体系建设。

加强市、区、县（市）节能减排组织领导工作，按照要求，建立和完善节能监查机构，组织推进节能服务中心和节能服务公司的建立和工作的开展。

（二）认真抓好节能减排法制管理。

在调查研究的基础上，起草《哈尔滨市节能管理条例》，并认真贯彻落实国家和省的一系列相关法规政策，切实将我市节能减排工作纳入法律轨道。

（三）抓好重点节能项目的开发推进工作。

突出抓好阿城钢铁有限公司余热利用、哈尔滨量具集团节能技改、哈尔滨鸿盛建筑材料制造有限公司节能墙体材料、中惠节能电热地膜、黑龙江双达集团抗压保温粉煤灰砌块等20个重点节能项目，加快推进项目进展、积极帮助项目单位争取国家资金支持，并跟踪问效确保达产后节能量的实现。

（四）加快创新步伐，增加节能减排科技含量。

强化企业创新主体地位，着力增强企业自主创新主观能动性，进一步集聚创新资源，努力夯实节能减排工作的技术基础。重点组织开发有普遍推广意义的"零排放"技术、有毒有害原材料替代技术、回收处理技术、绿色再制造技术等，促进循环经济快速发展。

（五）是要继续抓好调查摸底，淘汰高耗能企业。

对污染重、能耗高、长期违法排污、改造治理无望的小砖瓦、小化工、小冶炼、小造纸、小建材、小食品等高耗能小企业，要列出具体名单，明确进度目标，分期分批地淘汰。要注重城乡统筹、行业结合、部门协调，调动全社会方方面面的积极性和自觉性，形成节能减排工作合力。

（六）加大否决力度，确保责任落实到位。

重点强化政府、企业、社会"三个主体责任"：强化企业主体责任，关键是要打牢企业管理基础，切实落实目标责任，推动企业自觉节能减排；强化政府主体责任，当务之急是要建立健全市节能减排工作责任制和问责制，把节能减排指标完成情况纳入经济社会发展综合评价体系，实行"一票否决"制；强化社会主体责任，动员全社会的力量积极参与节能减排，引导创建节约型机关、企业、社区、学校等，在全社会形成节能和环保的良好风尚。

（七）抓好建设项目的节能监审和节能服务工作。

1. 建立节能监审机制，对新上项目按国家要求进行节能审查。

2. 建立节能服务机制，大力开展节能审计和合同能源管理。挖掘节能潜力，开展节能市场化运作，先抓好一批试点，再推动面上深入开展。借鉴外地经验，结合我市实际，形成节能服务体制。

（八）大力开展全民节能行动。

依据《哈尔滨市政府办公厅关于开展全民节能行动和进一步加强节油节电工作的实施意见》，深入进行节能宣传动员工作，通过各种形式，提高广大市民的节能意识，督促耗能企业和机关事业单位全面开展节能行动。为把我市建设成为资源节约型、环境友好型城市而共同努力。

四、两点建议

一是加强节能管理力量。按照国家和省的要求，借鉴外地经验，市成立节能中心和监察支队，区、县（市）成立节能监察大队。各相应部门设立专职节能工作人员。区、县（市）统计局设专职能源统计员。二是设立和增加节能专项资金。按照国家和省的要求，节能专项资金要根据当地财政收入的增长而增加，例如：我市 2008 年为 1000 万元，09 年增加 100－200 万元，否则 2009 年将被扣分。各区、县（市）要根据自身财政收入的实际，把节能专项资金纳入到本级年度财政预算当中，为节能工作的开展奠定一定资金基础。

总之，我市 2008 年节能工作取得较好成绩，但"十一五"后两年任务依然很艰巨，尚需全市上下做很多艰苦的工作，为超额完成"十一五"节能目标，把我市节能减排工作不断推向深入而努力。

☞ 以创新方式推动哈尔滨市水环境节能减排工作

哈尔滨太平污水处理厂厂长　张福贵

一、创造了最佳水处理工程建设模式

2004 年市政府以国内外公开招标的方式，确定了同方哈尔滨水务有限公司为哈尔滨太平污水处理厂的投资、建设和运营方。特许经营期 25 年（含建设期 2 年），起始污水处理运营费 0.598 元/吨。水厂规模为日处理能力 32.5 万立方米。工程累计投资 3.4 亿元。2004 年 6 月 6 日水厂动工建设，2005 年 8 月 30 日竣工，历时 14 个月。同年 10 月 9 日通水调试，12 月 1 日开始商业试运营。2006 年初通过了黑龙江省环境保护厅组织的环境评价验收。2006 年 2 月 15 日正式商业运营。

太平污水处理厂的建设期为 14 个月（含 3 个月的冬季），是东北地区同等规模、建设最快的污水处理厂，工程的建设创下了全国水务行业的五项第一。

该工程是 2004 年内地启动速度最快、运作最规范的项目；

截至目前，国内规模最大的、以 BOT 公开招标的污水处理厂；

东北地区同等规模、建设最快、工程投资最低的污水处理厂；

国内同等规模、污水处理服务费最低的污水处理厂；

国内自有知识产权使用最高的污水处理厂。

二、坚持科技创新道路

重视"产、学、研"一体化的发展思路，着重把技术转化为生产力，水厂自建设开始就采用了大量的自主技术，包括水厂自控系统、电器设备等，自控系统的良好应用使太平污水处理厂大部分工艺实现了无人值守，同时也降低了许多造价，为未来的低水价运行打下良好的基础。目前，哈尔滨太平污水处理厂已成为哈尔滨工业大学市政环境重点实验室试验基地，是东北林业大学等国内重点大学的科研教学培训基地。

运行调试过程中先后主要应用以下技术：

（一）低温快速启动技术：太平水厂 10 月 1 日启动 A/O 池地调试，在水温低于 15 度的情况下，历时 1 个月就完成了活性污泥的培养和驯化，比以往提前了 1 个半月的时间。解决了东北地区 10 月之后调试困难、调试周期长达两个月的问题。

（二）高效生物菌群的应用：自行组织人员对优选出来的菌群进行扩培。该技术的应用使太平污水处理厂的生化池地能耗大大降低，有利于节能减排。

三、加强运营管理，增强节能减排实效

公司现已形成个性化的投资方式、创新的建设模式、独特的运营模式，实现了投资－建设－运营一体化。同方哈尔滨水务公司采用①经营车间制：实行统一的标准化、模块化运营和管理。②核心管控制：对生产经营、质量、安全和预算费用管理实行时时管理，随时掌握控制。③专业委托制：对大维修、抢修、供暖、供水和供电等附属设施实行了物业化管理、委托经营方式。④智能巡检制：部分工艺实现了无人值守的最优状态，建立了控制型运营人员管理系统和重要管理点运行控制方法，形成了创新性巡检和考勤制度，保证了水厂各工艺的巡视周期，提高了人员的工作效率。⑤"四会一检"制：通过"四会一检"，随时掌握水厂生产运营，实现精细化管理。⑥资金预算制：设置相应、合理的审批权限，发挥公司的积极性、主动性；实行预算管理制度，对计划外项目，严格履行审批制度，减少了费用的支出。⑦质量规范制：加强质量管理，保证水厂安全运营和出水水质达标排放。⑧技术孵化制：通过

技术创新和科研成果，节能降耗，合理减少生产运营费用。

　　同方哈尔滨水务公司投资 400 万元建成了国内领先的水质检测中心，水质检测中心贯彻执行计量认证体系，完全能够保证数据的准确性和可靠性，为工艺调整和节能降耗提供有力的保障，目前化验中心完全能够承担 GB 18918 −2002《城镇污水处理厂出水排放标准》中规定的各种项目。另外，公司投资 200 万元在各生产工艺控制点安装了多种在线监测设备，对水厂生产的全过程进行实时监测，对出水水质进行 24 小时连续采样监测，有力的保障了出水达标排放。太平污水处理厂运行 3 年以来圆满地完成了所承担的哈尔滨 COD 减排工作。没有发生一起违规事件，进厂污水全部达标排放，为保护松花江水体，减少水环境污染做出了贡献。哈尔滨太平污水处理厂 2006 年至今合计处理污水 22866 万吨，2006 年削减水中主要污染物 COD 20247.97 吨、2007 年削减 COD 25130.49 吨，2008 年上半年削减 COD 14957.44 吨。为哈尔滨市的减排工作做出了较大的贡献，被评为"哈尔滨市 2007 年度节能减排优秀单位"。

☞ 强化政府领导　推动减排
目标任务的落实

哈尔滨市环境保护局

按照黑龙江省减排责任状要求，到 2010 年我市污染减排的目标是：主要污染物化学需氧量（COD）和二氧化硫（SO_2）排放总量分别在 2005 年基础上削减 15.1%（14230 吨）和 4%（3234 吨）。2006 年以来，在国家和省的正确领导和全市各方面的共同努力下，我市共实施了 11 个化学需氧量（COD）和 81 个二氧化硫（SO2）减排项目，分别削减 COD 1.22 万吨和 SO_2 8450.16 吨，较 2005 年排放总量削减了 13% 和 10.44%，已完成了十一五目标量的 85.8%，也超额完成省下达给我市的阶段减排目标。水、气两项主要污染物削减量均占到全省削减总量的近一半，为全省减排工作做出了重要贡献。

一、主要工作思路及措施

落实主要污染物减排目标任务，我们总的工作思路是：一个依靠和六个结合：即紧紧依靠市委市政府对减排工作的强有力领导，在具体推进上采取六个结合的做法：一是工程减排与结构调整和管理减排相结合；二是城市基础设施工程建设与点源治理相结合；三是电力 SO_2 减排与非电二氧化硫治理相结合；四是"增量"控制与"存量"削减相结合；五是严格执法与热情服务相结合；六是"硬件"建设与"软件"建设相结合。

（一）紧紧依靠市委、市政府对减排工作的强有力领导。

哈尔滨市市委、市政府高度重视主要污染物减排工作，坚持把污染减排作为落实科学发展观，加快资源节约型和环境友好型社会建设，实现经济又好又快发展的主要工作来抓,有力地推动了减排目标任务的落实。一是市领导亲自抓,从领导上强化。市委书记杜宇新同志多次对全市污染减排工作做出重要指示,主持常委会议专题研究污染减排工作,并到双城治污现场视察。张效廉市长主动担任污染减排工作领导小组组长,多次组织召开常务会、领导小组工作会、协调会和深入一线听取城市污水处理厂建设、污染减排工作汇报,集中解决了一批难点问题。王世华副市长市长还专门到环保部向张力军副部长汇报污染减排工作,并到国家华电集团协调电力企业机组脱硫项目建设等工作,赢得了环保部和华电集团领导的理解和支持。二是摆上重要位置,从政策上推动。市政府常务会专题研究部署减排工作,在全国省会城市中率先出台了《主要污染物减排工作方案》,有力推动了减排工作的顺利开展。为解决治污减排投入上的资金缺口问题,市政府提高了对治理项目的补助资金比例,明确了"十一五"时期每年为企业增加减排项目资金750万元。三是纳入目标考核,从机制上保证。张效廉市长与区、县(市)政府、有关部门和重点企业签订了治污减排责任状,并列入重要督办事项,实行绩效考核、问责制和"一票否决"制,增强了社会各方面做好治污减排工作的自觉性和责任感,促进了全市污染减排工作的深入开展。

(二)具体推进采取的"六个结合"办法。

1. 工程减排与结构调整和管理减排相结合。面对完成减排目标任务的巨大压力,我们在研究如何落实减排目标任务的过程中,深深体会到,只有采取以工程减排措施为主导,同时积极挖掘结构调整以及管理等多种减排措施,减排目标才有可能完成。为此,我们首先结合我市实际,谋划了城市污水处理厂、重点工业企业污水处理、电力和非电力企业脱硫治理等一批重点水、气工程减排措施,截止2008年底共有21个水、气减排工程建成投运,分别实现 COD 和 SO2 减排量 12000 吨和 6800 吨,挑起了我市减排的"大梁"。在谋划工程减排措施的同时,我们对我市的落后产能进行了全面调查摸底,并在此基础上,落实了37个结构调整减排项目和循环流化床锅炉炉外脱硫等一批管理减排项目,虽然这些项目多数减排量不是很大，但也为我市全面完成减排指标任务做出了积极的贡献。

2. 基础设施工程项目与点源治理项目相结合。在水污染物的减排上，我们采取了"双管齐下"的办法，一方面加快了城镇污水集中处理设施建设，计划投资 20 亿元实施 15 个城镇污水处理项目，目前我市已有太平污水处理厂、呼兰利民污水处理厂等 8 个项目建成运行，污水处理能力达到 78.2 万吨/日，其它计划建设的污水厂也将在 2010 年底前陆续建成投运。另一方面，我们实施了 8 家重点工业污染源的污水处理项目，目前这 8 个项目大部分已建成投运，形成了减排能力。

3. 电力 SO_2 减排与非电 SO_2 治理相结合。面对我市属低硫煤地区，安排投资巨大的电力机组脱硫项目十分困难的实际情况，我们一方面不放弃争取哈三电厂等在哈大电厂实施机组脱硫改造工程，另一方面，我们对全市大型工业锅炉进行了摸底，并筛选了 20 家非电工业企业的较大型锅炉实施脱硫治理工程，通过强力推进，目前这些项目绝大部分已建成投运，为我市在困难条件下超额完成 SO_2 目标任务做出了重要贡献。

4. "增量"控制与"存量"削减相结合。在减排实践中，我们认识到"存量"削减固然重要，如果"增量"不能得到有效控制，会给"存量"削减带来巨大压力。为此，我们在着力抓好"存量"削减工作的同时，强化了"增量"控制措施。一是严把环境准入关。对不符合产业发展政策、总量控制计划和不能通过"以新带老"、"以大带小"实现减污降耗，以及无法通过区域平衡等替代措施削减污染总量的 7 类新、改、扩建项目一律不予审批，直接和间接否定新上项目 56 个。二是严格控制规模以上工业企业的 SO_2 增量。严格按照《关于在规模以上工业企业开展节煤减排工作的通知》要求，推动规模以上工业企业通过广泛采用节煤新技术、调整产品结构、淘汰落后生产工艺、改进工艺流程、实行清洁生产等方法，努力做到增产不增污。重点对列入统计范畴的企业实施了节煤评估审查，督促 11 家企业进行了节煤整改和挖潜，累计实现节煤30余万吨。三是积极推动省有关方面通过采取电力调度措施压缩无脱硫机组发电量。协调省经委、省电网公司等有关部门，在我市辖区电力企业总体发电量指标不变的情况下，进一步压缩哈尔滨第三发电厂等无脱硫机组电力企业的发电量，调剂给拥有脱硫机组的哈热电厂，最大限度地发挥其脱硫机组的减排功效。

5. 严格执法与热情服务相结合。为确保安排和谋划的减排措施能够真正落到实处，在推进减排工作的方法上，我们采取了"胡萝卜加大棒"的策略。"胡萝卜"就是对积极落实政府和环保等部门部署的减排任务的企业，我们热情服务，从项目审批、资金筹措到施工难题的协调解决等方面，提供全方位的支持和服务。对消极对待减排责任的，则加大惩处力度，对不能按期落实减排指标任务和进度要求或者减排设施不正常使用的企业，我们专门出台了处理意见，采取限批、取消文明单位资格、取消银行授信等一系列综合措施予以制裁。这些处理措施的出台，对一些后进企业起到了有效的震慑作用，哈三电厂、中煤龙化等一些还存在畏难情绪、尚在等待观望的企业，立即决定将落实脱硫改造工程摆上日程，使治理改造工程得以迅速启动。

6. "硬件"建设与"软件"建设相结合。在强力推进减排各项"硬件"工程建设的同时，我们也加大了减排考核、统计、监测等"软件"体系建设。为此，在国家出台有关办法的基础上，结合我市实际，我们专门制订了《哈尔滨市主要污染物总量减排统计实施细则》、《哈尔滨市主要污染物总量减排考核实施细则》、《哈尔滨市主要污染物总量减排监测办法实施细则》，实现了"四个明确"：即明确了各区、县（市）人民政府要对本地区的减排工作负总责；明确了减排数据的统计调查单位的范围、方式及计算方法；明确了减排目标考核内容和方式，将减排目标考核结果作为对相关部门、单位领导和领导干部综合考核评价的重要依据，实行问责制和"一票否决"制；明确了污染源自动监测和监督性监测相结合的减排监测方式。这一系列"软件"体系建设，为我市减排工作的顺利实施提供了有力的支撑。

二、下一步工作打算

我市减排工作下步总的思路是：在全省减排各项工作中继续发挥龙头作用，为我省全面完成主要污染物减排目标继续做出应有的贡献。着重做好三方面工作。

（一）进一步加大今明两年重点减排工程的推进落实力度，力争尽早建成投运，尽快形成减排能力。

1. 要加大重点脱硫工程的推进力度。重点推动哈尔滨第三发电厂600MW 机组脱硫、哈投电站煤粉锅炉改建循环流化床锅炉、华能三台64MW 锅炉建设脱硫塔、中煤龙化哈尔滨煤化工有限公司锅炉脱硫和哈飞锅炉脱硫等 5 个脱硫减排重点项目加快建设进度，确保按期建成投运。

2. 要加快 24 个国家规划水污染物治污项目的建设进度。重点推动双城污水处理厂等 12 个已建成项目稳定运行，并尽早形成减排能力，其中双城、阿城等 4 个项目 2009 年内完成验收并发挥减排效益；推动何家沟平房污水处理厂等 12 个治污项目加快建设，力争尽早建成具备通水调试能力。

3. 加快涉水企业达标治理进程。依法对不能稳定达标排放的企业实施限产限排，关停部分生产线和生产设备，将高浓度废水截留贮存，并督促企业限期建设预处理设施，提高处理能力，确保达标排放。对实现达标排放的企业，特别是已完工的流域规划治污项目，要加强日常监管，保证治理设施正常运行。

4. 加快以五类和劣五类支流为重点的流域综合治理步伐。按照阿什河、呼兰河、五岳河、少陵河 4 条五类、劣五类支流综合整治规划，组织实施，完成年度治理任务。

（二）启动主要污染物排污权交易工作，通过合理配置环境资源促进减排目标任务的完成。排污权交易是市场经济条件下，通过市场手段合理配置环境资源和鼓励企业落实减排措施的重要手段，下步我市要结合实际，出台主要污染物排污权交易管理办法、实施细则等一系列制度和文件，建立科学合理的排污权交易体系，充分发挥排污权交易的功能和优势，降低企业治污成本，促进我们减排目标任务的完成。

（三）积极做好"十二五"主要污染物减排的项目谋划工作。

"十一五"期间，我市充分挖掘潜力，强力落实减排工程，超额完成了省下达的减排目标任务，但这同时也意味着，我们"十二五"减排的空间变小了，落实新的减排目标任务的难度更大了。因此，我们下一步，要未雨绸缪，在超额完成"十一五"减排目标的基础上，提前开展"十二五"减排项目的谋划工作，为确保完成"十二五"减排目标任务做好扎实的基础工作。

第七编

生态效率与和谐社会

导读：人与自然的和谐相处是和谐社会建设的重要内容之一。人与自然的和谐不仅要维护自然生态平衡，更重要的是要提高生态效率，为经济社会的发展服务。这个理念的根本要求就是，人是发展的主体，自然也是发展的主体，人与自然是相互促进共同发展的关系。所以，生态效率也是人与自然和谐相处的十分重要的基础要求。

☞ 中国生态效率地区差异研究

国家社科基金重大项目 "新区域协调发展与政策研究"

课题组首席科学家 杨开忠

资源、环境与发展的关系一直是人们所关注的基本课题。1992 年联合国里约环发大会通过的《21 世纪议程》第一次把可持续发展和"环境友好"（Environmentally Friendly）的概念提到全人类发展的议程。在我国，2005 年 3 月中央人口资源环境工作座谈会提出，要"努力建设资源节约型、环境友好型社会"。党的十七大从实现全面建设小康社会目标的新高度出发，第一次提出"建设生态文明，基本形成节约能源资源和保护生态环境的产业结构、增长方式、消费模式"。资源节约、环境友好、生态文明不是不要发展而是要在可持续发展框架下以生态有效的方式满足人的需要。因此，经济社会发展实现资源节约型、环境友好型即生态文明型的关键在于提高生态效率。本文在定义生态效率的概念和测度方法的基础上，对我国各省市自治区生态效率差异进行了初步研究。

一、生态效率的定义和测度

生态效率（Eco - efficiency）的概念源自 20 世纪 90 年代 OECE 和世界可持续发展商业委员会的研究和政策中，将其作为公司和地区提高竞争力的有效途径（诸大建、邱寿丰，2006）。广义来看，生态效率就是指生态资源用于满足人类需要的效率（OECD，1998），其本质就是以更少的生态成本获得更大的经济产出。

人们通常用经济价值增加量和资源环境消耗增加量的比值来衡量生态效率。但以往的研究重点关注的是单项生态环境要素，如土地、水、能源、温室气体、酸性气体等的生态效率，相对忽视一个国家和地区整合的生态效率。近些年来，随着生态足迹分析方法的广泛应用，人们开始用单位生态足迹所支持的产出来衡量国家和地区综合的生态效率（如顾晓薇、王青，2005）。这是一个有益的方向，但运用这一指标系统而详实地研究生态效率地区差异的成果却鲜见。

本文试图运用生态足迹分析的方法来测度我国各省市自治区的生态效率。设生态效率指数为 EEI：

在这里，所谓生态足迹，是指经济发展对生态环境的总体冲击。任何已知人口的生态足迹等于生产所消费的所有资源和吸纳所产生的所有废弃物所需要的生态生产性土地的面积（杨开忠，2000；徐中民，2000）。生态足迹从"需求方"来思考，当它小于当地生态的承载力时，说明还存在生态盈余；反之则产生了生态赤字，那么需要从外部进口资源，对外地资源环境的依存也就不可避免。值得注意的是，作为全球的一个局部，一个区域内的生态盈余或赤字并不表示这个区域的经济社会发展是相对生态友好或生态不友好的。一个生态友好的经济体生态可能赤字，而一个生态不友好的经济体生态可能盈余，这一点常常被人们所误解。

EEI 为地区产生单位生态足迹所对应的地区生产总值，它与 GDP 成正比，在生态足迹一定条件下，GDP 越高，其水平亦越大，反映生态效率越高；与生态足迹成反比，在地区生产总值一定的情况下，生态足迹越小，其水平越高，表示生态效率越高。EEI 由普遍公认的 GDP 和生态足迹两个指标直接合成，原理简明、计算方便，易于应用。因此，它是一个表示经济发展的综合生态效率的合适指标。

计算 EEI 的关键在于计算地区生态足迹。本文计算生态足迹时涵盖了三种账户：生物消费账户、能源消费账户、建成区账户。生物消费账户计算了粮食、食用植物油、牛羊肉、禽类、蛋类、水产品、蔬菜、瓜果、奶类等十余种物品，分别收集了城市居民和农村居民的生物消费量。能源消费账户参照了 Wackernagel（1997）的处理方法，计算了煤炭、焦炭、原油、燃料油、汽油、煤油、柴油等七种能源消费折算成的能源地面积。建成区直接采用了统计年鉴中的建成区面积一项指标。由于没有准确的木材消费量，因而各省生态足迹中没有包括森林地。关于"产量因子"，耕地的产量因子为中国谷物的单产和世界谷物单产的比值，而草地、森林、水域的因子借用了 Wackernagel（1997，1999）的数据。关于"均衡因子"，传统的做法是根据不同土地潜在的生物生产能力计算。RP 组织（Jason Venetoulis，John Talberth，2006）提出了基于净初级生产力（NPP）对于均衡因子的改进。两种方法的区别在于，前者认为耕地的生物生产能力最强，草地和林地较低，建成区和耕地相同；NPP 方法认为森林和草地的净初级生产力较高，耕地较低，建成区最低。本文采取了"EFNPP"的数据。

本文数据来源为中国统计年鉴、中国各省区市的统计年鉴、中国能源统计年鉴、中国农村统计年鉴、FAO 的官方网站等资料。由于数据的可得性，研究地区没有包括西藏。

图中全国的平均生态足迹为 5.19 标准全球公顷。生态足迹高于全国平均水平的有 14 个省市自治区，其中，山西、内蒙古、宁夏、辽宁、上海是最高的五个省市自治区；低于全国平均水平的有 16 个省市自治区，其中广西、四川、江西、安徽、重庆是最低的五个省市自治区。最高的山西是最低的广西的 4.5 倍。观察可知，所有地区的内部差异明显，陕西和内蒙古在第一梯队，远远高出其他省份，接下来宁夏、辽宁、上海、天津相对较高，数值为 9 以上，随后的省份平滑下降，相对连续。另外，除青海外，所有其他地区生态足迹均大于生态承载力，生态赤字明显。这反映出，我国生态面临巨大压力。

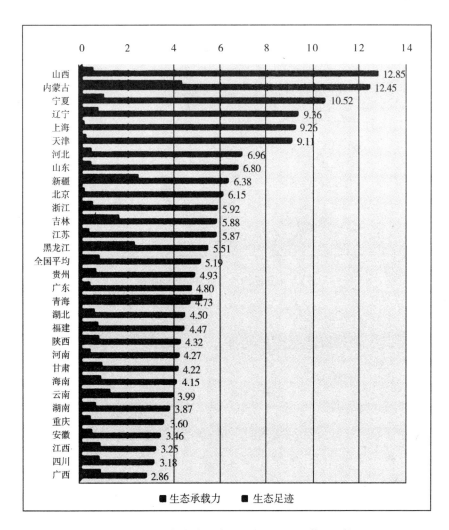

图1　2007年各省市自治区生态足迹和承载力比较

　　从生态足迹的构成看，作为整体的全国情况如图2。其中，能源地占到71%左右，说明能源的消耗是经济活动对自然造成冲击的最主要方面，要降低一地的生态足迹最主要的途径就是降低单位经济产出的资源环境消耗量，提高利用效率。其次是可耕地和草地，占到18%，这是和人类的生活消费有直接关系的，人们的生活水平总是在不断上升的，因此这部分消耗也是稳中有升。各个省市区生态足迹的构成虽然有差别，但差别微小，与全国情况相似。

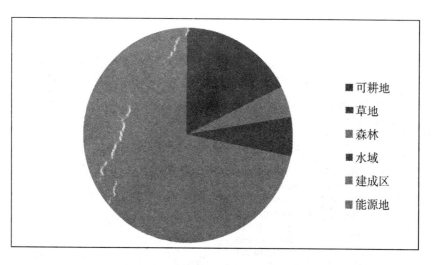

图例:
- 可耕地
- 草地
- 森林
- 水域
- 建成区
- 能源地

图 2　中国平均水平生态足迹的构成

二、生态效率地区差异特征

1. 位序分布特征

利用上文生态效率的计算公式，我们得到中国 2007 年各省自治市区 EEI 指数，按由大至小依次排序如图 3 所示。这种排序虽与人均 GDP 的排序有一定相关性，但位序相关系数只有 0.52，并且有显著不同。如北京人均 GDP 虽然低于上海，但 EEI 值却远远领先于上海而居全国第一位；山西省人均 GDP 处于全国中游水平但 EEI 则居最后一位。四川、江西等人均 GDP 相对序位较低的省份 EEI 排序明显前移了。这表明，经济发展水平高并不绝对地意味生态效率高，后者还与取得同一发展水平的方式密切相关。

为进一步分析位序特征，我们首先将 EEI 值标准化，然后利用平均联结法聚类分析（cluster average linkage），将所有的省市区分为两级六组，即：生态效率水平较全国高的等级，包括以下最高水平组、高水平组和中高水平组的 14 个省市自治区；生态效率水平较全国低的等级，包括分布于以下中低水平组、低水平组、最低水平组的 16 个省市自治区：

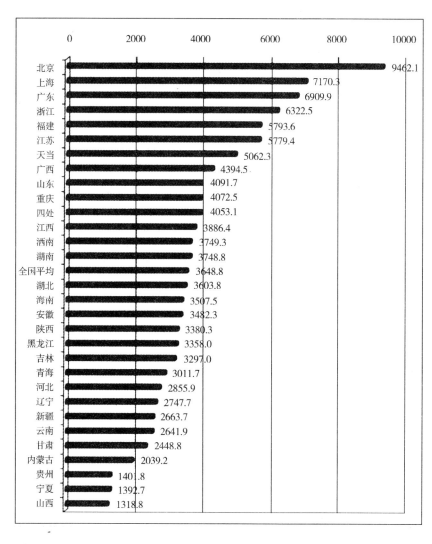

图3 中国省市区 2007 年 EEI 指标排序

（1）最高水平组：北京。

在所有省市区中，北京的 EEI 值最高，且领先程度大。北京的人均 GDP 仅次于上海，居全国第二位，而生态足迹的水平却排在全国第 10 位，并不高。所以综合起来看，北京的生态效率最高，经济发展是最为资源节约和环境友好的。

（2）高水平组：上海、广东、浙江、福建、江苏、天津。

这些省市在排序中属于第二梯队，它们全部是东部沿海省份，经济发达，GDP水平高，但同时相应的生态足迹的水平也排在全国较高的水平。这些省相对落后于北京，但却远高于全国平均水平。

（3）中高水平组：广西、山东、重庆、四川、江西、河南、湖南。

从绝对值上来说，这些省市区EEI值亦高于全国平均水平。除山东为沿海地区外，其它均为中西部地区。

（4）中低水平组：湖北、海南、安徽、陕西、黑龙江、吉林。

这些省份所处的梯队虽然属于中游，但已经落后于全国平均水平了。

（5）低水平组：青海、河北、辽宁、新疆、云南、甘肃。

这一梯队已经属于绝对地落后了，在全国属于低水平。这里既有西部经济落后的省份，又有东部的河北和辽宁两省。

（6）最低水平组：内蒙古、贵州、宁夏、山西。

单纯从EEI的数值看，这四个省区是最落后的。但落后的原因却很不一样。山西的落后最主要的是因为其生态足迹太大。而宁夏和贵州排名靠后主要是因为其经济发展本身太落后。总之，这些省市自治区在生态文明经济发展的道路上远远落后于其他省市区。

2. 空间分布特征

在这里，我们先看看生态效率水平组别分布与"东中西三大地带"区划的关系。

表1　不同生态效率水平组别之省市区的地区分布

东部	中部	西部	
最高水平组	北京		
高水平组	上海、广东、浙江、福建、江苏、天津		
中高水平组	广西、山东	江西、河南、湖南	重庆、四川
中低水平组	海南	湖北、安徽、陕西、黑龙江、吉林	
低水平组	河北、辽宁		青海、新疆、云南、甘肃
最低水平组		内蒙古、山西	贵州、宁夏

如表 1 所示，最高水平组的北京和高水平的六个省份全部是位于东部地带，显示东部地区总体上的生态资源利用效率处于领先水平。但仍有东部省份处在中低水平甚至是低水平，比如河北省和辽宁省。处在中高水平和中低水平的 13 个省份中有 8 个中部省份、3 个东部省份和 2 个西部省份，大部分的中部省份都处在中游水平，发展较好的重庆和四川等西部省份同样处在此列。而低水平组和最低水平组的 10 个省份中有 6 个西部省份、2 个东部省份和 2 个中部省份。这表明，现行"东、中、西三大地带"区划不能很好地反映我国生态效率水平的空间分布。其次，我们按照 EEI 是否高于全国平均水平将所有省市自治区分为两组，如图 4 所示，我国生态效率水平较高的集中连片地区包括四块，即京津地区、黄河下游沿岸地区、华东华南沿海及江南丘陵地区、川渝地区，其它地区生态效率水平均低于全国水平。

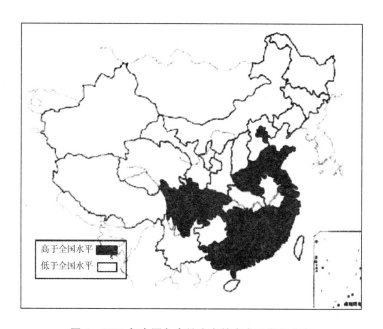

图 4 2007 年中国各省份生态效率水平空间分布

3. 宏观差异特征

在这里，我们利用变异系数、基尼系数分别计算地区生态效率水平的总体差距，并将之与地区 GDP、人均 GDP 的总体差异特征进行对照。

表 2　中国 2003—2007 年省市区经济发展特征的基尼系数与变异系数

	基尼系数			基尼系数		
	GDP	人均 GDP	EEI	GDP	人均 GDP	EEI
2003	0.431	0.494	0.359	0.775	0.77	0.439
2004	0.433	0.486	0.368	0.781	0.75	0.436
2005	0.439	0.468	0.373	0.824	0.67	0.443
2006	0.442	0.462	0.373	0.832	0.65	0.458
2007	0.506	0.454	0.366	0.826	0.63	0.468

首先，无论从基尼系数还是变异系数看，地区生态效率水平差距都小于地区 GDP、人均 GDP 的差距。这表明，总体来看，经济发展的先进在相当程度上是以资源大量消耗和环境污染为代价的。

再者，生态效率地区差距稳中有升且与人均 GDP 地区差异变化趋势明显相反。2003 年以来，我国地区人均 GDP 无论用基尼系数还是变异系数来表示，均呈收敛迹象。但与此同时，地区生态效率差距却不但没有缩小反而有扩大趋势。这表明国家实施西部大开发、振兴东北老工业基地和中部崛起战略对缩小地区经济发展差距正在产生积极的效应，但在实施这些战略过程中资源节约、环境友好没有受到与提高经济发展水平同等的重视。

三、生态效率的影响因素

在详细分析了生态效率的省区排序和空间差异之后，让我们看看生态效率指标 EEI 受哪些变量的影响。在这里，我们从单因素和多因素两个角度来回答这个问题。

（一）生态效率与 GDP、人口规模。由于规模经济存在，我们可以从理论上预测，在其它条件一定的情况下，一个地区人口和经济规模越大，生态效率就会越高。从表 3 可知，地区生态效率与 GDP、人口呈正相关性，尤其与 GDP 正相关性比较明显。这与理论预测是一致的。但是，总的来讲，相关系数并不高，尤其是与人口规模的相关系数仅略大于 0.1，与 GDP 的相关系数虽然相对高一些，但从 2003 年的 0.6 以上下降到 2007 年的 0.5 左右。这表明，尽管地区规模、尤其是地区经济规模对生态效率正面影响，但是这种影响并不大。

（二）生态效率与人均 GDP、劳动生产率。由于在不同的经济结构、技术水平条件下生态效率不同，我们可以预见，生态效率与人均 GDP 和劳动生产率是成正比例关系的，即在其它条件一定情况下，地区人均 GDP 和劳动生产率越高，其生态效率越趋于较高。从表 3 可知，生态效率与人均 GDP、劳动生产率的相关程度分别明显高于与 GDP 和人口的相关程度，且与人均 GDP 的相关程度呈逐步提高趋势。这表明，随着地区经济发展水平和生产率的提高，其生态效率是趋于明显改善的。

表 3　生态效率指数（EEI）与当年社会经济指标的相关关系

	GDP	人口	人均 GDP	劳动生产率
2003	0.6108***	0.1955	0.7279***	0.5659***
2004	0.5669***	0.1416	0.7490***	0.5941***
2005	0.5149***	0.1049	0.7477***	0.5292***
2006	0.5076***	0.1097	0.7757***	0.4188***
2007	0.5212***	0.1407	0.7884***	0.5365***

（三）生态效率与经济服务化。第二产业是物质的经济，而第三产业是相对去物质化的，所以可以预见，经济服务化率即第三产业占 GDP 的比率越高，生态效率亦会趋于较高。表 4 表明了这一点。从表 4 可知，服务化率与生态效率的正相关性越来越明显。同时，工业化率即第二产业占 GDP 比率与生态效率的正相关性越来越低，甚至近几年变为了越来越明显的负相关。这说明，相对于经济快速服务化的省份，那些工业仍占较高比重的省份的生态效率就要明显低很多。

表 4　生态效率指数（EEI）与当年产业结构指标的相关关系

	工业化率	服务化率
2003	0.1287	0.3633**
2004	0.0542	0.4112**
2005	−0.1292	0.5545***
2006	−0.2175	0.6304***
2007	−0.2657	0.6927***

（四）生态效率与城市化水平。生态效率与城市化水平是密切正相关的，两者的相关系数在0.6263以上，并且呈不断上升趋势（参见表5）。此外，家用汽车的拥有量从一个侧面反映了城市发展水平的高低，它对生态效率的影响途径是多方面的。一方面汽车的能耗提高会使生态足迹变大，降低生态效率；但同时家用汽车拥有量反映了城市经济发展程度和居民生活水平，该指标越高说明经济越发达。从统计结果来看，生态效率和家用汽车拥有量的相关性为比较显著的正相关。

表5　生态效率指数（EEI）与城市化的相关关系

	城市化率	家用汽车拥有量
2003	0.6263***	0.5928***
2004	0.6599***	0.5130***
2005	0.6836***	0.6555***
2006	0.7183***	0.7047***
2007	0.7283***	0.7412***

（五）生态效率与经济活动能耗。正如我们已经指出的，能源的消耗是经济活动对生态造成冲击的最主要方面，因此，我们可以预见，生态效率与万元GDP能耗、以及单位工业增加值能耗是呈显著负向关系的。表6的结果证明了这一点。这启示我们利用技术创新降低能耗，发展循环经济将是未来经济发展的必然选择。

表6 生态效率指数（EEI）与经济活动能耗的相关关系

	万元 GDP 能耗	单位工业增加值能耗
2005	− 0. 7823 * * *	0. 7847 * * *
2006	− 0. 7743 * * *	0. 7852 * * *
2007	− 0. 7494 * * *	0. 7806 * * *

（六）生态效率与人均生态足迹。我们可以推测，在经济产出一定的条件下，地区人均的生态足迹越大，说明人均消耗的能源和对环境的影响较大，生态效率也就越小。所以生态效率与人均生态足迹应该呈现负相关关系。但同时，人均生态足迹较大的地区人均 GDP 也相对较高，相关性在 0.4 − 0.6 左右，而生态效率与人均 GDP 显著正相关。所以，综合起来，生态效率和人均生态足迹显示并不显著的负相关（参见表7）。

表7 生态效率指数（EEI）与人均生态足迹的相关关系

	人均生态足迹
2003	− 0. 1042
2004	− 0. 0922
2005	− 0. 1395
2006	− 0. 1672
2007	− 0. 1917

（七）影响生态效率因素的多因素分析。单变量相关性分析后，本文综合考虑相关系数和共线性等问题，从中选择人均 GDP、人均生态足迹、城市化率、服务化率和万元 GDP 能耗五种指标，构造面板数据多元回归模型，检验多种因素同时对生态效率的影响。

由变量间的相关性（参见表8）可知，人均 GDP 与城市化率的正相关性很高，为了避免出现共线性问题，依次尝试把这几个变量放入多元回归模型中。每一个模型采取固定效应或随机效应，则根据 Hausman 检验的结果而定。模型设定与多元回归的结果见表9。

表8　影响生态效率的各种因素关联表

	人均 GDP	人均生态足迹	城市化率	服务化率	万元 GDP 能耗
人均 GDP	1				
人均生态足迹	0.4944***	1			
城市化率	0.9063***	0.5082***	1		
服务化率	0.5353***	0.1246	0.6115***	1	
万元 GDP 能耗	−0.4526***	0.3763***	−0.4232***	−0.2237***	

表9　生态效率影响因素的分析结果

自变量	模型 1	模型 2	模型 3	模型 4	模型 5
人均 GDP	1.12** (0.036)	0.992*** (0.043)	1.14*** (0.04)	0.995*** (0.058)	0.979*** (0.057)
人均生态足迹	−0.546*** (0.041)	−0.674*** (0.053)	−0.632*** (0.057)	−0.795*** (0.089)	−0.916*** (0.083)
城市化率		0.804*** (0.133)	0.904*** (0.229)		
服务化率			−0.229*** (0.056)		−0.091 (0.07)
万元 GDP 能耗				−1.332*** (0.286)	−0.793*** (0.273)
R^2	0.89	0.82	0.85	0.78	0.87
Hausmantest	4.39	40.25	11.2	32.44	90.1
观察值	150	150	150	90	90

　　多元回归的五个模型 R2 大都高于 0.8，解释度较高，其结果与上文相关性分析基本一致。只有服务化率在回归结果中为负相关，而上文的分析为正相关。这种差别可能是由共线性问题造成的，但模型 5 加入所有的变量时服务化率的负相关性并不显著，所以回归结果与上文相关性分析基本吻合。

　　从模型中的变量来看，对生态效率影响最大的变量为人均 GDP，在所有模型中明显正相关，且系数较大。由于城市化率与人均 GDP 相关性较高，所以也与生态效率有明显正相关。人均生态足迹和万元 GDP 能耗则与生态效率有明显负相关。从模型整体设定来说，模型 1 的变量最少，但解释效果最好，说明人均 GDP 和人均生态足迹是解释一地生态效率高低的最为相关的变量，这也为后文的分析提供了思路。

四、地区生态效率类型特征及其转换

前面的分析表明，生态效率是与人均 GDP 和人均生态足迹最为相关的。事实上，当把生态效率的计算公式分子分母同时除以地区人口数，我们得到生态效率等于人均 GDP/人均生态足迹。换句话说，生态效率决定于人均 GDP 和人均生态足迹。为了分析地区生态效率中人均 GDP 和人均生态足迹的组合及其增长关系，这里我们提出和运用了"经济发展—生态冲击"矩阵。

（一）地区生态效率"经济发展—生态冲击"分类。

所谓的"经济发展—生态冲击"矩阵就是分别将人均 GDP 和人均生态足迹的相对水平在数轴上进行标注，从而对一地的位置进行定位，反映出不同地区生态效率的类型。把 2007 年人均 GDP 和生态足迹的数据进行标准化，然后做出散点图如图 5。

根据各个省份的相对位置把省市区分为生态效率四种类型：

1. 高人均 GDP—低生态足迹型

这种发展类型最为理想，在取得高度的经济发展水平的同时，生产和消费活动对环境造成的冲击最小，生态效率很高。我国目前只有北京、浙江、江苏、广东等属于这种类型，而且这四个省份全部属于上文所分的最高水平组和高水平组。

2. 高人均 GDP—高生态足迹型

这一类型人均 GDP 属于前列，但经济的快速发展和高消费水平也使得生态足迹较高。对这类地区最大的挑战将是如何在经济水平不下降的同时，降低对生态环境的影响。图中典型的省份是上海和天津，两省全部属于高水平组。他们的 EEI 数值虽然较高，但没有出现在左上角的理想类型，原因在于生态足迹数值太大。

3. 低人均 GDP—低生态足迹型

这类地区的经济发展程度相对较低，居民的消费水平也相对低，当然对自然环境的影响也小。这种模式同样具有不可持续性，其经济水平的低下制约了社会和生活质量的提升，因此还有很大的发展空间。

2007 年中国有 18 个省份属于这种类型，分别是福建、广西、重庆、四川、江西、河南、湖南、湖北、海南、安徽、陕西、黑龙江、吉林、青海、新疆、云南、甘肃和贵州。它们几乎全部属于中高水平组和中低水平组。比如，处于中高水平的重庆、四川，其 EEI 数值虽然较高，但完全是由于人均 GDP 和生态足迹都较小所致，其生态文明经济发展的健康程度并不高。对处于低水平的新疆、云南和甘肃等地，EEI 的数值较小确实反映了其生态文明经济发展的水平较低。

面对中国转型——绿色·新政

mian dui zhong guo zhuan xing lü se xin zheng

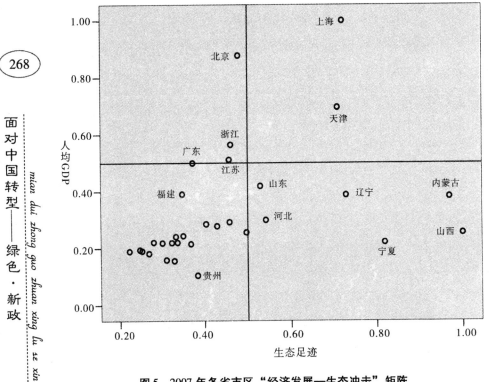

图5　2007 年各省市区"经济发展—生态冲击"矩阵

4. 低人均 GDP—高生态足迹型

这类发展模式不可持续，因为地区发展工业对环境造成了巨大的耗损，生态资源的利用效率低，同时经济和人民生活并没有因此而获得大的发展，和生态文明经济发展的理念完全相反。现实中，这类省份一般都是资源大省，位于中西部，严重依赖资源的经济发展模式对环境造成了巨大的破坏。图中这类省份有 6 个，辽宁、山东和河北在象限的边缘，并不典型，而宁夏、内蒙古和山西省比较典型。这三个省属于最低水平组和低水平组，很低的 EEI 指标值很好得表征了生态文明经济发展的落后。

总之，全国最多的省份处在低人均 GDP - 低生态足迹的类型，可见整体的发展程度并不高，还有很大的提升空间。但是至于向其他三种类型中的哪一种转换，主要依赖于各地生态文明经济建设的情况。

（二）地区生态效率"经济发展—生态冲击"转型。

将不同年份的截面数据作图叠加，就可以看到时序的变化路径。如图 6 为 2003 年到 2007 年全国及几个典型地区"经济发展—生态冲击"矩阵的变化路径。由此图可以看到各地区生态效率发展趋势不尽相同。

全国来看，人均 GDP 和生态足迹同时增加，正在从低人均 GDP—低生态足迹型向高人均 GDP—高生态足迹型发展，但速度比较缓慢，如果不注重资源节约和环境保护，仍有可能成为不可持续的低人均 GDP—高生态足迹的类型。分地区来看，原先属于低人均 GDP—低生态足迹类型的众多省份，如贵州，类似于全国平均水平的趋势，正在向右侧的象限移动；内蒙古、辽宁、山西等地区则代表了快速发展地区的一种普遍趋势，人均 GDP 增长明显快于生态足迹增长，正在从低 GDP—高生态足迹向"右上角"的高人均 GDP—高生态足迹转型；上海、天津等沿海经济较为发达地区，无一例外地向"左上角"的高人均 GDP—低生态足迹转型，体现着一种生态文明建设的努力成果；北京则是全国比较有代表性的率先转变为高人均 GDP—低生态足迹的地区，是全国生态文明经济发展的一面旗帜。

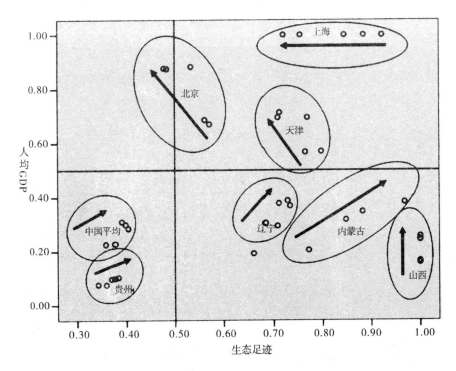

图6 典型地区"经济发展—生态冲击矩阵"转型

五、结语

综上所述，生态效率指标 EEI 能有效反映地区资源节约和环境友好的综合程度。从 EEI 分析来看：

首先，我国地区生态效率水平差距明显。14 个省市自治区生态效率高于全国水平，其中北京遥遥领先；16 个省市自治区生态生态效率低于全国水平，其中贵州、宁夏、山西三省区最低。空间分析表明，东部省份的 EEI 水平整体较高，但是仍有河北、辽宁等省处于低水平行列；中西部虽然整体落后，但是仍有重庆、四川等省的生态效率处于中高水平。这说明，现行的"东、中、西三大地带"和"四大块"的经济区划不能很好地反映我国生态文明型发展水平的空间分布和组合。

其次，生态效率水平的高低与人均 GDP 水平、人均生态足迹，经济服务化率、城市化水平、万元 GDP 能耗等显著相关。从影响生态效

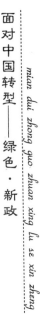

率因素的多因素分析来看，仅包含人均 GDP 水平、人均生态足迹两个变量的模型最具解释力。

第三，从地区发展类型分析，高人均 GDP—低生态足迹类型只有北京、浙江、江苏、广东四个省市，高人均 GDP—高生态足迹型则有上海和天津两个直辖市，而全国大部分省区都集中在低人均 GDP—低生态足迹型（高达 18 个省市）和低人均 GDP—高生态足迹型（6 个省市），后两者的比例占到了 80% 之多。可见，我国整体的生态效率水平并不高，还有很大的提升空间。但是至于向其他三种类型中的哪一种转换，主要依赖于各地生态文明经济建设的情况。

☞ 扎实推进节能减排家庭社区行动为建设和谐社会做贡献

为深入贯彻落实党的十七大关于把"建设资源节约型、环境友好型社会落实到每个单位、每个家庭"的指示精神，2008 年以来，哈尔滨市妇联按照全国妇联及省妇联《关于开展节能减排家庭社区行动的通知》要求，以"提高家庭和社区节能减排意识，普及家庭和社区节能减排知识与技能，倡导家庭和社区节能减排文化，组织家庭和社区开展节能减排实践活动"为主要内容，在全市广大妇女和家庭中开展了"爱我冰城·爱我家园——节能减排家庭社区行动"，创建活动得到了省、市领导的充分肯定，市妇联连续两年被市政府评为节能减排先进单位和标兵单位。我们的主要做法是：

一、加强领导，精心部署，增强做好节能减排工作重要性认识

（一）提高认识，强化领导。为切实教育引导全市 307 万户家庭进一步弘扬中华民族勤俭节约的传统美德，树立节能减排意识，掌握节水节电知识，发挥广大家庭在节能减排家庭社区行动主力军作用，我们在全市广大家庭中开展了"爱我冰城·爱我家园——节能减排家庭社区行动"。这项行动的开展不仅是妇联组织弘扬科学、文明、健康生活方式的重要途径，也是妇联组织不断满足广大妇女和家庭需要、提高服务群众的能力的具体体现，更是妇联工作服务全局的重要切入点。为确保这项行动落到实处，取得成效，我们成立了由市妇联主席任组长，发改委副主任、环保局副局长及市妇联主管主席担任副组长的领导小组，明确

面对中国转型——绿色·新政

mian dui zhong guo zhuan xing lu se xin zheng

儿童家庭部为责任部门，负责具体工作。各区、县（市）妇联照此办理，迅速形成了节能减排家庭社区行动的组织网络。

（二）精心部署，明确任务。市妇联领导高度重视节能减排家庭社区行动，将此项行动列为和谐家庭建设重要内容，召开班子会专题研究行动方案，确定工作目标和任务，提出妇联组织开展节能减排家庭社区行动重点是在广大家庭成员中大力倡导使用节水器具，使用节能电器，使用无磷洗衣粉，使用菜篮子、布袋子，拒绝过度包装，注意一水多用等"家庭节能六件事"，通过创建活动帮助80%以上的家庭明确节能减排的意义，树立节能减排意识，掌握家庭节能减排方法。为此，我们向广大家庭下发了节能减排家庭的六条标准和节能减排示范社区的5条标准，使节能减排家庭社区行动更具可遵循性和可操作性。

（三）广泛宣传，扩大影响。为提高广大妇女和家庭的参与程度，我们采取多种形式，强化舆论宣传和引导。一是宣传节能减排知识，将家庭常用的节能减排知识分为六个篇章：节水篇、节电篇、节气篇、节油篇等，印制成宣传单、倡议书、小扇子、台历等宣传品20多万份，发放到社区、村屯及家庭；举办"参与节能减排，共建美好家园"大型宣传活动，市四大班子领导及万名机关干部参加签名活动，全面普及家庭节能常识。二是开展读书竞赛活动。向各级妇联组织和广大家庭发放《家庭节能知识百问》读本，组织家庭成员参加"中国人寿杯"节能减排家庭社区行动知识竞赛，全市10余万家庭参加了读书知识竞赛活动。三是开展节能减排知识讲座。组建了一支由节能减排专家、家庭节能高手、妇联干部、绿色家庭主妇等方面人员组成的节能减排志愿者宣讲队伍，深入社区、村屯开展节能减排知识讲座百余场，宣传家庭节能六件事、节能减排家庭6条标准和节能减排示范社区的5条标准，听众达百万人。

二、发挥优势，突出重点，将节能减排家庭社区行动落到实处

（一）开展拒绝使用塑料袋行动。拒塑行动是减少白色垃圾，保

护环境的一项重要举措，也是广大妇女和家庭践行节能减排的具体表现。一是举办启动仪式。为落实国务院《关于超市等零售场所不在免费发放塑料袋》的文件精神，2008年5月29日，我们组织全市各级妇联以"拒绝塑料袋，使用布袋子"为主题，启动了全市的"拒塑行动"，号召广大家庭拒绝白色污染，养成良好习惯，呵护健康生活，为拒塑行动营造良好的社会氛围。二是发放布袋子。市妇联协调艾迪奥生态漆有限公司、联强公司等多家企业，制作环保布袋子10万个，在全市主城区设立宣传站，免费向全市家庭发放。三是开展捡拾白色垃圾活动。6.5世界环保日期间，全市各级妇联组织巾帼志愿者、家庭志愿者、环保志愿者深入社区街道、公园等公共场所捡拾白色垃圾，向白色污染宣战，唤醒公民的环保意识。

（二）开展节能灯推广行动。为全面贯彻国家发改委、财政部召开的全国高效照明产品推广工作会议精神，市妇联作为节能减排领导小组成员单位，积极响应市发改委宣传推广使用节能灯号召，采取积极有效措施，在全市广大家庭中宣传推广绿色照明工程。一是召开专门会议。市妇联领导高度重视节能灯宣传推广工作，明确具体责任部门，指派专人负责，安排部署节能灯的推广，确保此项工作落实到位。为确保此项工作顺利进行，市妇联确定了此项工作由市妇联主席田岚负总责，副主席单云具体负责，儿童家庭部同志全面落实的工作责任制，并召开专题工作会议传达省市发改委文件精神，向全市广大妇联干部和广大家庭讲清推广使用节能灯的重大意义，下发推广使用节能灯通知，提出具体要求，并将此项活动纳入节能减排家庭社区行动的重要内容，作为学习实践科学发展观，建设资源节约型、环境友好性社会的重要举措，落实到位。二是层层宣传发动。各级妇联组织接到通知后，迅速行动，组织专人深入到198个社区、459个行政村（自然屯）、18939个家庭，开展使用节能灯宣传推广工作，通过宣传使广大家庭了解到这次国家推广的节能灯，是国家招标确定的节能标识产品，节能效果达到5倍以上，每年一个节能灯就可以节约电费68元，取消白炽灯使用节能灯势在必行，早换早享受国家优惠政策，早受益。三是组织家庭踊跃购买。为切实开展好节能灯的推广使用工作，全市各级妇联组织努力克服人员少、任务重等面临的诸多困难，不辞辛苦，起早贪黑，深入到社区（街道）、村（屯），上门登记服务，认真统计，让广大家庭真正享受到政府补贴后的价格，享受到优惠政策，在各级妇联组织的精心努力下，全市家庭共购买节能灯9万多个，为居民节约电费达612万元。

（三）开展家庭节约用水行动。年初以来，市委市政府将妇联列入节约用水领导小组成员单位，并将家庭节约用水纳入市委重点目标考核系列，围绕目标内容，市妇联积极组织广大妇女家庭开展节约用水行动。一是转变用水观念，做生命之源的呵护者。我们通过多种形式向广大家庭宣传水和每一个人的日常生活息息相关，水资源严重不足，教育广大家庭根除水资源"取之不尽，用之不竭"的模糊认识，充分认识爱水护水的重要意义，处处珍惜水、爱护水、节约水，人人要有危机感，自觉树立节约用水光荣，浪费用水可耻的观念。二是养成良好习惯，做合理用水的实践者。要求家庭成员洗漱时不要始终打开水龙头；减少洗衣机使用量，尽量不使用全自动模式；收集洗菜、洗衣、洗澡等使用过的水，用于冲马桶或擦地，坚持一水多用，提倡循环用水；不浪费喝剩的茶水和矿泉水，用于浇花；见到浪费水资源现象，应及时制止。三是弘扬节水风尚，做节约用水的宣传者。从自己做起，积极传播节水理念，从带动身边的人开始，进而带动更多的人投入到节水中来，努力形成人人关心节水、时时注意节水的良好风尚。

三、加强引导，注重实效，家庭节能减排意识全面提高

（一）引导到位，节约观念发生了新变化。各级妇联组织着力改变当前家庭生活中存在的与节能减排要求不相适应的观念和行为，通过向社区居民发放宣传资料、科普读物，开展知识问答、手工展示、图片展览、征集家庭节能减排金点子、小窍门等多种形式的宣传教育活动，极大地丰富了广大家庭日常节能环保知识，提高了家庭和社区节能减排的

自觉意识，使广大妇女和家庭在践行节能环保消费、增强家庭社区节能减排观念上发生了根本的改变，从自身做起从身边做起的多了，喊口号的少了，勤俭节约的多了，铺张浪费的少了。

（二）示范到位，生活习惯发生了新变化。各妇联组织及时总结节能减排工作经验和节能减排先进典型，推广选树节能减排先进典型，两年来市妇联共评选树立节能减排示范社区 100 个，优秀节能减排妇女组织 10 个，节能减排家庭示范户 200 户。我们通过新闻媒体、哈尔滨妇女网、哈尔滨妇女等宣传载体，及时宣传节能减排先进典型事迹，使广大妇女和家庭深受启发，一水多用、买菜用布袋子、随手拔掉电源等节能常识已成为广大家庭的一种自觉行为，一种生活方式，一种文明素养。

（三）措施到位，消费模式发生了新变化。各级妇联组织在开展"节能减排家庭社区行动"的同时，结合开展了"家电进乡村，惠农千万家"活动，号召广大农村家庭广泛使用节水器具、节能电器，购买宽电压、强信号的彩电，耗电低、冷冻量大、环保的电冰箱，强信号、待机时间长、方便收发农业科技和市场信息的手机，宽电压、宽水压、洗涤量大、方便排水的洗衣机，使广大农村家庭消费模式发生了新变化。

☞ 强化服务科学发展
——加快推进新型工业化建设的步伐

哈尔滨市阿城区经济贸易局

近年来，在阿城区委、区政府的正确领导下，在哈尔滨市经委的具体指导下，我们认真贯彻落实国家、省及哈市开展节能减排、大力发展循环经济的工作部署，并把节能减排、发展循环经济工作作为转变经济发展方式的重要手段，不断加大推进力度，取得了一定成效。

到2009年底，全区规模以上企业72户，全部制定了节能减排、发展循环经济中短期规划，其中45户企业已经不同程度的将规划付诸实施。成果比较突出的有黑龙江岁宝热电有限公司、西钢集团阿城钢铁有限公司、哈尔滨金山实业集团有限公司、哈尔滨马利酵母有限公司、青岛啤酒（哈尔滨）有限公司、哈尔滨钢飞水泥有限公司等28户企业。"十一五"期间，全区万元GDP能耗不断降低，2007年万元GDP能耗实现6.04吨标准煤，同期降低35%，2008年万元GDP能耗实现5.19吨标准煤，同期降低14%，2009年万元GDP能耗实现4.85吨标准煤，同期降低6.6%，；2006年至2009年，SO_2削减量达到217.9吨，完成"十一五"计划削减指标的404%；COD削减量达到2402吨，完成"十一五"计划削减指标的114%。淘汰了铁合金厂、酒精厂、水泥厂等3户企业的落后产能，自行关闭了污染环境，浪费资源的6户油厂、酒厂企业和一批土窑白灰生产企业。

一、切实提高对开展节能减排、发展循环经济的认识

阿城区素以工业基础雄厚著称。其食品建材两大工业基地、冶金机

电等五大支柱产业，"两啤酒两白酒"、"砖瓦砂石灰"等拳头产品，形成了阿城区独特的工业经济结构。曾经为阿城区的经济发展做出了巨大贡献。但是进入二十一世纪以来，我们感到发展压力越来越重。一是煤、电、油等能源产品价格连续上涨，造成企业成本居高不下，利润空间越来越小。我区工业大多是耗能大户，节能减排的刚性指标不可压缩，企业发展空间越来越小，有几年工业经济甚至徘徊不前。二是经济发展和环境保护的矛盾日益突出。例如阿钢公司是我区的财政支柱企业，但其生产所排放的烟尘、废水却引起了群众的强烈不满，确实也严重的污染了环境。政府不得不在发展经济和环境保护之间走钢丝，陷入了十分尴尬的境地，类似的例子还很多。三是传统工业主要靠大量生产、大量消耗、大量废弃的模式来维持增长，结果造成资源浪费、环境破坏。例如由于阿城的水泥生产企业普遍规模偏小，内耗较大，无序竞争，造成石灰石资源紧张。砂石企业乱采滥挖，大量废弃，严重破坏了生态环境。

阿城工业经济面临的这种严峻形势，迫使我们不得不对工业经济发展道路进行深刻反思。经过学习和借鉴外地经验，我们认识到工业经济再靠大量生产、大量消耗、大量废弃的传统增长模式是没有出路的，只能以节能减排、建设生态文明为前提，走以"减量化、再利用、资源化"为原则，以"低消耗、低排放、高效率"为特征的节能减排、循环经济道路，积极推进新型工业化进程。在这种认识的指导下，几年来，我们坚持开展节能减排、发展循环经济，强化措施，扎实推进，使工业经济初步实现了环境友好型、资源节约型阶段性目标，取得了显著的成效。党的十七大提出了贯彻落实科学发展观的要求，更进一步提高了我们对走新型工业道路的认识，坚定了开展节能减排、发展循环经济的信心。现在，节能减排、发展循环经济已经在我区企业中深入人心，取得共识。

二、大力营造节能减排、保护环境和资源的良好环境

政府在开展节能减排、发展循环经济中起着重要的主导作用。经贸局作为政府的职能部门，应充分发挥指导、协调、服务的职能作用，努力推动全社会形成发展循环经济的舆论氛围。

（一）保证组织领导到位。区委、区政府始终把节能减排、发展循环经济作为转变经济发展方式的主要措施和建设资源节约型和环境友好型社会的重要举措来抓，成立了推进新型工业化领导小组和节能减排工作领导小组，区常委会议、区政府常务会议定期听取有关部门工作进展状况，加大节能减排、发展循环经济的推进力度。我们在科学分析和评估的基础上，引导关联企业对共生、伴生资源进行综合开发利用，对工业废渣、废水、废汽等相互吃配，通过不同行业间产业链的延伸，推动了节能减排和循环经济的发展。

（二）保证宣传培训到位。节能减排和发展循环经济，是走新型工业化道路的重要内容，同时更具有深刻的科学内涵。对各企业来说是需要不断研究和探索的课题。因此必须加强学习，统一认识，自觉行动。我局在推进节能减排、发展循环经济的过程中，除了领导逢会必讲之外，还采取邀请专家讲座、办短期培训班等形式，引导企业家们深入学习新型工业化的科学内涵，讲授国家和省、市开展节能减排、发展循环经济的有关政策及循环经济的发展模式、类型等，使企业家们对节能减排、发展循环经济的意义有了更深刻的认识。同时，我们注意加大对节能减排舆论宣传力度，在全社会形成了节能减排、保护环境的良好社会氛围。

（三）保证目标考核到位。破除部分领导头脑中"只有产值利税才是硬指标"的观念，将发展循环经济和节能减排工作任务和责任列为年度目标责任制考核的一项重要内容，实行一票否决制。我们把节能减排工作对企业进行了责任分解，加大目标责任制考核的力度，将企业领导

人的升迁荣辱与发展循环经济、节能减排指标完成情况结合起来，严肃奖惩，推动循环经济的发展。

三、强力推动重点企业开展节能减排、发展循环经济

企业是节能减排、发展循环经济的主体。只有推动重点污染和用能企业开展节能减排、发展循环经济，才能实现"减量化、再利用、资源化"，达到"低消耗、低排放、高效率"，最终完成节能减排的目标。

（一）抓典型示范推进。我们在黑龙江岁宝热电有限公司、西钢集团阿城钢铁有限公司等企业进行了开展节能减排、发展循环经济的大胆尝试。岁宝热电公司进行了电机变频调速改造、锅炉掺烧生物质燃料改造；西钢集团阿钢公司实施了高炉煤气综合利用改造、污水处理及中水回用改造等10余个重点项目，并取得了成功，这在全区企业中产生了强烈反响，使各企业作规划、动脑筋、想办法，大做资源循环利用的文章，形成了资源综合利用、减少排放、发展循环经济的良好局面。

（二）抓项目示范引导。循环经济的模式主要有企业内部循环、企业之间的循环、和企业与社会层面的循环。在实际工作中，我们除了狠抓现有企业内部资源实现循环利用，还重点抓了企业之间以及企业与社会层面的循环，这已经成为我区新建企业和投资改造项目审批的主要条件之一。例如西钢集团阿城钢铁公司炼钢炼铁产生大量的废渣，这些废渣是水泥生产的上好原料，我们引导水泥生产企业进行吃配，从而实现企业之间的循环利用。近年来城市建设规模逐年扩大，新农村建设要求修建乡村公路，需要大量的土毛、碎石等材料，我局就主动协调建设部门和采石厂的关系，使采石厂大量废弃物得到了有效利用。再如马利酵母公司的生产废弃物是高效的农业有机肥料，通过我局的工作已经有部分农户使用成功，反响强烈。既变废为宝，又完全消除了污染。实现了社会各层面之间的物资循环利用。

（三）抓淘汰落后产能。通过结构调整，淘汰落后生产工艺和设备

推进循环经济发展。认真执行国家和省、市下发的淘汰落后生产工艺目录，贯彻落实市政府下发的对关于淘汰企业落后产能的工作方案，结合工业结构调整，对浪费资源、污染环境、工艺落后的企业和生产线坚决关闭。先后淘汰了哈尔滨龙江龙公司的年产 2500 吨酒精生产线、小岭铁合金厂的铁合金生产线、阿城骏达粮食深加工厂酒精生产线等一批落后生产工艺，关闭了一批污染环境、浪费资源的中小企业。

四、努力构建节能减排、循环经济支撑体系

在实践中我们认识到，开展节能减排、发展循环经济是覆盖全社会的系统工程，必须通过抓政策支撑、技术支撑、项目支撑和资金支撑，才能更好的构建循环经济体系。

（一）抓政策支撑。走新型工业化道路，落实节能减排，发展循环经济，国家和各级地方政府已经出台并将继续出台各项优惠政策，引导企业用好用足这些政策，对推进节能减排、发展循环经济的拉动力是巨大的。几年来，在区经贸局的努力协调下，各企业从不重视、不了解、不会运用这些政策到充分关注、熟悉掌握、自觉运用这些政策，积极按政策指导方向来推动企业发展。仅黑龙江岁宝热电有限公司就享受废弃物循环利用免税金额每年约 330 万元，连同其他利废企业全区年享受退税免费金额达数千万元；积极为企业申请国家节能技术改造财政奖励资金；积极申报省、市中小企业技术改造项目，争取资金支持。通过政策拉动，使企业尝到了甜头，开展节能减排、发展循环经济的劲头更足了。

（二）抓技术支撑。循环经济模式是一种科学的经济增长模式，需要大量的先进技术作支撑，必须跟踪国际国内高新技术。对于具有较大经济意义和实用意义的高新技术，要不惜血本引进消化吸收。虽然这样做投入较大，但其对经济发展的推动作用更大。几年来，黑龙江岁宝热电有限公司先后引进了发电机组低真空供热运行技术、锅炉掺烧生物质

燃料技术、供热系统调峰技术、炉碴生产玻璃微珠技术等近二十项高新技术；西钢集团阿钢公司也先后引进了电炉兑配铁水技术、高炉煤气综合利用技术、中水回用技术等几十项高新技术。据不完全统计，全区近三年引进高新技术380多项，虽然现其中只有20%左右付诸实施，但对全区循环经济的发展已经起到了巨大的支撑作用。

（三）抓项目支撑。发展循环经济必须有优秀的投资项目。投资项目的确立必须考虑到其对节能减排、建设生态文明和发展循环经济的作用和意义。2009年全区投资千万以上的项目83项，完成投资额53亿元。其中80%项目对节能减排、建设生态文明和发展循环经济起到支撑作用。例如，西钢集团阿钢公司电炉炼钢能量系统优化工程项目，总投资10975.54万元，解决了公司电炉炼钢系统能耗较高，生产成本居高不下的问题，淘汰了原有的制氧设备，新建1套$10000m^3/h$空分制氧机，使氧气纯度达到99.6%以上，制氧电耗大幅度降低。黑龙江岁宝热电有限公司锅炉掺烧生物质燃料改造项目，总投资2293万元，正在进行增加掺烧生物质比例试验，此项目实现生物质资源化、无害化，年节标煤9.38万吨。哈尔滨马利酵母公司建设污水处理站，建成后实现污水处理并回用等等。

（四）抓资金支撑。开展节能减排、发展循环经济，加大投资力度是关键。资金投入不足历来是制约我区经济发展的瓶颈，解决这一问题，要做好以下三点：第一靠招商引资和资本的跨地区流动。例如阿钢公司通过招商引资，先引进西钢集团，后又引进四川通德集团控股，使企业盘活资金，逐步走上快速发展之路。哈尔滨泉兴水泥有限公司，也是在原哈尔滨第二水泥厂经过多次招商引资，使企业摆脱困境，重振雄风。其次，靠企业内部改革挖潜，提质降耗，自我消化资金压力，例如金山实业集团、泉兴水泥有限公司等企业就是靠加强内部管理，深挖企业潜力，自我完善自我改造完成了粉尘、废水等回收项目，实现了环保达标和废弃物循环利用。第三争取政策资金支持。对于真正的节能减排、发展循环经济项目，国家和地方政府都有很多政策和资金扶持。积极主动地争取这部分资金和政策，是帮助企业实现节能减排、发展循环经济的重要筹资途径。

节能减排、建设生态文明和发展循环经济是走新型工业化道路的核心内容。必须高度重视，非抓不可。应当说，我们做的还很不够。尽管今后任务艰巨，难度较大，但我们有决心在现有工作的基础上，与有关部门紧密配合，形成合力，脚踏实地，真抓实干，进一步加大推进力度，不断向兄弟地区和单位学习先进经验，努力把我区的新型工业化建设推向一个新的阶段，为实现工业经济又好又快发展做出积极的贡献。

☞ 有退有进让美丽与发展双赢

内蒙古呼伦贝尔市人民政府市长　罗志虎

多年来，作为边疆少数民族地区，呼伦贝尔市始终致力于经济社会、人与自然、城市与农村牧区、各民族、边疆地区的和谐、可持续发展，始终致力于把呼伦贝尔的生态价值放在全区、全国，乃至全世界的高度去保护与建设，实现了呼伦贝尔市美丽与发展的双赢。

呼伦贝尔市总面积25.3万平方公里，是全国地域面积最大的城市，是中国北方游牧民族成长的摇篮。已发现的矿产有9类65种，矿点370多处，煤炭远景储量达到1500亿吨，石油储量8.6亿吨。水资源总量317亿立方米，人均占有量是全国的5.4倍，其中呼伦湖的水域面积2339平方公里，相当于中国第四大淡水湖太湖。以草原、森林、湿地、冰雪、历史文化、民族文化等自然和人文旅游资源得天独厚的组合优势，呼伦贝尔市被列为全国旅游二十胜景之一和全国六大景区之一。呼伦贝尔草原被列为全国草原旅游重点开发区，呼伦贝尔市被评为最佳民族风情魅力城市。而最令人欣慰的是，境内森林、草原、湖泊基本保持了原始风貌，素有"绿色净土"、"北国碧玉"之称。大兴安岭森林、呼伦贝尔草原以及大面积的湿地等生态系统构筑了东北、华北地区重要的天然生态屏障。一年中空气质量二级良以上天数已经达到352天。

一、"六个到位"成就北疆生态屏障

在我们这个地区，最首要的任务就是保护好这片美丽的草原和这块绿色的林海，建设好中国的北疆生态屏障。而节能减排是贯彻落实科学发展观、构建社会主义和谐社会的重大举措，是建设资源节约型、环境友好型社会的必然选择，在呼伦贝尔这个地区具有尤为重要的特殊意义，成为了呼伦贝尔市历届市委、政府强力推进的中心工作之一。

在工作中，我市坚决贯彻党中央和国务院的节能减排政策，确定了生态立市的方针，始终坚持走"有退有进，美丽与发展双赢"的道路，采取了各种有效措施强力推进节能减排工作。"十一五"以来，全市万元 GDP 综合能耗每年都有大幅度下降，2006 年下降 4.74%，2007 年下降 4.80%，2008 年下降 5.41%，远远超出了全国平均下降水平。全市累计削减二氧化硫 1.58 万吨，在削减新增量的基础上，二氧化硫和化学需氧量分别实现了 0.12 万吨和 0.6 万吨净减排量，呼伦贝尔城市空气良好及以上天数达 95% 以上。全市关停工业和供暖锅炉 400 多台、小火电机组 17 台（总关停装机容量 7.45 万千瓦）、小钢厂 11 家、小建材 80 多家，新建污水处理厂 9 座，新增污水处理能力 20 万吨。投资近千万元，开展了电力企业低硫煤脱硫工程建设。加强流域水污染防治，累计投入流域污染治理资金上亿元，全市绝大部分河流、湖泊未受任何人为污染，保持天然优良水质。

在工作中呼伦贝尔市做到了"六个到位"。

（一）组织领导机制协调到位。为了全面加强对节能减排工作的组织领导，我市成立了"呼伦贝尔市节能减排工作领导小组"，全面部署节能减排工作，协调解决工作中的重大问题。并成立了各条战线的节能减排小组，由分管副市长任第一责任人，负责本系统的节能减排工作。在具体工作中明确要求各旗市区政府对本行政区域节能减排工作负总责，政府主要领导是第一责任人，同时将节能减排指标完成情况纳入地方党政领导班子实绩考核体系，实行严格的问责制和"一票否决"制。此外，还要求各有关部门在市节能减排工作领导小组的统一领导下，认真履行污染减排职责，形成整体工作合力。共同推动节能减排工作。健全完善的组织领导协调机制为节能减排工作的有效开展提供了坚强的组织保障。

（二）任务分解和工作落实到位。能源消耗水平，是一个国家，一个地区经济结构、增长方式、科技水平、管理能力、消费模式以及国民素质的综合反映。节约能源，政府要起主导作用，除落实目标责任制以外，必须多管齐下，多方努力，要通过调整结构、技术进步、加强管理、深化改革、强化法治、全民参与等综合措施实现有效节能。为实现节能减排工作目标，在科学测算的基础上，我市把各项节能减排工作目标和任务逐级分解到各旗市区和重点企业。呼伦贝尔市人民政府印发了《呼伦贝尔市节能减排旗市区目标任务考核实施细则和呼伦贝尔市级重点能耗企业节能目标任务考核实施细的通知》，进一步明确了责任，并制定了严格的奖惩制度。市政府与各旗市区和年能耗 10 万吨标准煤以上的重点能耗企业签定节能减排责任书，各旗市区政府与年能耗 5000 吨标准煤以上的能耗企业签定节能减排责任书，建立健全节能减排工作责任制和问责制，形成了"主要领导主抓、分管领导具体抓，一级抓一级，层层抓落实"的良性工作格局。

（三）产业结构调整和优化到位。在这方面，政府各部门重点抓了以下三项工作。

1. 严把项目入口关，对固定资产投资项目进行节能评估和审查，本着谁审批谁负责要求，执行四不准，即"不符合产业政策、不符合节能政策、不是国内先进工艺、不是节能设备"不准立项。

2. 加快淘汰落后生产能力，我市通过几年来对小煤矿的整治，逐步关闭 400 多家乡镇煤矿，淘汰了全市所有 6 家立窑水泥生产企业，关停 20 个火电机组，达不到国家要求的小高炉 1 座。

3. 大力发展清洁产业，充分发挥大森林、大草原、大湖泊、大口岸的地缘优势，加快发展第三产业和生产性服务业，取得了很好的效果，与此同时。加工制造业、高新技术产业和非资源型产业等取得了长足的发展。

（四）工业布局合理规划到位。呼伦贝尔市矿产资源丰富，工业上形成了以煤炭、电力、能源重化工、有色金属开采冶炼为主的十大产业。为了更好地保护环境，我市严格遵循循环经济的原理，积极引导和推动工业向开发区和大型企业基地规划区集中，加速产业集聚和专业化分工，完善产业链，加快建设特色产业基地。我市按照节约用地、产业循环、物流便捷、集中供热、集中治污的原则，坚持点状开发，培育环境友好型企业和园区。设置了9个园区和13个产业基地，绝大部分工业项目都向园区和基地集中，很好的实现了资源高效利用，为做好节能减排工作奠定了良好的工作基础。

（五）机构建设健全完善保障到位。节能减排工作开展伊始，由于机构不健全，人员力量也薄弱。在人员编制、经费紧张的情况下我市成立了"呼伦贝尔市节能减排监察中心"，并且从企业一线逆向调入具有实践经验和突出理论基础的人才，为呼伦贝尔市节能减排工作的深入开展奠定了雄厚技术和管理力量。为我市企业开展节能减排审计、编制节能减排规划、进行节能减排改造提供了重要的保障，同时极大的推进了节能减排工作的依法行政，为节能减排工作的顺利开展提供了必要的人力和物力保障。

（六）宣传工作营造氛围到位。节能减排是一项长期而艰巨的工作，需要全民参与，形成全社会广泛关注的工作氛围。政府各级领导对节能减排工作除了逢会必提以外，还将节能减排工作的宣传做得家喻户晓，深入人心。通过经常性与长期持久性相结合的宣传活动，全市绝大部分企业和市民都能自觉参与到节能减排工作中来，并能在日常生活中自觉遵守实践，节能减排已经成为了广大企业和市民的自觉行动。

二、"五个突破"再续节能降耗新篇章

在全市上下的共同努力推动下，呼伦贝尔市的节能减排工作取得了一定的成绩，为实现全市经济社会更好更快的发展奠定了坚实的基础。在今后的发展中，"既要金山银山，也要绿水青山"仍然是呼伦贝尔市矢志不渝的发展理念，"有退有进，美丽与发展双赢"仍然是呼伦贝尔矢志不渝的奋斗目标，我们将继续竭尽全力继续做好节能减排工作，具体来说，就是要实现"五个新突破"。

（一）在落实制度中实现节能减排工作的新突破。政府是节能减排的主要责任人。我们将在今后的工作中继续督促指导各级各部门高度重视节能减排工作，进一步建立健全工作责任制，做到任务明确，责任落实措施到位。同时，还将督促指导各有关部门结合各自工作职能，进一步研究制定和完善目标责任评价考核等具体管理办法，进一步加强节能减排的日常监察，严格实行节能减排工作问责制，保证关键措施落到实处。

（二）在突出重点中实现节能减排工作的新突破。节能减排，企业处在最前沿。在今后的发展过程中，我们将突出抓好重点企业、重点地区的节能减排工作，定目标、定方案、定责任、定进度，统一调度，统一监督，督促引导企业采用环保节能的新技术、新工艺、新设备，淘汰落后产能，从源头减少污染排放。同时还将严格把好高耗能高污染行业新上项目准入关，提高节能环保市场的准入门槛，确保新上项目增量不增污。

（三）在制定完善政策中实现节能减排工作的新突破。节能减排需要完善的政策作支撑。在今后的工作中，我们将继续严格执行国家对资源综合利用的各项减免税政策，研究出台配套促进循环经济发展的有关政策，探索建立资源有偿使用制度和生态环境补偿机制，制定出台鼓励发展节能产品的优惠政策以及再生资源回收利用的优惠政策，逐步建立形成循环经济激励机制。通过一系列政策的出台实施，逐步强化企业的环保意识，促进企业保护和改善生态环境，引导企业认真组织实施节能减排科技创新专项行动，集中攻克一批节能减排关键和共性技术，推动以企业为主体、产学研相结合的节能减排技术创新与成果转化体系建设。

（四）在扩大工作覆盖范围中实现节能减排工作的新突破。我市农村数量多、地域广，是推进全市节能减排工作的一个重要领域。在今后的工作中，我们将在充分借鉴城市和工业企业节能减排的经验基础上，逐步探索建立适合我市农情的工作和发展模式。其中，构建以节水、节地、节能、节肥、节药为重点的农业生产方式和以循环农业为重点的经济发展模式，是推进我市当前农村节能减排的最有效措施，可以起到"四两拨千斤"的积极效果。我们将把农村节能减排工作与新型农、牧、林区建设工作紧密结合起来，进一步加大发展现代农业和循环农业的工作力度，不断提高农业资源和投入品利用效率，走投入少、效益高、可持续的发展之路，力争在农村这个领域开拓出我市节能减排工作的新局面。

（五）在全社会参与中实现节能减排工作的新突破。节能减排是一项惠及全民的事业，也是一项需要全民参与的事业。我们将按照建设资源节约型、环境友好型社会的要求，进一步创新载体、活化形式，尽最大可能的引导和动员全民共同参与，在全社会营造节约资源、减少污染、保护环境的良好风尚。同时，我们也将把节能减排作为一项群众性活动，积极引导全民从身边的小事做起，从日常的节水、节电、节纸、节油做起，努力实现节能降耗。

第九届中国经济论坛

人民日报《中国经济周刊》

黑龙江省哈尔滨市人民政府

2009　中国　哈尔滨

第九届中国经济论坛组成人员名单

名誉主席团

薄熙来	中共中央政治局委员、中共重庆市委书记
路甬祥	全国人大常委会副委员长
陈至立	全国人大常委会副委员长
黄孟复	全国政协副主席
厉无畏	全国政协副主席
成思危	全国人大常委会原副委员长
顾秀莲	全国人大常委会原副委员长
罗豪才	全国政协原副主席
王文元	全国政协原副主席
多吉才让	民政部原部长
吉炳轩	中共黑龙江省委书记、省人大主任
栗战书	中共黑龙江省委副书记、黑龙江省省长
王巨禄	黑龙江省政协主席

王富玉	中共贵州省委副书记
陈光毅	原福建省委书记
周　强	湖南省省长
周光召	中国科协主席
卢瑞华	广东省原省长
王录生	贵州省政协原副主席
戴顺智	江苏省原副省长
夏　日	内蒙古自治区政协原副主席
俞晓松	中国贸促会原会长
马秀红	商务部副部长
杨伟光	中国中央电视台原台长
许善达	国家税务总局原副局长
石广生	中国外商投资企业协会会长
王涛志	黑龙江省政协副主席
盖如垠	中共哈尔滨市委书记
王朝文	贵州省人民政府原省长、国家民委原主任
别胜学	吉林省政协副主席、省工商业联合会会长

主　席

何崇元	人民日报社副社长

副主席

季晓磊	《中国经济周刊》杂志社总编辑

秘书长

董志龙	中国经济论坛秘书长

第九届中国经济论坛主席

张效廉	哈尔滨市人民政府市长

第九届中国经济论坛执行主席

季晓磊	《中国经济周刊》杂志社总编辑

第九届中国经济论坛常务副主席

姜　明	哈尔滨市委常委、常务副市长

副主席

任玉岭	国务院参事、十届全国政协常委
胡世英	著名学者
姚景源	国家统计局总经济师兼新闻发言人
王世华	哈尔滨市委常委、市政府副市长
丛国章	哈尔滨市委常委、市政府副市长
石嘉兴	哈尔滨市委常委、市政府副市长
丁国怀	黑龙江东北网络台总编辑
张甲林	世界华人经济发展促进会会长

专家团

厉以宁	北京大学教授
龙永图	博鳌亚洲论坛秘书长
白津夫	中央政策研究室经济局副局长
金　涌	中国工程院院士
牛文元	中科院可持续发展战略研究组组长
潘家华	中国社科院城市发展与环境中心主任
冯之浚	全国人大常委会环境与资源委员会原副主任
刘国光	中国社会科学院特邀顾问
吴敬琏	国务院发展研究中心研究员
李　扬	中国社会科学院金融所所长
谢沛海	哈尔滨市委副秘书长、市接待办主任
宋国强	哈尔滨市委宣传部副部长
王幼平	哈尔滨市委政研室主任
董伟俊	哈尔滨市政府办公厅常务副主任
孙智力	哈尔滨市发改委主任
张基春	哈尔滨市环保局局长
朱文玮	哈尔滨市经委主任

杨靖武　　　　哈尔滨市农委主任

曲维嵩　　　　哈尔滨市建委常务副主任

席长青　　　　哈尔滨市财政局局长

李学良　　　　哈尔滨市林业局局长

赵登峰　　　　哈尔滨市水务局局长

韩　峙　　　　哈尔滨市公安局副局长

王嘉禾　　　　哈尔滨市国家安全局局长

慕　莹　　　　哈尔滨市卫生局局长

李纪元　　　　哈尔滨市政府研究室主任

张天波　　　　哈尔滨市外侨办主任

李　伟　　　　哈尔滨市发展研究中心主任

李　兵　　　　哈尔滨市政府新闻办主任

秘书长

董志龙　　　　中国经济论坛秘书长

执行秘书长

石嘉兴　　　　哈尔滨市政府秘书长

副秘书长

黄乐桢　　　　《中国经济周刊》杂志社执行主编

董伟俊　　　　哈尔滨市政府办公厅常务副主任

杨爱国　　　　哈尔滨市大型活动办办公室主任

孙　禹　　　　中国经济论坛副秘书长